Koss

Bilanz

Bilanz

lesen und verstehen

von

Prof. Dr. Claus Koss

Steuerberater und Wirtschaftsprüfer

C.H.BECK

Über den Autor

Prof. Dr. Claus Koss (www.claus-koss.de) ist praktizierender Steuerberater/Wirtschaftsprüfer und Dozent, studierter Betriebswirt und Jurist (Studium der Betriebswirtschaftslehre und der Rechtswissenschaft an der Universität Regensburg und der University of Birmingham, England/Großbritannien) und gelernter Journalist (Volontariat als Redakteur an Tageszeitungen). Am Anfang seiner Beschäftigung mit dem Thema „Buchführung und Bilanzierung" stand eine „5" in der ersten Klausur im Studium der Betriebswirtschaftslehre überhaupt. Seitdem hat er Verständnis dafür, dass nicht jede/r das Thema ‚auf Anhieb' versteht, versteht aber nicht, dass es Menschen auf dieser Erde gibt, die sich nicht für ‚Soll und Haben' begeistern.

www.beck.de

ISBN 978-3-406-69344-1

Wilhelmstraße 9, 80801 München

Satz: Fotosatz Buck, Zweikirchener Str. 7, 84036 Kumhausen
Druck: Nomos Verlagsgesellschaft mbH & Co. KG, In den Lissen 12, 76547 Sinzheim
Umschlaggestaltung: Ralph Zimmermann – Bureau Parapluie
Bildnachweis: © fotodo – fotolia.com

Gedruckt auf säurefreiem, alterungsbeständigem Papier
(hergestellt aus chlorfrei gebleichtem Zellstoff)

So nutzen Sie dieses Buch

Um Ihnen das Lesen und Arbeiten mit diesem Buch zu erleichtern, hat der Autor verschiedene Stilelemente verwendet, die Ihnen das schnellere Auffinden bestimmter Texte ermöglichen. So finden Sie die Tipps und Musterformulare sofort.

✔ Hier finden Sie Tipps, Aufzählungen und Checklisten.

i So sind „Merksätze“ gekennzeichnet.

Hier finden Sie Beispiele, die das Beschriebene plastisch erläutern und verständlich machen.

§ Hier finden Sie Definitionen, Rechtsnachweise oder Gesetzestexte.

Die Zielscheibe kennzeichnet Zusammenfassungen und ein Fazit zum Kapitelende.

Hier finden Sie Übungen, Muster und Beispiele zum Selbstausfüllen, Nachrechnen und Nachdenken.

Vorwort: Zueignung für Nicht-Buchhalter

Jeder Autor, so ist anzunehmen, hat eine Vorstellung davon, in welchen Situationen seine Publikation dem Leser nützen könnte. Ich habe nicht den vom Nobelpreisträger Daniel Kahneman in seinem Buch „Thinking, fast and slow“ eingeführten Wasserspender vor Augen, sondern fünf Gruppen von Lesern:

- Der Manager, der sich fragt, warum die Finanzabteilung heute diese oder morgen jene Zahl braucht?
- Schüler und Studierende, aber auch andere Wissbegierige, die sich beim Blick in die Bilanz eines Unternehmens immer schon gefragt hat, warum rechts die gleiche Summe steht wie links?
- Der sprichwörtliche Oberlehrer aus dem Volk der Oberlehrer zwischen Meer und Bergen, der sich fragt, wie der gleiche Sachverhalt im Jahresabschluss nach deutschem HGB zu einem anderen Gewinn führen kann als nach internationaler Bilanzierung?
- Der Journalist, der sich fragt, ob die Zahl in der Pressemitteilung des Unternehmens auch das hält, was sie verspricht?
- Der Selbstständige oder kleine Gewerbetreibende, der seine Buchhaltung selber machen möchte, aber feststellen muss, dass das selbsterklärende Buchhaltungsprogramm doch nicht so selbsterklärend ist, wie er sich das immer vorgestellt hat; und schließlich
- Alle diejenigen, die nicht glauben können, dass Buchführung und Bilanzierung Hexenwerk sei, das nur ein Magier verstehen kann (tatsächlich ist Buchführung viel einfacher als beispielsweise die

Lösung von gebrochen rationalen Funktionen). Ganz besonders Ihnen ist dieses Werk zugeeignet.

Die vorgeschlagene Publikation erklärt zunächst, warum es nicht so einfach ist, den Unternehmenserfolg objektiv festzustellen („Erfolgsermittlung“), warum es dann doch bestimmte Regeln für die Erfassung von Geschäftsvorfällen gibt („Buchführung“), welche Informationen in welchem Rechnungslegungsinstrument stecken. Für den detailinteressierten Leser enthält das Kapitel „Elemente des Jahresabschlusses“ eine Art Gebrauchsanweisung für die Rechnungslegung.

Das Buch setzt keine Buchführungs-/Bilanzierungskenntnisse voraus, sondern lediglich den gesunden Menschenverstand und ein Interesse an betriebswirtschaftlichen Sachverhalten. Das Fachbuch ist aus deutscher Perspektive geschrieben, d.h. es berücksichtigt sowohl den handelsrechtlichen Jahresabschluss als auch die steuerliche Gewinnermittlung („Steuerbilanz“). Jeweils vergleichende Ausblicke sind der internationalen Rechnungslegung (IFRS und US-GAAP) gewidmet.

Das Werk soll einen Beitrag zur *„financial literacy“* leisten, d.h. das Verständnis für finanzwirtschaftliche Zahlen wecken.

Regensburg, im August 2016 *Claus Koss*

Inhalt

1. Kapitel

Vom Sinn und der Notwendigkeit des Rechnungswesens

1

I. Zahlen lügen nicht – oder?

Die Berichterstattung über Unternehmen ist voll von Zahlen und Vergleichen, so heißt es:

- der Umsatz hat sich erhöht oder vermindert,
- die Erwartungen wurden erfüllt, oder auch nicht;
- die Gewinnsteigerung lässt auf eine höhere Dividende schließen, alternativ:
- aufgrund des Gewinneinbruchs wird sich die Dividende nicht halten lassen.

Gemeinsam ist jeglicher Berichterstattung: Zahlen haben *per se* einen hohen Objektivitätscharakter. Wenn der Gewinn mit *X* angegeben wird, wird niemand vermuten, dass der Gewinn nicht auch *U* betragen könnte? Zahlen, gerade aus dem Rechnungswesen werden nicht hinterfragt. Schließlich sind dort qualifizierte Leute am Werk, die Ergebnisse auswerfen, die bis auf zwei Nachkommastellen genau sind. Auch haben wir schon in der Schule gelernt, dass die mit Zahlen zusammenhängende Wissenschaft, die Mathematik, eine exakte Wissenschaft ist – und – je nach individueller Neigung – den meisten ein Buch mit sieben Siegeln bleibt.

Entsprechend erstaunt und ungehalten ist die Öffentlichkeit, wenn sich die Zahlen als nicht so objektiv und richtig erwiesen, wie sich das der durchschnittliche Zeitungsleser immer vorgestellt hat. Hier eine Auswahl von „Skandalen" rund um das Thema Rechnungswesen (wie in der Tagespresse dargestellt):

- Im September 2014 gab einer der größten britischen Einzelhändler eine Gewinnwarnung heraus. Ursache war die fehlerhafte Verbuchung von Rabatten der Lieferanten.
- Ein Tochterunternehmen eines großen Hardwareherstellers korrigierte ebenfalls seinen Gewinn für 2012, da voraussichtlich eingehende Lizenzgebühren als Erträge eingebucht wurden.
- Ein deutsch-türkisches Luftfahrtunternehmen verbuchte dagegen die Einnahmen aus Ticketverkäufen nicht. Die daraus resultierende schwarze Kasse finanzierte unter Anderem das Schulgeld für Kinder deutscher Mitarbeiter, die in der Türkei wohnten.
- „Der Vatikan ist nicht pleite", soll der Präfekt des neu geschaffenen Wirtschaftssekretariats, Franziskus Pell, bisher nicht verbuchte Konten mit mehreren Millionen Euro Guthaben gewürdigt haben.
- Bei einer evangelischen Gesamtkirchenverwaltung sollen 8 Mio. EUR an Einnahmen nicht oder fehlerhaft verbucht worden sein. Kommentar des Verantwortlichen laut Tagespresse: „Erst wolltet ihr Zahlen haben, und dann sollten diese auch noch richtig sein!"

Die Wahrheit über Zahlen aus dem Rechnungswesen, sei es von Unternehmen, sei es aus den beispielhaft genannten nicht kommerziellen Organisationen, liegt irgendwo dazwischen: das Rechnungswesen beinhaltet ein exaktes Rechenwerk – mit Regeln wie die Mathematik. Es fließen aber Einschätzungen ein, die sich allenfalls über Statistiken objektivieren lassen. Bei mancher Vorhersage geht es dann den Buchhaltern wie den „Wetterfröschen": manchmal liegen sie daneben.

Bedeutung von Zahlungsfähigkeit und Abrechnungszeitraum

Ein Unternehmen hat eine Forderung von ein paar tausend Euro gegen einen Kunden. Die Verantwortlichen wissen, dass ihr Kunde wirtschaftliche Schwierigkeiten hat (ansonsten wäre ja keine so große Forderung aufgelaufen). Wird der Kunde aber die Forderung voll, nur zur Hälfte oder nicht bedienen können? Die Verantwortlichen beim Gläubiger müssen also eine Einschätzung über die Zahlungsfähigkeit bzw. -willigkeit treffen müssen.
Setzen Sie anstatt Unternehmen ‚Kreditinstitut' und als Forderung eine Forderung aus ausgereichten Darlehen und Sie haben oft Mil-

lionenbeträge. Da verändert die Einschätzung 50 % statt 25 % das Jahresergebnis erheblich.

In 2013/2014 stellte das Bundesland Bayern die Abrechnung und damit die Auszahlung der kindbezogenen Förderung bei Kindergärten vom Kindergartenjahr (jeweils September bis August) auf das Kalenderjahr um. Wie sollten die Kindergartenträger die Erträge auf die einzelnen Kalenderjahre zuordnen?

Aus dem anglo-amerikanischen Rechtskreis kommt hierzu das Konzept des *‚true-and-fair-view‘*. Die Erfassung und Darstellung im Rechnungswesen sollte einerseits ‚wahr‘, andererseits auch ‚fair‘ sein. Manche Geschäftsvorfälle lassen sich einfach verifizieren, z.B. die Einzahlung in eine Kasse. Andere hingegen müssen – um das deutsche Pendant zu verwenden – ‚nach vernünftiger kaufmännischer Beurteilung‘ bilanziert werden. Hierzu gehören insbesondere alle Sachverhalte, die erst in Zukunft zahlungswirksam werden, z.B. die Höhe der Gewährleistungsverpflichtung oder der Zahlungseingang auf Forderungen.

Was wäre die Alternative zum *‚true-and-fair-view‘*? 100 % wahr sind insbesondere Ein- und Auszahlungen. Das Geld geht entweder ein (Einzahlung) oder eben nicht, das Geld wird ausbezahlt (Auszahlung) oder eben nicht. So macht(e) es die Öffentliche Hand beispielsweise im Rahmen der dort weit verbreiteten Kameralistik. Dort werden die Ansprüche beispielsweise aus einem Steuerschuldverhältnis (auch als „Kassen-Soll“) erst als „Kassen-Ist“ erfasst, wenn das Geld eingeht. Die meisten Bundesländer haben aber erkannt, dass der Preis für diese objektive und einfache Erfassung die Negation der wirtschaftlichen Betrachtungsweise ist. Ein Beamter ist in seiner aktiven Dienstzeit beispielsweise vermeintlich um rund 25 % preiswerter als ein Angestellter. Denn die Pensionszahlungen kommen erst später. Zum Vergleich: nach der kaufmännischen Rechnungslegung würde die spätere Verpflichtung durch eine Pensionsrückstellung abgebildet werden.

II. Vom Nutzen des Rechnungswesens – ein Modell

Wozu braucht man nun das Rechnungswesen? Ginge es nicht auch ohne die Beschäftigung von Heerscharen von Buchhaltern und Rechnungslegungsspezialisten?

Nehmen wir an, Sie möchten Ihr eigenes Unternehmen gründen. Sie möchten Schaltschränke produzieren. Solche Schaltschränke benötigt jedes Unternehmen, ganz besonders produzierende Unternehmen. Nach dem Hausanschluss für den Strom regulieren diese Schaltschränke die Verteilung, gegebenenfalls die Transformation des bezogenen Stroms. Im Gegensatz zu Standard-Schaltschränken soll Ihr Unternehmen aber Schaltschränke im Baukastensystem produzieren. Aus Ihrer Tätigkeit als Angestellter haben Sie das Mindestkapital für eine GmbH (25.000 EUR) zusammengespart. Von der Bank bekommen Sie Darlehen für die Maschinen und den Kauf eines Fabrikgeländes mit aufstehendem Fabrikgebäude. Als nächstes stellen Sie Mitarbeiter ein, kaufen Material und beginnen mit der Produktion. Ein Teil davon geht auf Lager, einen Teil verkaufen Sie. Wie im Anlagenbau üblich, liefern Sie ihre Erzeugnisse an Ihre Kunden gegen Rechnung. Aus den Zahlungseingängen und den Barmitteln aus der Finanzierung bezahlen Sie Ihre Lieferanten und das Personal. Noch ein Dritter will ebenfalls Geld haben: der Fiskus möchte seinen Teil am Erfolg in Form von Ertragsteuern haben. Die Lohn- und Umsatzsteuer haben Sie bereits fortlaufend an das Finanzamt abgeführt. Ebenfalls Interesse an dem vom Unternehmen erwirtschafteten Geld haben die Kapitalgeber. Als Erste möchten die Fremdkapital-Geber Zins und Tilgung auf die gewährten Darlehen haben. Am Ende, der Fachbegriff ist: ‚nachrangig', stehen die Eigenkapitalgeber. Wenn Sie der alleinige Gesellschafter sind, möchten Sie auch Ihren Anteil am Unternehmenserfolg haben. Wie die Ertragsteuern sind auch die Gewinnausschüttungen (Dividenden) erfolgsabhängig, d.h. es gibt sie nur, wenn ein Gewinn am Ende des Jahres vorhanden und ausreichend Geld in der Kasse ist.

Modellhaft lässt sich dieser Ablauf wie folgt skizzieren:

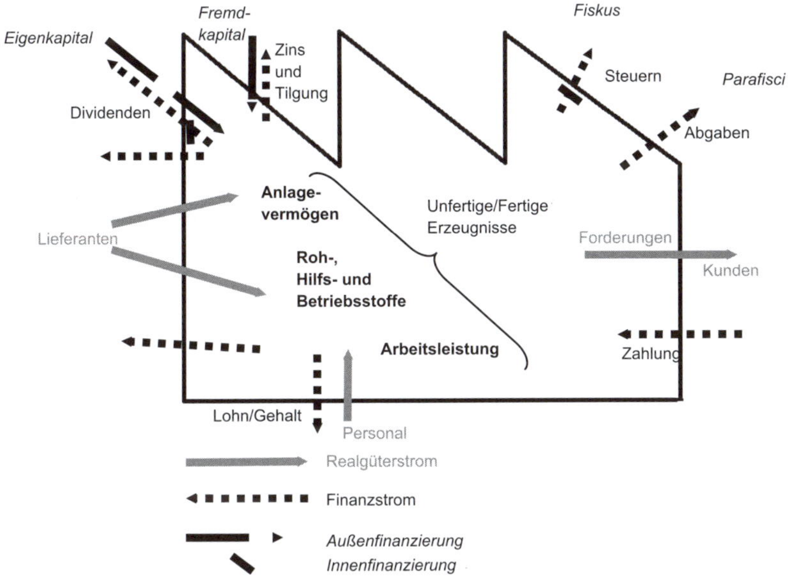

Abbildung: Realgüter- und Finanzströme im Unternehmen – modellhafte Darstellung

Zurück zu Ihrem Unternehmen. Spätestens nach drei Monaten würden Sie den Überblick über alle Transaktionen des Unternehmens verlieren – wenn – ja, wenn, es nicht so etwas wie das betriebliche Rechnungswesen gäbe …

Vereinfacht finden Sie die gerade beschriebenen und in der modellhaften Skizze grafisch dargestellten Sachverhalte in zwei Rechnungslegungsinstrumenten kompakt und übersichtlich dargestellt.

Wenn Sie es lieber detaillierter haben möchten, legen Sie § 266 Handelsgesetzbuch (HGB) neben folgende Bilanz zum 31.12.2001:

Aktiva		Bilanz zum 31. Dez. 2016		Passiva
		EUR		EUR
Anlagevermögen			Eigenkapital	
Umlaufvermögen,			Rückstellungen	
	insbes. Flüssige Mittel		Verbindlichkeiten	
		Bilanzsumme		Bilanzsumme

Vor der Aufnahme der Geschäftstätigkeit steht für jedes Unternehmen die Finanzierung, also die Bereitstellung von (flüssigen/liquiden) Mitteln zum Wirtschaften. Die von Ihnen geleistete Einlage in Höhe von 25.000 EUR finden Sie als Eigenkapital auf der rechten Seite der Bilanz. Diese rechte Seite wird als „Passiva" oder „Passivseite" bezeichnet. Gleichzeitig finden Sie die Bareinzahlung als Erhöhung der Flüssigen Mittel auf der linken Seite. Diese Seite wird „Aktivseite" genannt. Die dort aufgelisteten „Aktiva" stellen das Vermögen des Unternehmens dar. Da das Vermögen ‚vollständig' finanziert sein muss (das ist rechts unter Passiva abgebildet), ist die Summe rechts genau so groß wie links, oder mit einem Gleichheitszeichen dargestellt:

Aktiva = Passiva = Bilanzsumme

Das Vermögen ist das, ‚was ein Unternehmen hat'. Die Passivseite zeigt, wie das, was da ist (Vermögen), finanziert ist. Die Finanzierung kann entweder mit Eigen- oder Fremdkapital erfolgen.

Eigenkapital wird zum einen von den Eigentümern von außen ‚zugeführt', zum Beispiel durch die gerade genannte Einlage des alleinigen Gesellschafters. Das Eigenkapital kann das Unternehmen aber auch selber ‚erwirtschaften'. Wenn das Unternehmen Waren billiger einkauft, als es sie verkauft, entsteht ein Gewinn. Der Gewinn des Geschäftsjahres heißt „Jahresüberschuss". Dadurch steigt das Eigenkapital. Der Fachbegriff hierfür lautet „erfolgswirksam". Weil aber nicht nur die Summe aller erfolgswirksamen Veränderungen des Eigenkapitals (Unterposten in der Bilanz) interessant sind, sondern – vor allem –, wie es zu diesem Erfolg kam, werden diese Veränderungen als Erträge und Aufwendungen in einem gesonderten Rechnungslegungsinstrument, der Gewinn- und Verlustrechnung (GuV, § 275 HGB) dargestellt, im Überblick und vereinfacht dargestellt:

Gewinn- und Verlustrechnung vom 1.1.–31.12.2016
Umsatzerlöse und andere Erträge
– Aufwendungen
= Jahresergebnis: Jahresüberschuss/Jahresfehlbetrag

Die Alternative zum Eigen- ist das Fremdkapital. Dieses unterteilt das deutsche Handelsgesetzbuch traditionell in Verbindlichkeiten und Rückstellungen. Zu den Verbindlichkeiten gehören neben den Bankdarlehen (in der Sprache des HGB: Verbindlichkeiten gegenüber Kreditinstituten) auch die Verpflichtungen gegenüber den Lieferanten (Verbindlichkeiten aus Lieferungen und Leistungen).

Zu den Rückstellungen gehören beispielsweise die Rückstellungen für Steuern oder die Pensionsrückstellungen. Die noch nicht bezahlten Steuern sind quasi ein Darlehen des Fiskus an das Unternehmen. Vergleichbares gilt für die Pensionsrückstellungen. Hier geben Arbeitnehmer dem Unternehmen ein (zinsloses) Darlehen, bis sie selber in Rente gehen.

Das Gebäude, die Maschinen, aber auch die Computer und die Fahrzeuge fassen die Buchhalter unter dem Begriff Anlagevermögen zusammen. Dieses unterscheidet sich vom Umlaufvermögen in einem wesentlichen Punkt: Vermögensgegenstände des Anlagevermögens werden nicht ‚ver'braucht, sondern ‚ge'braucht. Eine Maschine lässt sich nicht nur für die Produktion eines Stückes nutzen, sondern in der Regel mehrere Jahre. Diese Wertminderung durch Gebrauch bilden die Buchhalter daher in einem besonderen Posten in der Gewinn- und Verlustrechnung ab: der „Abschreibung", im Steuerrecht auch als „AfA" bezeichnet.

Im Umlaufvermögen finden Sie zwei unterschiedliche Sachverhalte aus der oben dargestellten Skizze. Die Bestände der noch nicht verbrauchten Fertigungsmaterialien heißen in der Bilanz „Roh-, Hilfs- und Betriebsstoffe" (abgekürzt „RHB"). Wenn die Ver- oder Bearbeitung begonnen hat, werden die Fertigungsmaterialien in die Position „Unfertige und fertige Erzeugnisse" umgebucht. Die auf Lager befindlichen Produkte werden dann besonders bewertet. Roh-, Betriebs- und Hilfsstoffe sowie Waren werden mit ihren Anschaffungskosten bewertet. Bei den unfertigen und fertigen Erzeugnissen werden nicht nur die Anschaffungskosten (wie sie der Lieferant in Rechnung gestellt hat) berücksichtigt, sondern es fließen auch die (anteiligen) Produktionskosten ein. Im Beispiel des Schaltschränke-Herstellers würden die Eisenteile, die Schrauben oder die Schweißmaterialien bei den Roh- oder Hilfsstoffen erfasst. Die (begonnenen) Schaltschränke auf Lager würden als (un-)fertige Erzeugnisse nicht nur mit den Materialkosten, sondern beispielsweise auch mit dem Gegenwert der anteiligen Fertigungslöhne bewertet. Wenn – wie in unserem Beispiel – die Schaltschränke an den Kunden ausgeliefert werden, passieren (buchhalterisch) zwei Buchungen: zum einen wird der Abgang der fertigen Erzeugnisse als Materialaufwand erfasst. Zum anderen wird eine Forderung gegen den Kunden in Höhe der Umsatzerlöse und der Umsatzsteuer gebucht. Unter dem Strich verändert sich das Jahresergebnis um die Differenz, den Gewinn.

Im Zahlenbeispiel: die Herstellungskosten des Schaltschranks betragen 80 Geldeinheiten (abgekürzt: GE), der Verkaufspreis betrage netto 100 GE, zzgl. 19 % Umsatzsteuer. Der Bestand in Höhe von 80 GE wird beim Verkauf erfolgswirksam gegen den Materialaufwand ausgebucht. Die Forderung gegen den Kunden beträgt 119 GE, davon muss das Unternehmen 19 GE als Umsatzsteuer an das Finanzamt abführen. Damit verbleiben dem Unternehmen 100 GE und ein Gewinn von 20 GE:

	GE
Umsatzerlöse	100
- Aufwendungen	-80
= Gewinn	20

Weil ein Unternehmen die Umsatzsteuer, die es vom Kunden bezahlt bekommt, gleich an das Finanzamt abführen muss, wird die Umsatzsteuer auch als „Durchlaufender Posten" geführt.

Bilanz und Gewinn- und Verlustrechnung bilden die beiden wesentlichen Bestandteile des Jahresabschlusses. Beide hängen auch unmittelbar zusammen: die Gewinn- und Verlustrechnung enthält die erfolgswirksamen Veränderungen des Eigenkapitals. Wie oben bereits angedeutet: es würde ausreichen, alle Aufwendungen und Erträge direkt gegen den unter Posten „Jahresüberschuss/Jahresfehlbetrag" im Eigenkapital zu buchen. Die Konsequenz: in unserem Beispiel würden Umsatzerlöse und Aufwendungen zusammengefasst in einer Zahl ausgewiesen werden. Das Ergebnis (20 GE) wäre damit das gleiche, aber der Geschäftsführer wüsste nicht, ob der Erfolg an den Umsatzerlösen hängt oder am geringeren Materialeinsatz.

Zweiter bemerkenswerter Punkt: Der Jahresabschluss enthält nur eine Zusammenfassung der fortlaufenden Zahlen. Die wenigsten Unternehmen haben aber nur einen einzelnen Umsatz und/oder ein Stück ihres Produktes auf Lager. Für die fortlaufende Erfassung der Transaktionen gibt es die Buchführung. Dazu mehr im 3. Kapitel.

Zunächst aber zu einer viel grundlegenderen Frage: Wie wird der Erfolg eines Unternehmens gemessen?

2. Kapitel

Erfolgsermittlung bei Unternehmen

2

I. Bestände vs. Stromgrößen

Wann ist ein Unternehmen erfolgreich? Im Sport oder der Physik gibt es gewissermaßen ‚natürliche' Maßgrößen. Morgens im Badezimmer auf der Waage sagt diese unmittelbar, wie erfolgreich der Versuch des Abnehmens war. Auch im Sport gilt: ‚Schneller, höher und weiter'. Bei der Erfolgsmessung für ökonomische Aktivitäten ist das schwieriger. Es lassen sich zwei unterschiedliche Konzeptionen unterscheiden.

Vorab an dieser Stelle die erste wichtige Unterscheidung: Bestandsgrößen messen das Vorhandensein allgemein von Dingen, in unserem Fall von Vermögensgegenständen, Vermögenswerten, Wirtschaftsgütern und Schulden; Stromgrößen hingegen die Veränderung von Bestandsgrößen. Als Beispiel aus dem täglichen Leben mag das Körpergewicht dienen. Das Gewicht als solches ist eine Bestandsgröße. Denn die Pfunde/Kilos sind eben vorhanden oder nicht vorhanden. Interessant für die Erfolgsmessung ist jedoch die Veränderung. Im Fall des Körpergewichts wäre das die Zu- oder Abnahme des Gewichts.

Übertragen auf ein Beispiel aus der Wirtschaft: der Kassenbestand hat den Begriff ‚Bestand' bereits in der Bezeichnung. Allein das Vorhandensein von (viel) Geld macht aber keinen Reichtum aus. Wer beispielsweise ein Darlehen ausbezahlt bekommen hat, hat viel Liquidität auf dem Konto. Damit ist der Kontoinhaber aber nicht reicher geworden. Denn das Geld sollte irgendwann einmal wieder zurückbezahlt werden.

Kennzeichnend für Bestände sind insbesondere zwei Feststellungen:

- Bestände sind im Zeitpunkt-bezogen,
  d.h. mein Körpergewicht messe ich jeden Morgen, den Kassenbestand stellt das Unternehmen für einen bestimmten Stichtag fest.

- Der Endbestand der Vorperiode ist gleich dem Eröffnungsbestand der Folgeperiode;
  Beim Körpergewicht mag die Aussage trivial erscheinen. In der Buchhaltung gilt aber: wenn der Endbestand in der Kasse am 31.12.2016 6,50 EUR betragen hat, kann der Eröffnungsbestand in der Kasse am 1.1.2017 nicht 0,00 EUR betragen.

Bei Stromgrößen ist das grundlegend anders:

- Stromgrößen sind Zeitraum-bezogen,
  bei der Veränderung des Körpergewichts interessiert, ‚um wie viel' dieses von heute auf morgen mehr oder weniger geworden ist; bei der Erfolgsermittlung interessiert, ‚um wie viel' das Eigenkapital zu- oder abgenommen hat.

- Die Höhe einer Periode hängt nicht mit anderen Perioden zusammen. Wenn ich in einer Woche viel abgenommen habe, heißt das nicht, dass ich in der nächsten Woche wieder viel abnehmen werde. Wenn ein Unternehmen in 2016 viel verkauft hat (die Buchhalter sprechen vom höheren Umsatz), heißt es das nicht unbedingt den gleichen Umsatz für 2017.

II. Liquidität als Erfolgsmaßstab

Damit sind wir bei der ersten Möglichkeit der Erfolgsmessung von Unternehmen: Die Liquiditätsbetrachtung. Sie lässt sich am eigenen Geldbeutel nachvollziehen: wenn mehr Geld zufließt, als abfließt, sind wir (zumindest auf den ersten Blick) ‚reicher' geworden. Das gerade genannte Beispiel der Aufnahme des Darlehens zeigt jedoch die Grenzen dieser Erfolgsmessung. Wir werden später noch einmal darauf zurückkommen. An dieser Stelle sei auf den Vorteil dieser Methode hingewiesen: Sie ist in gewisser Weise objektiv. Denn das Geld ‚klingt' entweder ‚im Kasten' oder es wird herausgenommen. Es bedarf also keiner Regelung, wie diese Methode anzuwenden ist. Ein zweiter Vorteil dieser Methode der Erfolgsmessung ist die Berücksichtigung von Zahlungszeitpunkten. Denn es macht einen Unterschied, ob dem Unternehmen das Geld am 10.1. zufließt oder am 10.12. Beim früheren Zufluss-Zeitpunkt (zu Beginn des Jahres) können Rechnungen von Lieferanten bezahlt werden. Kommt das Geld erst im Dezember, muss vielleicht ein kurzfristiges Darlehen mit zusätzlichen Kosten zur Zwischenfinanzierung aufgenommen werden.

Der Fachbegriff für den Zufluss an liquiden Mitteln lautet ‚Einzahlung', der Abfluss ‚Auszahlung'. Weil es sich in diesem Bereich nicht um gesetzlich definierte Begriffe handelt, taucht manchmal der Begriff ‚Einnahme' und ‚Ausgabe' auf. Hierunter wird wohl neben den gerade definierten Einzahlungen auch eine Erhöhung der Forderungen verstanden. Die Ausgaben umfassen wohl neben den Auszahlungen auch eine Zunahme der Verbindlichkeiten. Der Verfasser ist jedoch Systematiker. Da die Begriffe Einnahmen und Ausgaben mehr für Verwirrung denn für Trennschärfe zwischen Konzeptionen sorgen, sei in diesem Buch nur von ‚Ein-', und ‚Auszahlungen' die Rede – im Gegensatz dem im Folgenden besprochenen ‚Ertrag' und ‚Aufwand'.

III. Die erfolgswirtschaftliche Betrachtung

Beginnend wohl mit den venezianischen Kaufleuten erkannten Unternehmer, damals hießen sie noch Kaufleute, die Unzulänglichkeit einer reinen Liquiditätsbetrachtung. Wer sich Geld leiht, sollte dieses tunlichst irgendwann einmal zurückbezahlen. Wer eine Maschine kauft, wird allein durch die Anschaffung nicht reicher oder ärmer. Er schichtet Vermögen von den liquiden Mitteln in längerfristig gebundenes Vermögen um. Eine Wertminderung tritt erst im Laufe der Zeit bei der Maschine ein. Irgendwann einmal lässt sich diese Maschine wirtschaftlich oder technisch nicht mehr nutzen. Ein drittes Beispiel hierzu: reicher wird das Unternehmen nicht erst dann, wenn der Kunde zahlt, sondern bereits dann, wenn ein Zahlungsanspruch entsteht. Diesen Zahlungsanspruch nennen die Buchhalter ‚Forderung'.

Umgangssprachlich könnte vom ‚reicher' oder ‚ärmer werden' gesprochen werden. Die Buchhalter messen diese Veränderung des Eigenkapitals mit den Größen ‚Ertrag' und ‚Aufwand'.

Erträge sind definiert als ‚Wert aller erbrachten Leistungen einer Periode, erfasst und bewertet nach den maßgeblichen Rechnungslegungsvorschriften', Aufwendungen als ‚Wert aller verbrauchten Güter und Dienstleistungen (Leistungen) einer Periode, erfasst und bewertet nach den maßgeblichen Rechnungslegungsvorschriften'.

Kennzeichnend für diese Definitionen sind somit vier Komponenten:

1. Wert
   Es geht also um die Bewertung. Buchhalter rechnen immer in Geldeinheiten, sei es Euro, US-Dollar oder Schweizer Franken. Der Verbrauch (Aufwand) von Material wird also nicht in Kilogramm oder Litern gemessen, sondern in Euro oder einer anderen Währung. Damit taucht schon die erste Herausforderung auf: Wie werden verbrauchten Mengen Werte zugeordnet? Dieses Thema wird uns im 5. Kapitel wieder begegnen.
2. Leistungen, die erbracht oder verbraucht werden
   Bei der Liquiditätsbetrachtung gibt es nur ‚Geld rein – Geld raus'. Bei dieser erfolgswirtschaftlichen Konzeption ist anerkannt, dass es nicht nur um Geld geht, sondern auch um andere Güter und/oder Dienstleistung. Wenn der Architekt einen Plan gezeichnet hat, hat er bereits (s)eine Leistung erbracht und hat Anspruch auf Bezahlung. Der Anspruch auf Bezahlung der Ware entsteht bereits bei Lieferung oder der Leistung, nicht erst später, wenn die Rechnung gestellt wird oder Zahlungen erfolgen.
3. „einer Periode"
   Anders als bei der Liquiditätsbetrachtung gilt bei dieser erfolgswirtschaftlichen Betrachtung: ‚Geld ist gleich Geld' (gleichgültig, wann bezahlt wird). Besonders deutlich wird das bei Ertragsbesteuerung. Dem Fiskus ist es gleich, ob die Forderung am Anfang des Jahres bezahlt wird oder erst in der Folgeperiode. Das Unternehmen muss den Gewinn aus der Forderung in dem Jahr versteuern, in dem die Forderung entstanden ist und immer in der gleichen Höhe – auch, wenn die Forderung durch die Inflation weniger wert geworden ist.
4. Die „maßgeblichen Rechnungslegungsvorschriften"
   Im Unterschied zur Liquiditätsbetrachtung gibt es bei der erfolgswirtschaftlichen Betrachtung keine ‚natürlichen' Erfassungsprinzipien. Zwar haben sich im Laufe der Jahrhunderte gewisse Regeln als sinnvoll erwiesen, im Detail kann aber deren Auslegung voneinander abweichen.
   Ein **Beispiel**: Es ist bei Buchhaltern anerkannt, dass der Erfolg aus dem Verkauf von Waren nicht erst bei der Zahlung der Rechnung durch den Kunden realisiert wird (und damit das Jahresergebnis positiv beeinflusst). In unterschiedlichen Jurisdiktionen weicht das Verständnis über diesen Realisationszeitpunkt voneinander ab. Was ist zum Beispiel, wenn sich die Waren am Stichtag auf hoher See befinden? Wer an den Bar-Verkauf im Laden denkt, wird

diesem Problem keine große Bedeutung beigemessen. Was aber, wenn der Hersteller in Asien sitzt und die Waren vor dem Stichtag auf den Weg bringt, diese aber erst im neuen Geschäftsjahr beim Empfänger ankommen? Darf der Hersteller den Gewinn noch im alten Geschäftsjahr vereinnahmen? Wann muss der Empfänger die Ware in seinen Jahresabschluss berücksichtigen und entsprechend eine Verbindlichkeit passivieren? An dieser Stelle soll es genügen auf das Problem hinzuweisen und den Leser zu ermuntern, darüber nachzudenken. Im 5. Kapitel gibt es unter V. die Auflösung dieser Problematik unter dem Stichwort ‚Gewinnrealisation'.

IV. Der Vergleich

Stellen wir diese beiden Systeme noch einmal gegenüber:

Erfolg	
Gewinn	Liquidität/Kapitalfluss/Cash Flow
Erträge/Leistungen/Erlöse	Einzahlungen
– Aufwendungen/Kosten	– Auszahlungen
= Gewinn/Verlust/Betriebsergebnis	= Überschuss/Defizit

Übersicht: Erfolg als Gewinn oder Liquiditäts-Überschuss

Am einfachsten zu erklären ist die Liquiditätsbetrachtung: ‚Geld rein – Geld raus' heißt in der Buchhaltung: Einzahlungen minus Auszahlungen. Ist mehr Geld in der ‚Kasse' als am Anfang der Periode könnte dieses als ‚Überschuss' bezeichnet werden. Ist weniger Geld vorhanden, wird oft vom ‚Defizit' gesprochen. Mit diesen Begrifflichkeiten wird schon angedeutet, wo die Liquiditätsbetrachtung verwendet wird: bei den Haushalten der öffentlichen Hand. Da gibt es den „Haushaltsüberschuss", manchmal in Gestalt der „Schwarzen Null" oder das „Haushaltsdefizit", dem traditionell die Farbe Rot zugeordnet wird.

Weil die englischen Fachbegriffe zunehmend Verbreitung finden, sei auch auf den Begriff „Cash Flow" hingewiesen. „Einzahlungen" würden wohl als ‚positiver Cash Flow" (oder eingedeutscht: „Kapitalfluss") bezeichnet. „Negativer Cash Flow" wäre dann wohl die Auszahlung, wobei die Begriffe „positiver Cash Flow" meist als Synonym für „Überschuss" bzw. „negativer Cash Flow" für „Defizit" verwendet werden.

Wichtig ist an dieser Stelle das Verständnis für den grundlegenden Unterschied zwischen beiden Systemen: Bei der Liquiditätsbetrachtung geht es nur um die Stromgrößen „Einzahlung/Auszahlung". Beim Gewinn kommt es aber gerade auf diese nicht an! § 252 Abs. 2 Nr. 5 HGB ordnet ausdrücklich an: „Aufwendungen und Erträge des Geschäftsjahrs sind unabhängig von den Zeitpunkten der entsprechenden Zahlungen im Jahresabschluss [sic!] zu berücksichtigen." Das deutsche Handelsgesetzbuch sagt aber nicht, nach welchen Kriterien dann Aufwendungen und Erträge zu erfassen sind – und damit sind wir wieder bei den „maßgeblichen Rechnungslegungsvorschriften". Dazu gleich mehr im 3. Kapitel.

Vorher noch einmal zurück zum Thema: ‚Wie ermittelt ein Unternehmen seinen Erfolg?' Erträge haben wir gerade definiert als ‚Wert aller erbrachten Leistungen einer Periode, erfasst und bewertet nach den maßgeblichen Rechnungslegungsvorschriften'. Der Vorteil dieser Betrachtung: es wird ein periodengerechter Erfolg ermittelt – unabhängig von Zahlungsströmen. Die Verantwortlichen in einem Unternehmen interessiert aber nicht allein, was die „maßgeblichen Rechnungslegungsvorschriften" vorschreiben, sondern sie benötigen Informationen für die Planung und Steuerung ihres Unternehmens. Wenn die maßgeblichen steuerrechtlichen Vorschriften die Möglichkeiten vorsehen, die Steuerlast zu vermindern, wird die Unternehmensleitung diese auch in Anspruch nehmen. Für die leistungsgerechte Bezahlung der Mitarbeiter (Stichwort: erfolgsabhängige Vergütung) sind solche ‚Minimierungsstrategien' aber nicht förderlich. Für Zwecke des internen Rechnungswesens verwenden die Buchhalter zwar das gleiche Vorgehen (‚Erfasse und bewerte die erbrachten Leistungen'), verzichten aber auf das Diktat der maßgeblichen Rechnungslegungsvorschriften. Diese Größe wird als ‚Leistungen' (im Unterschied zu ‚Erträgen') bezeichnet. Die Produktion auf Lager hat einen Mehrwert (gegenüber den bloßen Rohstoffen) erbracht und das Unternehmen damit ‚reicher' gemacht. Also erfasst die Buchhaltung eine ‚Leistung'. Für manche Analyse zählen aber nur die abgesetzten Leistungen, diese werden als ‚Erlöse' bezeichnet. Leistungen bzw. Erlöse werden den ‚Kosten' gegenüber gestellt. Kosten werden wie Aufwendungen definiert, nur dass es auf die maßgeblichen Rechnungslegungsvorschriften gerade nicht ankommt. Kosten sind demnach ‚Wert aller verbrauchten Güter und Dienstleistungen (Leistungen) einer Periode'.

Warum macht dieser Halbsatz ‚erfasst und bewertet nach den maßgeblichen Rechnungslegungsvorschriften' einen so großen Unterschied?

Die Antwort liegt in den unterschiedlichen Zwecken in der Rechnungslegung! Das deutsche Steuerrecht (externe Rechnungslegung für steuerliche Zwecke) sagt beispielsweise: keine kalkulatorische Eigenkapitalkosten bei der Bewertung von Vorräten – der Grund hierfür: Vermögenszuwächse beim Eigenkapital werden erst versteuert, wenn der Gewinn nach dem Steuerbilanzrecht realisiert ist. Damit das Unternehmen seine Produkte nicht ‚zu billig' auf dem Markt anbietet, muss es im internen Rechnungswesen gerade diese Eigenkapitalkosten mit ‚einkalkulieren'.

Ein zweites Beispiel: eine Maschine kostet bei der Anschaffung GE 100,00 und kann zehn Jahre genutzt werden. Für Zwecke des handelsrechtlichen Jahresabschlusses und der steuerlichen Gewinnermittlung kann grundsätzlich nicht mehr als GE 100,00/10 Jahre = GE 10,00 p.a. als Abschreibung (AfA) gewinnmindernd geltend gemacht werden. Für die eigenen (internen) Zwecke könnte das Unternehmen aber mit den Wiederbeschaffungskosten rechnen. Der Buchhalter könnte beispielsweise annehmen, dass die Maschine nach zehn Jahren GE 120,00 in der Anschaffung kostet. Damit über die Laufzeit der Maschine auch dieser Betrag ‚erwirtschaftet' wird, legt er im internen Rechnungswesen GE 120,00/10 Jahre = GE 12,00 p.a. zugrunde. Es liegt auf der Hand, warum bei der externen Rechnungslegung ‚nur' die (objektiven) ursprünglichen Anschaffungskosten berücksichtigt werden: wären Wiederbeschaffungskosten zulässig, könnte jedes Unternehmen z.B. die steuerliche Bemessungsgrundlage nach seinem Belieben gestalten. Um die Steuerlast zu minimieren, könnten dann ‚beliebig' große Wiederbeschaffungskosten für die AfA-Bemessung verwendet werden.

Im internen Rechnungswesen spielt diese Überlegung keine Rolle. Denn die einzigen, die die Verantwortlichen im Unternehmen ‚betrügen' können, sind sie selber. Sind – um im Beispiel zu bleiben – die Wiederbeschaffungskosten für das interne Rechnungswesen ‚zu hoch' gewählt, wird das Unternehmen ‚zu hohe' Preise kalkulieren. Wenn der Markt diese nicht akzeptiert, wird das Unternehmen weniger oder keine Produkte mehr absetzen (können). Somit reguliert hier der Absatzmarkt falsche, genauer: willkürliche, Wertansätze auf seine Weise.

Weil die Definitionen grundlegend sind und für unterschiedliche Konzeptionen stehen, seien sie an dieser Stelle noch einmal zusammengefasst:

§ Definitionen im Überblick

Konzept	Erfolgskomponente	Definition
Finanzwirtschaftliches Konzept	**Einzahlungen** **Auszahlungen**	= Veränderung der liquiden Mittel
Erfolgswirtschaftliche Konzepte	**Externes Rechnungswesen:**	
	Erträge und Aufwendungen	
	Erträge =	Wert aller **erbrachten** Leistungen einer Periode, erfasst und bewertet nach den maßgeblichen Rechnungslegungsvorschriften
	Aufwendungen	Wert aller **verbrauchten** Güter und Dienstleistungen (Leistungen) einer Periode, erfasst und bewertet nach den maßgeblichen Rechnungslegungsvorschriften
	Einnahmen und Ausgaben	= Veränderungen des Geldvermögens
	Geldvermögen =	Zahlungsmittelbestand + Forderungen – Verbindlichkeiten
	Einnahmen =	Zunahme des Geldvermögens
	=	Einzahlungen + Erhöhung der Forderungen – Verminderung der Verbindlichkeiten

Konzept	Erfolgskomponente	Definition
	Ausgaben =	Abnahme des Geldvermögens
	=	Auszahlungen + Verminderung der Forderungen – Erhöhung der Verbindlichkeiten
	Internes Rechnungswesen (Kosten- und Leistungsrechnung):	
	Erlöse (Leistungen) und Kosten	
	Leistungen =	Wert aller erbrachten Leistungen in einer Periode
	Erlöse =	Wert aller erbrachten und abgesetzten Leistungen in einer Periode
	Kosten =	Wert aller verbrauchten Güter und Dienstleistungen (Leistungen) in einer Periode

Warum sind Definitionen wichtig?

Warum sind die mit den Definitionen verbundenen Unterscheidungen wichtig? Gegenfrage für Juristen: warum unterscheidet das deutsche Recht zwischen ‚Eigentum' und ‚Besitz' oder zwischen ‚Mord' und ‚Totschlag'? Antwort im Rechnungswesen wie in der Juristerei: weil sich damit Fragestellungen lösen lassen.

Verdeutlichung mit einem Beispiel: Beim Schreiben des Manuskripts fand ein inzwischen börsennotierter Versandhändler wieder den Weg in den Wirtschaftsteil der Tagesmedien, der seine (vor allem) Kundinnen ‚vor Glück zum Schreien brachte'. Mit steigenden Umsatzerlösen (= Erträge) waren auch die Börsenkurse für dessen Aktie gestiegen. Im Zeitablauf zeigte sich, dass nicht jede/r, der vor Glück schrie, auch bereit war, seine Rechnung schnell oder überhaupt zu bezahlen (= [ausbleibende] Einzahlungen). Der Börsenkurs verminderte sich.

Erklärung aus Sicht des Rechnungswesen-Spezialisten: Steigende Umsatzerlöse bedeuten bei gleichen Aufwendungen höheren Gewinn des Unternehmens. Höherer Gewinn bedeuten grundsätzlich höhere Gewinnausschüttungen (Dividende) bedeutet höhere Börsenkurse. Wenn aber kein Geld in die Kassen des Unternehmens fließt, mag der Gewinnanspruch noch so hoch sein, er kann nicht oder zumindest nicht in voller Höhe ausgeschüttet werden. Aussichten auf geringere oder spätere Gewinnausschüttungen (Dividenden) mindern den Börsenkurs. Wer bezahlt schon gerne für eine Aktie, bei der keine/geringere/kaum Gewinnausschüttungen ausgezahlt werden?

V. Der Systemvergleich in Zahlen

Ein letzter Vergleich zwischen beiden Rechnungslegungssystemen mittels eines Zahlenbeispiels:

Rechnungslegungssysteme im Vergleich

Am 1.1.2016 kauft das Unternehmen eine Maschine für GE 30,00 (30 Geldeinheiten bar). Bis zur Verschrottung am 31.12.2018 erzielt das Unternehmen damit zusätzliche zahlungsgleiche Erträge in Höhe von GE 11,00 p.a. (*per annum* = pro Jahr).

Unter Liquiditätsgesichtspunkten würden diese Transaktionen im Rahmen eines sog. Finanzplans wie folgt dargestellt:

Finanzwirtschaftliche Betrachtung

Jahr	2016	2017	2018	Summe
	GE	GE	GE	GE
Kauf Maschine	-30,00			-30,00
Zusätzlicher Cash Flow	11,00	11,00	11,00	33,00
Cash Flow	-19,00	11,00	11,00	3,00

Um dieses zu kontrastieren, der gleiche Sachverhalt in der erfolgswirtschaftlichen Betrachtung:

Erfolgswirtschaftliche Betrachtung

Jahr	2016	2017	2018	Summe
	GE	GE	GE	GE
Erlöse	11,00	11,00	11,00	33,00
- Abschreibungen	-10,00	-10,00	-10,00	-30,00
= Gewinn	1,00	1,00	1,00	3,00

Beim Vergleich der beiden Tabellen fällt zunächst auf: In der Summenspalte kommen beide zum gleichen Ergebnis. Andersherum formuliert: Der entscheidende Unterschied zwischen finanz- und erfolgswirtschaftlicher Betrachtung ist die Zuordnung des Erfolges auf die einzelnen Zeiträume.

Die finanzwirtschaftliche Betrachtung stellt ausschließlich auf die Zu- und Abflüsse von Geldmitteln ab. Das bedeutet für das Jahr 2016, es ergibt sich ein Defizit, da die Auszahlung für die Maschine den Zufluss des ersten Jahres bei weitem übersteigt. Diese Darstellung im Rahmen des Finanzplans findet daher Verwendung im Bereich der Investitionsrechnung/-planung. Das sprichwörtliche Milchmädchen, das nur auf das Ergebnis des Jahres 2016 schaut, würde sagen, die Investition lohne sich nicht. Mit etwas betriebswirtschaftlichem Sachverstand ist jedoch zu erkennen, dass im Jahr 2016 eine Finanzierungslücke besteht, die – beispielsweise – durch die Aufnahme eines Darlehens gedeckt werden muss.

Ökonomisch verteilen sich jedoch die Erlöse (hier: GE 11,00 p.a.) gleichmäßig über die einzelnen Jahre. Diesem gegenübergestellt – ebenfalls gleichmäßig – wird der Werteverzehr der Maschine. Genau dieses tut die erfolgswirtschaftliche Betrachtungsweise im Rahmen der Gewinn- und Verlustrechnung. Nur diese Betrachtungsweise macht ökonomisch auch wieder Sinn. Denn der Werteverzehr der Maschine ist ja nicht durch die Anschaffung verursacht, sondern durch den Betrieb zur Erzielung von Erträgen. Die Zahlungszeitpunkten (Wann bezahlt das Unternehmen die Maschine? Wann zahlen die Kunden?) sind mehr oder minder zufällig, somit als ökonomisches Kriterium ungeeignet.

Diese Verteilung ist gleichzeitig der entscheidende Schwachpunkt bei der Zuordnung aufgrund der ökonomischen Verursachung. Während im Finanzplan durch die Ein- und Auszahlungen objektiv und nachvollziehbar festgelegt ist, wann ein bestimmter Erfolgsbeitrag zu vereinnahmen oder zu verausgaben ist, ist dies in der erfolgswirtschaftlichen Betrachtung abhängig von den maßgeblichen Rechnungslegungsvorschriften. Konkret: Wie werden Erlöse/Erträge und Aufwand/Kosten auf die einzelnen Perioden zugeordnet?

Ein findiger Buchhalter könnte beispielsweise argumentieren, dass im vorliegenden Sachverhalt die Erträge aus der Maschine bereits im Jahr 2016 derart sicher sind, dass diese bereits zum 31.12.2016 in voller Höhe zu vereinnahmen sind.

Bedenken hinsichtlich der Abzinsung und des Realisationszeitpunktes einmal außen vor gelassen, würde die Bilanz und die Gewinn- und Verlustrechnung für das Jahr 2016 wie folgt aussehen:

Bilanz zum 31. Dez. 2016

Aktiva	GE	Passiva	GE
Anlagevermögen	20,00	Eigenkapital: Jahresüberschuss	23,00
Forderungen	22,00	Verbindlichkeiten gegenüber Kreditinstituten	20,00
Flüssige Mittel	1,00		
	43,00		43,00

Gewinn- und Verlustrechnung 1.1.–31.12.

	GE
Umsatzerlöse	33,00
Abschreibungen	-10,00
Jahresüberschuss	23,00

Zur Erläuterung:

Am 1.1.2016 geht die Maschine (Anlagevermögen) mit einem Betrag von GE 30,00 zu. Dieser Betrag auf der Aktivseite steht die Finanzierung, beispielsweise durch ein Bankdarlehen (Verbindlichkeiten gegenüber Kreditinstituten) in gleicher Höhe gegenüber. Von diesem gemeinsamen Ausgangspunkt entwickeln sich die beiden Posten jedoch unterschiedlich. Der Werteverzehr des Anlagevermögens wird als Abschreibung (hier in Höhe von GE 10,00) erfolgswirksam in der Gewinn- und Verlustrechnung erfasst. Der sog. Buchwert des Anlagevermögens vermindert sich entsprechend um GE 10,00. Aus der Einzahlung der Kunde in Höhe von GE 11,00 (diese gehen zunächst in die Position Flüssige Mittel) wird das Darlehen planmäßig getilgt.

Das Entscheidende an dem hier diskutierten Fall sind die Forderungen und die damit korrespondierenden Umsatzerlöse. Wir waren der Ansicht des Buchhalters gefolgt, die Umsatzerlöse des laufenden und der folgende beiden Jahre seien sicher und daher bereits im Jahr 2016 vollständig zu berücksichtigen. Die Forderungen in Höhe von GE 33,00 korrespondieren zunächst mit den Umsatzerlösen in Höhe von GE 33,00. Die Forderungen werden laut Sachverhalt in Höhe von GE 11,00 getilgt. Dadurch nehmen die Forderungen in dieser Höhe ab und die flüssigen Mittel in gleicher Höhe zu. Diese Einzahlungen werden – wie bereits dargestellt – in Höhe von GE 10,00 zur Tilgung des Darlehens verwendet.

Endstand der flüssigen Mittel zum 31.12.2016 somit GE 1,00. Die Umsatzerlöse werden den Aufwendungen (hier: Abschreibungen) gegenübergestellt. In der Summe bilden sie die erfolgswirksamen Veränderungen des Eigenkapitals (Jahresergebnis, hier positiv, daher als Jahresüberschuss bezeichnet). Dieses Ergebnis wird in die Bilanz als Bestandteil des Postens Eigenkapital übertragen.

Im Folgejahr (2017) tilgen die Kunden laut Sachverhalt weitere GE 11,00, das Unternehmen tilgt sein Darlehen und die Abschreibung auf die Maschine wird planmäßig fortgeführt:

Bilanz zum 31. Dez. 2017

Aktiva	GE	Passiva	GE
Anlagevermögen	10,00	Eigenkapital:	
Forderungen	11,00	Gewinnvortrag	23,00
Flüssige Mittel	2,00	Jahresfehlbetrag	-10,00
			13,00
		Verbindlichkeiten ggü.	
		Kreditinstituten	10,00
	23,00		23,00

Gewinn- und Verlustrechnung 1.1.–31.12.2017

	GE
Umsatzerlöse	0,00
Abschreibungen	-10,00
Jahresfehlbetrag	-10,00

Die Umsatzerlöse wurden ja bereits im Jahr 2016 erfasst, somit bleiben nurmehr die Abschreibungen zu berücksichtigen.

Die Besonderheit im Eigenkapital ist der Jahresüberschuss des Vorjahres, der als ‚Gewinnvortrag' ausgewiesen wird.

Der Gewinnvortrag im Jahr 2018 wird um das Jahresergebnis der beiden Vorjahre erweitert:

Bilanz zum 31. Dez. 2018

Aktiva	GE	Passiva	GE
Anlagevermögen	0,00	Eigenkapital:	
Forderungen	0,00	Gewinnvortrag	13,00
Flüssige Mittel	3,00	Jahresfehlbetrag	-10,00
			3,00
		Verbindlichkeiten ggü.	
		Kreditinstituten	0,00
	3,00		3,00

Gewinn- und Verlustrechnung für 1.1.–31.12.2018

	GE
Umsatzerlöse	0,00
Abschreibungen	-10,00
Jahresfehlbetrag	-10,00

An dieser Stelle zur Erläuterung:

- Das Anlagevermögen ist über die drei Jahre vollständig abgeschrieben, also auf den Buchwert „0,00" heruntergefahren.
- Auch die Forderungen sind vollständig bezahlt, ‚stecken' also im Saldo der Flüssigen Mittel in Höhe von GE 3,00.
- Die Flüssigen Mittel haben sich durch Einzahlungen aus den Forderungen in Höhe von GE 33,00 erhöht, davon wurde das Darlehen in Höhe von GE 30,00 getilgt.

Die Bilanz zum 31.12.2018 sieht immer so aus – gleichgültig, ob die Forderungen bereits im Jahr 2016 aktiviert wurden oder nicht.

Nützlichkeit der Rechungslegungssysteme

Bei diesem Beispiel mag kritisch hinterfragt werden, ob es dieses Aufwandes bedürfe? Dreimal eine Bilanz und eine Gewinn- und Verlustrechnung aufstellen, wenn das Ergebnis am Ende augenscheinlich bereits feststeht. Zum einen ist das Beispiel natürlich stark vereinfacht, zum anderen – und das ist der entscheidende Vorteil der Aufteilung auf die einzelnen Perioden – ist die wirtschaftliche Entwicklung in der Realität nicht so sicher, wie sich das der Verfasser ausgedacht hat. Zum Beispiel könnte der Kunde im Jahr 2017 zahlungsunfähig werden. Die Konsequenz wäre, dass die in der Bilanz enthaltene Forderung wertlos werden würde. Zu den Abschreibungen auf das Anlagevermögen würden die Wertminderungen der Forderungen als sonstige betriebliche Aufwand das Jahresergebnis vermindern, anders herum formuliert: den Jahresfehlbetrag erhöhen.

Eine weitere kritische Frage könnte anhand der zu Grunde liegenden Ansicht des Buchhalters auftauchen: Ist es nicht weltfremd, die Umsatzerlöse der folgenden zwei Periode gleich am Anfang zu vereinnahmen? Zumindest ein solcher Fall hat es weltweit durch die Wirtschaftspresse geschafft: Der US-amerikanische Energieversorger EnRon. Dieser hatte die Forderungen aus Stromlieferungen an Privatkunden gleich für mehrere Perioden aktiviert und so seine Umsatzerlöse nach oben getrieben. Den Investoren an der Börse gefiel das so gut, dass der Börsenkurs der Aktien stark anstieg. Laut Zeitungsberichten war dieses Vorgehen durch entsprechende Regelungen in den US-amerikanischen Standards zur Rechnungslegung gedeckt. Irgendwann einmal jedoch wurde klar, dass nicht alle Forderungen an Stromkunden in dieser Höhe eingehen würden. Konsequenterweise wurden die Forderungen jetzt berichtigt. Der dadurch plötzlich sinkende Gewinnausweis gefiel den Aktionären noch viel weniger, der Börsenkurs stürzte ab – nach Zeitungsberichten offenbar so stark, dass das Unternehmen in Finanzierungschwierigkeiten kam.

Noch einmal zurück zum Ausgangsfall:

Jahr	2016	2017	2018	Summe
	GE	GE	GE	GE
Erlöse	11,00	11,00	11,00	33,00
- Abschreibungen	-10,00	-10,00	-10,00	-30,00
= Gewinn vor Steuern	1,00	1,00	1,00	3,00

Angenommen, das Unternehmen müsste 30 % Ertragsteuern auf seinen Gewinn vor Steuern bezahlen. Das würde bedeuten, dass jedes Jahr gleichmäßig 30 % auf GE 1,00 = GE 0,30 für Ertragsteuern anfallen würden. Diese Liquidität wiederum fehlt dem Unternehmen, zum Beispiel um andere Investitionen zu tätigen. Ein probates Mittel, Investitionen anzuregen, ist es daher, Abschreibungsmodalitäten für die steuerliche Gewinnermittlung zu verändern. Der Fiskus könnte beispielsweise zulassen, Maschinen in den ersten beiden Jahren vollständig abzuschreiben:

Jahr		2016	2017	2018	Summe
		GE	GE	GE	GE
Erlöse		11,00	11,00	11,00	33,00
- Abschreibungen		-15,00	-15,00		-30,00
= Gewinn vor Steuern		-4,00	-4,00	11,00	3,00
- Verlustvortrag			-4,00	-8,00	
= steuerliche Bemessungsgrundlage		-4,00	-8,00	3,00	
darauf Steuern	-30,0%	0,00	0,00	-0,90	-0,90
=Ergebnis nach Steuern		-4,00	-8,00	5,10	2,10

Die Summe der Steuerbelastung ist immer gleich – entscheidend ist, wann sie anfällt. Wenn sie – wie hier simuliert – erst am Ende anfällt, kann das Unternehmen mit diesem Geld (hier: GE 0,90) zwei Perioden lang wirtschaften. Die Betriebswirte nennen das dann ‚Innenfinanzierung'.

3. Kapitel

3

Buchführung und Rechnungslegung

I. Rechnungswesen als Oberbegriff

Mangels gesetzlicher Vorgaben sei der Begriff des Rechnungswesens in doppelter Hinsicht als Oberbegriff definiert.

Zum einen als Oberbegriff für

- die fortlaufende Erfassung der Geschäftsvorfälle, ‚Buchführung' genannt, und
- die periodische Zusammenfassung der Geschäftsvorfälle, ‚Rechnungslegung' definiert:

Beispiele

Die Bedeutung dieser Unterscheidung lässt sich an zwei Beispielen illustrieren:

- So kann der Steuerberater einmal mit der ‚Buchführung' und/oder der ‚Erstellung des Jahresabschlusses' beauftragt werden. In erstgenannten Fall müssen die Belege monatlich zum Steuerberater. Er muss dann monatlich eine Auswertung liefern und zusätzlich zum Ende des Jahres einen Jahresabschluss auf Grundlage der von ihm geführten Bücher.
- Bei der Prüfung des Jahresabschlusses gemäß §§ 316 ff. HGB muss der Abschlussprüfer den Jahresabschluss auf die Übereinstimmung mit Gesetz und Satzung prüfen (§ 317 Abs. 1 Satz 2 HGB). Die Buchführung ist ‚lediglich' einzubeziehen (§ 317 Abs. 1 Satz 1 HGB). Das bedeutet im Umkehrschluss: Es kann

schon sein, dass unterjährig ‚Kraut und Rüben‘ gebucht wurde. Wenn es im Rahmen der Jahresabschlusserstellung gelingt, daraus einen ordnungsgemäßen Jahresabschluss zu ‚zimmern‘, kann der Abschlussprüfer ein sog. ‚uneingeschränktes Testat‘ erteilen.

Zum anderen lässt sich das Rechnungswesen nach den wesentlichen Adressaten unterscheiden:

Rechnungswesen

<table>
<tr><th>Bezeichnung</th><th>Externes Rechnungswesen</th><th colspan="2">Internes Rechnungswesen</th></tr>
<tr><td>Abteilung</td><td>Finanzbuchhaltung</td><td>Betriebsbuchhaltung</td><td>Planung/ Statistik</td></tr>
<tr><td></td><td></td><td colspan="2">(Controlling)</td></tr>
<tr><td>Aufgabe</td><td>Information externer Adressaten</td><td colspan="2">Information interner Adressaten</td></tr>
<tr><td>Gesetzliche Regelungen</td><td>Gesetzliche Regelungen und andere Normen</td><td colspan="2">Keine gesetzlichen Regelungen</td></tr>
<tr><td rowspan="5">Rechnungslegungsinstrumente</td><td>Jahresabschluss (Bilanz, Gewinn- und Verlustrechnung, ggfs. Anhang)</td><td rowspan="5">Kosten- und Leistungsrechnung</td><td>Kostenplanung</td></tr>
<tr><td>Steuerliche Gewinnermittlung (Betriebsvermögensvergleich, auch als Steuerbilanz bezeichnet)</td><td>Investitionsplanung</td></tr>
<tr><td>Einnahmen-Ausgaben/Überschuss-Rechnung</td><td>Finanzplanung</td></tr>
<tr><td>Haushalt</td><td>Haushalt</td></tr>
<tr><td></td><td>Budgetierung</td></tr>
</table>

Übersicht: Rechnungswesen als Oberbegriff für externes und internes Rechnungswesen

Die Abteilung für das externe Rechnungswesen wird üblicherweise als ‚Finanzbuchhaltung‘ (‚FiBu‘) bezeichnet – im Gegensatz zu

‚BeBu' für ‚Betriebsbuchhaltung' für die Abteilung für das interne Rechnungswesen. Gemeinsam ist beiden Abteilungen, dass sie im Wesentlichen vergangenheitsorientierte Zahlen verarbeiten. Dabei arbeiten sie auch zusammen. So übernimmt das interne Rechnungswesen in der Regel die Zahlen aus der Finanzbuchhaltung. Es macht beispielsweise keinen Sinn, eine Eingangsrechnung doppelt zu erfassen. Vielmehr erfolgt diese Erfassung in der sog. ‚Kreditorenbuchhaltung' der Finanzbuchhaltung. Die Daten werden dann an die Betriebsbuchhaltung übergeben und dort ebenfalls weiter verarbeitet. Umgekehrt stellt die Betriebsbuchhaltung Daten für das externe Rechnungswesen bereit, zum Beispiel für die Bewertung der fertigen und unfertigen Erzeugnisse.

Die Betriebsbuchhaltung ließe sich zusammen mit der zukunftsorientierten Planung/Statistik auch als ‚Controlling' bezeichnen. Nach dem eigenen Selbstverständnis ist das Controlling aber mehr als die bloße Aufbereitung von Zahlen der Vergangenheit oder Zukunft (Planzahlen). Die meisten Controller sehen ihre Aufgabe zusätzlich darin, Entscheidungen für die Unternehmensleitung vorzubereiten.

Der grundlegende Unterschied zwischen externem und internem Rechnungswesen ist – daher auch die Bezeichnung – der unterschiedliche Adressatenkreis.
Zu den externen Adressaten gehören in erster Linie die Investoren – seien es die Investoren in Eigenkapital, auch als Eigenkapitalgeber bezeichnet, seien es die Fremdkapitalgeber. Die Eigenkapitalgeber werden bei Aktiengesellschaften als Aktionäre, bei den übrigen Kapitalgesellschaften als Gesellschafter bezeichnet. ‚Lehrbuchbeispiel' für Fremdkapitalgeber sind die Kreditinstitute (Banken). Sie stellen Darlehen, also Fremdkapital, bereit. Aber auch eine Anleihe ist Fremdkapital. Wer sich ein solches festverzinsliches Wertpapier, z.B. über die Börse kauft, interessiert sich im Wesentlichen für zwei Fragen (i) wird das Unternehmen regelmäßig die Zinsen und (ii) bei Fälligkeit den Nominalbetrag (zurück-)bezahlen? Auch das Kreditinstitut wird sich diese beiden Fragen stellen. Bei Eigenkapitalgebern jedoch ist die Rückzahlung des eingesetzten Eigenkapitals bis zur Liquidation grundsätzlich ausgeschlossen. Sie erhalten auch keine (vertraglich fixierten) Zinsen, sondern eine erfolgsabhängige Vergütung für die Kapitalüberlassung, den anteiligen Gewinn. Dessen Ausschüttung wird auch als Dividendenzahlung bezeichnet. Beide Gruppen (Eigenkapital- wie Fremdkapitalgeber) interessieren sich also gleichermaßen für die Zahlungsfähigkeit des Unternehmens, sei es für die Dividendenausschüttungen (Eigenka-

pitalgeber), sei es für Zins und Tilgung (Fremdkapitalgeber). Für die Eigenkapitalgeber ist aber die Höhe des Gewinns zusätzlich von Interesse. Denn nur, wenn ein Gewinn vorliegt, kommt eine Gewinnausschüttung überhaupt erst in Betracht.

Beide (externen) Adressatengruppen haben eine Gemeinsamkeit: Sie sind gegenüber den internen Adressaten (zum Beispiel der Geschäftsführung) in der informationstechnisch schwächeren Position. Der Vorstand einer börsennotierten Aktiengesellschaft kann beispielsweise seinen Leiter Finanzen und Rechnungswesen anweisen, die entsprechenden Daten und Informationen zu liefern. Der Aktionär kann nicht einfach in die Buchhaltung ‚marschieren' und nachfragen. Zwar könnte er in der Hauptversammlung entsprechende Fragen stellen, aber im Detail wird er auch dort keine Auskunft bekommen. Woher soll er auch Anhaltspunkte finden, um die richtigen Fragen zu stellen? Bei den regelmäßig kleineren und vor allem durch Banken finanzierten GmbHs haben die Kreditinstitute zumindest in der Praxis die Möglichkeit, detailliertere Fragen beantwortet zu bekommen. Trotzdem bleibt es bei der Aussage, dass die externen Adressaten, seien sie Eigenkapital- oder Fremdkapitalgeber, regelmäßig Informationen benötigen, die Unternehmen diese aber tendenziell, oder: nur die für sie günstigen Informationen preisgeben wollen. Es gibt daher ein Schutzbedürfnis für die externen Adressaten, grundsätzlich umfassend mit den relevanten Informationen versorgt zu werden. Der Gesetzgeber hat daher Regelungen für die Information externer Adressaten geschaffen.

Es kann darüber gestritten werden, ob die von Unternehmen vorgelegten Jahresabschlüsse einfach zu lesen sind und die relevanten Informationen enthalten. Aber es gibt zumindest Regelungen und Spezialisten, die sich mit der Rechnungslegung von Unternehmen und anderen Informationen beschäftigen. Wenn ein Investor diese Informationen nicht nutzt, ist dies nicht der Norm zuzuschreiben, sondern dem Verhalten der Nutzer.

Finanzberichterstattung

An dieser Stelle darf eine Ermunterung insbesondere an die Finanzjournalisten nicht fehlen: nutzen Sie die Informationsmöglichkeiten, die die Finanzberichterstattung der Unternehmen reichlich biete. Es fehlt nicht an den öffentlich zugänglichen Informationen, sondern an denen, die diese sinnvoll auswerten können.

Dazu wieder ein wenig ‚*anecdotical evidence*': Es war einmal ein Lokaljournalist, der sich mit dem Titel „Leiter der Wirtschaftsredaktion" schmücken durfte. Zu den größten Arbeitgebern in der nordbayerischen Stadt gehörte eine Versicherung. Der Journalist wollte den üblichen Bericht von der Bilanzpressekonferenz mit Zahlen ‚aufpeppen'. Tatsächlich fand er in einem Rechnungslegungsinstrument namens Anhang eine Zahl, die ihm aufregend genug erschien: die Gesamtbezüge des Vorstandes! Nachdem es drei Vorstände gab, dividierte er den angegebenen Betrag durch drei und heraus kam ein Durchschnittswert, der in einer Stadt mit rund 50.000 Einwohnern Neidgefühle und damit Leserinteresse weckte, Überschrift: „So viel verdienen die Vorstände ..."

Selbstverständlich ist es für einen Journalisten lobenswert, über die vom Unternehmen herausgegebenen Pressemitteilungen hinaus selbst zu recherchieren (Stichwort: kein Verlautbarungsjournalismus). Auch heute noch müssen im Anhang gemäß § 285 Nr. 9 HGB Angaben zu den Bezügen für die Unternehmensleitung und Aufsichtsräte gemacht werden – und wer interessiert sich nicht dafür, was andere verdienen?

Für die Finanzberichterstattung viel interessanter ist jedoch, was sonst noch im Jahresabschluss steht: Bei einer Versicherung oder einer Bank ließe sich beispielsweise nach der Risikovorsorge fragen. Denn diese sagt etwas darüber aus, wie die Unternehmensleitung die Entwicklung der Ertragslage einschätzt. Bei einem Industrieunternehmen dagegen ist die Position Vorräte von besonderem Interesse. Am einfachsten ist die Analyse im Handel. Hier sagt die Entwicklung der Umsatzerlöse, vorzugsweise ins Verhältnis gesetzt zum Materialaufwand und den Aufwendungen für das Personal, viel über die wirtschaftliche Situation des Unternehmens aus.

Wesentlicher Regelungsgehalt der Normen zur Rechnungslegung sind die Rechnungslegungsinstrumente, mit anderen Worten: wie werden die Informationen übersichtlich und vergleichbar dargestellt?

Das wichtigste Rechnungslegungsinstruments nach Handelsrecht ist der Jahresabschluss. Dieser enthält neben einer Bestandsrechnung, der Bilanz, auch eine Erfolgsrechnung, die Gewinn- und Verlustrechnung. Diese vor allem zahlenorientierten Rechnungslegungsinstrumente werden durch verbale Erläuterungen sowie zusätzliche

Informationen im Rahmen des Anhangs dargestellt. Details zu diesen Rechnungslegungsinstrumenten finden sich im 4. Kapitel.

Im deutschen Recht besteht traditionell ein enger Zusammenhang zwischen der handelsrechtlichen Ergebnisermittlung (Jahresabschluss) und der steuerlichen Gewinnermittlung. So baut die steuerliche Gewinnermittlung auf den handelsrechtlichen Jahresabschluss auf. Die zentrale Vorschrift zur steuerlichen Gewinnermittlung, § 4 Abs. 1 Einkommensteuergesetz (EStG), spricht vom Vergleich des Betriebsvermögens zu Beginn der Periode mit dem Stand am Ende der Periode. Damit meint das Gesetz aber den Vergleich des Eigenkapitals zu Beginn mit dem Eigenkapital zum Ende der Periode. Dieser Bestandsvergleich ist nichts Anderes als die Gegenüberstellung von zwei Bilanzen, einmal am Beginn, einmal am Ende des Wirtschaftsjahres. Daher wird dieser Betriebsvermögensvergleich auch als Steuerbilanz bezeichnet. § 5 EStG nimmt ausdrücklich Bezug auf die handelsrechtliche Gewinnermittlung. Vor dem Inkrafttreten des Bilanzrechtsmodernisierungsgesetzes (BilMoG) galt darüber hinaus noch das sog. Maßgeblichkeitsprinzip. Danach mussten Wahlrechte in der steuerlichen Gewinnermittlung in Übereinstimmung mit dem handelsrechtlichen Jahresabschluss ausgeübt werden. Dadurch sollte verhindert werden, dass sich bilanzierende Unternehmen für außersteuerliche Zwecke (zum Beispiel für die Gewinnausschüttung oder die Kreditvergabe) reicher rechneten, während sie aus Gründen der Steuerersparnis in der Steuerbilanz eine möglichst niedrige Bemessungsgrundlage zeigten. Auch hierzu wird auf die detailreicheren Ausführungen im 4. Kapitel verwiesen.

Jahresabschluss und steuerlicher Gewinnermittlung ist gemeinsam, dass darin die wirtschaftliche Verursachung das entscheidende Erfassungskriterium ist. Für die Erfassung eines Umsatzerlöses ist es beispielsweise nicht entscheidend, wann der Kunde die Rechnung auch tatsächlich bezahlt. Die Einnahmen-Ausgaben-Rechnung stellt dagegen ausschließlich auf den Geldmittelzu- oder -abfluss ab. Vereinfacht gesagt: gebucht wird eine Transaktion erst dann, wenn Geld ‚rein- oder rausgeht'. Der entscheidende Vorteil einer solchen Geldverkehrsrechnung ist, dass Bestände wieder erfasst noch bewertet werden müssen.

Ein Anwendungsfall der Einnahmen-Ausgaben-Rechnung ist die Rechenschaftspflicht nach § 259 Abs. 1 BGB. Solche Einnahmen-Ausgaben-Rechnungen müssen beispielsweise die Verwalter nach dem Wohnungseigentumsgesetz oder der Vermieter für die Nebenkosten des Mieters aufstellen. Auch der Vereinsvorstand legt mittels Einnahmen-Ausgaben-Rechnung Rechenschaft ab für die Mitglieder. Immer entscheidend ist, was bezahlt wurde – nicht, was noch nicht bezahlt wurde. Ein Beispiel: die monatlichen Vorauszahlungen bei den Betriebskosten für eine Wohnung werden bei Zahlung erfasst. Eine eventuelle Überzahlung wird erst bei ihrer Rückzahlung im Folgejahr berücksichtigt. Im Gegensatz dazu wird bei der Bilanzierung bereits der Anspruch auf Rückzahlung im Jahresabschluss erfasst.

Die Beschränkung auf die Ein- und Auszahlung als Erfassungskriterium hätte für die Ermittlung der steuerlichen Bemessungsgrundlage gravierende Folgen bei der Berücksichtigung von Investitionen. Angenommen, das Steuerrecht ließe den sofortigen Abzug von bezahlten Investitionen zu. Beispiel: Ein Unternehmen mit Umsätzen von 100.000 EUR würde eine Maschine für 1 Mio. EUR kaufen. Ließe sich diese Auszahlung für die Maschine sofort abziehen, müsste das Unternehmen für mindestens zehn Jahre keine Steuern bezahlen, ohne dass weitere Betriebsausgaben berücksichtigt werden müssten. Die Einnahmen-/Überschuss-Rechnung gemäß § 4 Abs. 3 EStG geht daher für die steuerliche Gewinnermittlung einen Zwischenweg zwischen Bilanzierung und Zufluss-/Abflussprinzip. Grundsätzlich müssen dabei Betriebseinnahmen und Betriebsausgaben im Jahr der Zahlung berücksichtigt werden. Schreibt der Arzt oder der Steuerberater, also die typischen Anwender der Einnahmen-/Überschuss-Rechnung, gegen Ende des Jahres keine Rechnungen mehr, bekommt er konsequenterweise auch nichts mehr bezahlt, muss er die Umsätze erst im Folgejahr bei Zahlungseingang berücksichtigen. Auch für den Materialaufwand zählt nicht der Verbrauch, sondern die Bezahlung. Wenn der Freiberufler also kurz vor dem Stichtag noch einmal Material einkauft und sofort bezahlt, mindert das seine steuerliche Bemessungsgrundlage, auch wenn beispielsweise das Büro- oder Verbandsmaterial noch auf Lager liegt. Nur bei den länger nutzbaren Wirtschaftsgüter (Anlagevermögen) gilt für die Einnahmen-/Überschuss-Rechnung das gleiche wie für den Betriebsvermögensvergleich: die Anschaffungs-/Herstellungskosten des Anlagevermögens werden über die Nutzungsdauer verteilt, andersherum formuliert: nur die Abschreibungen (steuerlich als AfA bezeichnet) mindern die steuerliche Bemessungsgrundlage.

Auch das Rechnungslegungsinstrument der öffentlichen Hand, der Haushalt, stellt grundsätzlich auf den Geldmittelzu- oder -abfluss ab. Im Unterschied zur Einnahmen-Ausgaben-Rechnung werden die geleisteten Ein- oder Auszahlungen als sog. Haushalts-Ist mit den geplanten (Haushalts-Soll) vergleichen. Plakativ gesagt: Solange genügend geplante Auszahlungen auf einem Haushaltstitel vorhanden sind, wird ausgezahlt und gegen diesen Haushaltstitel gebucht. Der Vorteil dieser, auch als Kameralistik bezeichneten, Methode ist zum einen die einfache Anwendung. Es wird daher grundsätzlich nur das gebucht, was zahlungswirksam ist. Dadurch braucht es überhaupt keine Bestandsrechnung und auch keine Bewertung der Bestände. Man denke an die Schwierigkeit, ein historisches Gebäude, etwa das Rathaus, zu bewerten. Weiterer großer Vorteil dieser Buchungstechnik ist der fortlaufende Soll-Ist-Vergleich. Der entscheidende Nachteil dieser Buchungstechnik lässt sich gut am weit verbreiteten sog. ‚Dezember-Fieber' erläutern. Gegen Ende des Jahres verfallen die für den öffentlichen Haushalt zuständigen Beamten gerne in einen ‚Zahlrausch'. Es werden noch schnell die letzten Haushaltsmittel ausgegeben, denn diese werden grundsätzlich nicht in das Folgejahr übertragen und stehen damit nicht mehr zur Verfügung. Dieses Dezember-Fieber ist in einigen Haushalten aber bereits gemildert, indem Haushaltsreste auf das Folgejahr übertragen werden können. Ein viel gravierenderes Risiko ist aber in der Kameralrechnung nicht berücksichtigt. Für die Pensionen der Beamten werden keine Rückstellungen passiviert. Wer einmal in den Bilanzen traditionsreicher DAX-Unternehmen die Höhe der Rückstellungen für die betriebliche Altersvorsorge gesehen hat, kann abschätzen, welche (nicht erfassten) Belastungen noch auf Bund, Länder und Gemeinden oder andere Einheiten der öffentlichen Hand zukommen. Rein betriebswirtschaftlich ist es bei der öffentlichen Hand kurzfristig attraktiver, eine Stelle mit einem Beamten zu besetzen. Denn im laufenden Haushalt bleiben sowohl der Arbeitgeberanteil wie die anteilige Verpflichtung, eines Tages eine Pension zu zahlen, unberücksichtigt. Wenn es dann soweit ist, so manchmal das Kalkül, und der aktive Beamte zum Pensionist wird, sind die für seine Einstellung Verantwortlichen vielleicht bereits selbst in Pension oder im Ruhestand. Bei der doppelten Buchführung werden solche zukünftigen Belastungen durch Passivposten abgebildet. Deren Bildung ist erfolgswirksam, so dass der, der eine Pensionszusage macht, gleich in der Gewinn- und Verlustrechnung sehen kann, was diese Zusage (anteilig) gekostet hat.

Das interne Rechnungswesen (Controlling) verwendet seine Zahlen einmal für vergangenheitsorientierte Analysen (Kosten- und Leistungsrechnung), zum anderen aber auch für die Planung. Da es jedoch für das interne Rechnungswesen grundsätzlich keine gesetzlichen Regelungen gibt, kann hier jedes Unternehmen seine eigenen

Controlling-Instrumente ‚stricken'. Teilweise stellen diese – wie die Bilanzierung – auf die wirtschaftliche Verursachung ab (z.B. die Kostenplanung oder der Haushalt/die Budgetierung), teilweise aber nur auf Liquiditätsbetrachtungen (Investitions- oder Finanzplanung).

Welches Rechnungslegungsinstruments ist nun das richtige oder das wichtigste? Auf diese Frage gibt es keine allgemeingültige Antwort. Zwar beantworten alle mehr oder minder die gleiche Frage nach dem Erfolg einer wirtschaftlichen Einheit. Die Blickwinkel sind jedoch andere und damit auch der Aussagegehalt des jeweiligen Rechnungslegungsinstruments. Der Jahresabschluss beantwortet beispielsweise die Frage nach dem ausschüttbaren Gewinn (Dividende), ist daher wichtig für den (potentiellen) Aktionär. Der steuererhebende Fiskus möchte die Gleichmäßigkeit der Besteuerung sicherstellen. Die steuerliche Gewinnermittlung ist daher vor allem an diesem Ziel der Standardisierung ausgerichtet. Die Rechnungslegungsinstrumente des internen Rechnungswesens dienen vor allem der Selbstinformation der in einem Unternehmen Verantwortlichen. Die Geschäftsleitung kann daher beispielsweise die Abschreibungen für die eigene Kostenrechnung nahezu beliebig festsetzen, für die steuerliche Gewinnermittlung wäre dies undenkbar. Denn dann könnte sich jeder seine steuerlich optimale Gestaltung ausdenken.

II. Die Abgrenzung der Pflichten

Da gerade von ‚Buchführung', ‚Rechnungswesen' und allerlei anderen Begriffen die Rede ist, sollen auch noch einige andere Begriffe voneinander abgrenzt werden:

Wichtige Begriffe

Unterscheide:

Buchführungspflicht =

Pflicht, Bücher nach kaufmännischen Grundsätzen (fortlaufend) zu führen

Bilanzierungspflicht = Pflicht zur Rechnungslegung =

Pflicht, aus der Buchführung einen Jahresabschluss (Bilanz sowie Gewinn- und Verlustrechnung, ggfs. Anhang) abzuleiten und aufzustellen

Prüfungspflicht =

Pflicht, den aufgestellten Jahresabschluss durch einen unabhängigen Jahresabschlussprüfer (Wirtschaftsprüfer) auf Gesetz- und Satzungsmäßigkeit prüfen zu lassen

Offenlegungspflicht =

Pflicht, den Jahresabschluss im elektronischen Bundesanzeiger offen zu legen

Hinterlegungspflicht =

Pflicht, den Jahresabschluss bei einem öffentlichen Register zu hinterlegen

Aufbewahrungspflicht =

Pflicht, Unterlagen der Buchführung für eine bestimmte Zeit aufzubewahren, sodass sie von Dritten innerhalb dieser Frist jederzeit eingesehen werden können (z.B. für Betriebsprüfungen)

Idealtypisch laufen diese Pflichten nacheinander ab. Während des Jahres werden die Geschäftsvorfälle in den Büchern erfasst (Buchführungspflicht), am Ende der Periode werden die Informationen in den Jahresabschluss aggregiert (Rechnungslegung), dann geprüft und nach Feststellung offen gelegt oder hinterlegt. Die Aufbewahrungspflicht steht gleichsam am Ende des Prozesses eines jeden Jahres.

III. Die Pflicht zur fortlaufenden Erfassung der Geschäftsvorfälle

1. Vollständige Erfassung der Geschäftsvorfälle

„Was wäre die Welt ohne die Buchhalter?“, mag sich mancher Mitarbeiter eines großen Unternehmens gedacht haben, wenn er seine Spesenabrechnung einreichte und die Belege bis zur Busfahrkarte hinunter zusammenstellen musste. Aber, Buchhalter sind grundsätzlich auf Vollständigkeit ihrer Erfassung bedacht. Denn ohne Vollständigkeit ist die Aussage der Buchhaltung und des darauf aufbauenden Jahresabschlusses wertlos, um nicht zu sagen: kriminell. Dazu folgendes Beispiel:

Bedeutung einer vollständigen Buchhaltung

Nehmen wir an, Sie wären der Chefbuchhalter des Kaiserlichen und Königlichen Allgemeinen Verbandes für Leibesübungen von Deutschland e.V. (im Folgenden kurz: Kaiser-Verband von Deutschland). Der deutsche Verband richtet im Jahr 2006 das alle vier Jahre stattfindende Jamboree des Weltverbandes für Leibesübungen in Deutschland aus. Hierfür erhielt der deutsche Verband von der Bundesregierung und anderen öffentlichen Zuschussgebern 120 Mio. EUR.

Neun Jahre später behauptet das investigative Magazin „Glas, Steine, Scherben“ (GSS), von diesen Zuschüsse seien 6,7 Mio. EUR für Bestechungsgelder verwendet worden. Ansonsten hätten die Gremienmitglieder des Weltverbandes einer Vergabe der Veranstaltung nach Deutschland nicht zugestimmt.

Nein, nein, weist der neue Vorstand des Kaiser-Verbandes von Deutschland die Anschuldigungen in einer Pressekonferenz zurück. Bei der Überweisung handelte es sich um einen Zuschuss für das kulturelle Rahmenprogramm. Zwar sei das kulturelle Rahmenprogramm dann abgesagt worden, aber der Weltverband hätte auf einer Zahlung von 6,7 Mio. EUR bestanden, damit der Weltverband wiederum 107 Mio. EUR für die Veranstaltung nach Deutschland zurück überweisen könne.

Das Magazin GSS legt daraufhin noch einmal nach: In Wahrheit sei die Überweisung von 6,7 Mio. EUR die Rückzahlung eines Darlehens an den Belgier, nicht Franzose, Hercule P. gewesen. Dieser hätte die Bestechungsgelder vorfinanziert. Nein, so der Vorstand des Kaiser-Verbandes, der gute Hercule habe nur diesen Zuschuss an den Weltverband vorfinanziert.

Daraufhin ermittelt die Staatsanwaltschaft gegen die Verantwortlichen des deutschen Verbandes wegen Steuerhinterziehung.

Wer etwas von Buchhaltung versteht, weiß, warum!

Richtigerweise wird die Auszahlung eines Darlehens erfolgsneutral gebucht. In der Bilanz des Kaiser-Verbandes von Deutschland sähe das dann wie folgt aus:

Buchung 1: Erhalt eines Darlehens

	EUR Mio.		EUR Mio.
Umlaufvermögen		Verbindlichkeiten	
Flüssige		aus	
Mittel	6,7	Darlehen	6,7
	6,7		6,7

Die Rückzahlung des Darlehens wird ebenso erfolgsneutral verbucht:

Buchung 2: Rückzahlung eines Darlehens

	EUR Mio.		EUR Mio.
Umlaufvermögen		Verbindlichkeiten	
Flüssige		aus	
Mittel	6,7	Darlehen	6,7
	-6,7		-6,7
	0,0		0,0
	0,0		0,0

Beim Kaiser-Verband wurde offenbar die Buchung 1 vergessen. Das ist ja gerade kennzeichnend für schwarze Kassen, dass sie (zunächst) nicht in der Buchhaltung erfasst werden. Spätestens bei der Rückzahlung jedoch muss der Betrag aus der offiziellen Kasse irgendwo erfasst werden. Die Buchhalter sprechen von der sog. Gegenbuchung.

Im Fall des Verbandes wurde die Rückzahlung des angeblichen Darlehens durch Überweisung erfolgswirksam gegen den Aufwand für das kulturelle Rahmenprogramm gebucht. Dadurch wird die Buchung zur Steuerhinterziehung. Denn eigentlich müsste die Rückzahlung eines Darlehens erfolgsneutral gebucht werden. Macht der Verband dies jedoch als Aufwand, im Steuerrecht: Betriebsausgabe genannt, geltend, vermindert er (unberechtigterweise) die steuerliche Bemessungsgrundlage und damit die Steuerbelastung.

Zurück zur Ausgangsüberlegung: Vollständigkeit heißt, dass alle buchungspflichtigen Geschäftsvorfälle in der Buchhaltung auch erfasst werden müssen. In diesem Beispiel: es darf nicht nur die Rückzahlung eines Darlehens erfasst werden, sondern auch dessen Ausreichung.

2. Grundsätze ordnungsgemäßer Buchführung

„Quod non est in actis non est in mundo“ [was nicht in den Akten steht, gibt es nicht, wörtlich: ist nicht in dieser Welt] beschreibt den Grundsatz der Parteimaxime im Zivilprozess. Der Richter darf nur das berücksichtigen, was die Parteien vortragen – und, damit auch nicht vergessen wird, was vorgetragen wurde, schwellen die Akten des Gerichts an. Es gibt noch eine weitere Berufsgruppe, die es gerne schriftlich hat: die Buchhalter! Bei ihnen kleidet sich der Grundsatz in schlichtes Deutsch: „Keine Buchung ohne Beleg!“

Möbelhersteller

Anekdote dazu: Noch in jungen (Berufs-) Jahren war der Verfasser in einem Prüfungsteam bei einem Möbelhersteller eingesetzt. Die Rückstellungen für die Gewährleistung oder die Rücknahmen von mangelhaften Möbeln gehört zu den prüferisch anspruchsvollen Positionen. Also ging der Verfasser zum dafür verantwortlichen Buchhalter und fragte, wie denn diese Rückstellungen berechnet worden waren? Da schaltete sich der Chefbuchhalter ein und meinte in bestem Badenser Humor: „Des ham mer g’schätzt und damit wir’s nicht vergessn, ham mers eingebucht.“

Damit hat der Chef-Buchhalter zwei wesentliche Aspekte von Buchführung und Bilanzierung beschrieben. Zum einen lassen sich viele Posten nur „nach vernünftiger kaufmännischer Beurteilung“ ermitteln. Das bedeutet in der Regel: durch Schätzung. Diese Schätzung darf jedoch nicht willkürlich sein, muss also auf Grundlage von Erfahrungswerten oder anderen Fakten ermittelt worden sein. Gerade, weil derartige Überlegungen leicht in Vergessenheit geraten können, ist es wichtig, diese aufzuschreiben und so für die Folgeperiode parat zu haben. Wer erinnert sich nach drei Jahren – um bei der Möbelherstellung zu bleiben –, dass vor drei Jahren eine neue Kollektion auf den Markt gebracht wurde, bei der sich schnell herausstellte, dass das ursprünglich verwendete Material schnell verschleißt und daraus eine hohe Rücksendequote resultierte?

Die Grundsätze ordnungsgemäßer Buchführung (GoB) sind teilweise kodifiziert, also im Gesetz festgehalten. So regelt § 252 Abs. 1 Nr. 3 HGB den Grundsatz des Einzelbewertung. Bei einem Wertpapierdepot könnte man beispielsweise auf die Idee kommen Verluste bei einzelnen Titeln buchhalterisch unberücksichtigt zu lassen, wenn diese durch Gewinn bringende Titel ausgeglichen werden. Das wäre dann ungefähr so sinnvoll wie die Argumentation, bei zwei Autos beide mit dem Durchschnittswert zu bewerten, obwohl das eine kaputt, das andere aber noch fahrtüchtig ist.

Andere GoB dagegen sind nicht schriftlich niedergelegt, sondern haben sich im Laufe der Zeit entwickelt und weiterentwickelt. „Keine Buchung ohne Beleg" gehört hierzu oder der Grundsatz „Gebucht wird nicht mit Bleistift!" Denn die Eintragung mit Bleistift lässt sich durch einfaches Radieren aus den Büchern entfernen. Heute bucht auch niemand mehr mit Kugelschreiber oder Tinte, sondern mit Hilfe der EDV. Der Grundsatz der Revisionssicherheit ist jedoch geblieben. Wie die Buchhalter früher mit Kugelschreiber oder Tinte sicherstellen wollten, dass keine Eintragungen in ihren Büchern mehr verschwanden, muss bei den heute gebräuchlichen Buchhaltungsprogrammen sichergestellt sein, dass nachträgliche Änderungen erkennbar sind.

Buchhalternase

Mit der Zunahme der EDV in der Buchhaltung verschwindet auch eine andere Maßnahme: die „Buchhalternase" (selten auch als „Buchhalterknie" oder „Vakatstrich" bezeichnet). Damit in die früher manuell geführten Bücher nichts mehr nachträglich hinzugefügt werden konnte, wurde der Freiraum durch eine Diagonallinie als solcher gekennzeichnet:

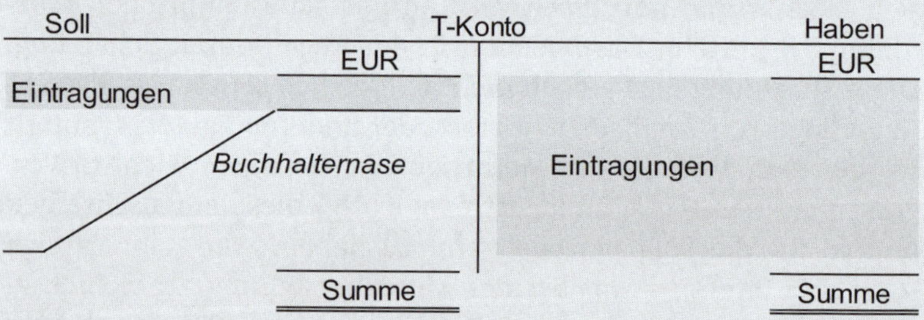

Abbildung: Buchhalternase

Heute erledigt die EDV die Buchhalternase mit einem entsprechenden Schreibschutz.

3. Konten, Kontentypen und Kontenplan

Die gerade gezeigte Abbildung der Buchhalternase zeigt noch etwas anderes aus der Historie der doppelten Buchführung: die Darstellung in T-Konten-Form. Als die Software noch nicht das Rechnen und die Datenverarbeitung in der Buchhaltung übernommen hatte, die Buchhalter also noch mit Papier und Stift (nein, nicht mit Bleistift, siehe oben!) ihre Bücher führten, erwies es sich als praktisch, die Eintragungen in zwei Spalten vorzunehmen, und am Ende des Jahres beide Spalten aufzuaddieren, und nur den größeren Saldo auf der rechten oder linken Seite im Rechenwerk weiter zu verarbeiten. Die linke Seite nennen die Buchhalter „Soll", die rechte „Haben".

Soll und Haben

Ob ein Soll-Saldo oder ein Haben-Saldo besser ist, hängt vom Standpunkt des Betrachters ab. Wer auf seinem Kontoauszug des Bankkontos ein „S" wie „Soll" hinter dem Betrag sieht, weiß, dass er diesen Betrag der Bank schuldet. Denn aus Sicht des Kreditinstituts handelt es sich um eine Forderung gegenüber dem Bankkunden, und Forderungen werden im Soll gebucht.
Ein Guthaben des Bankkunden ist hingegen eine Verbindlichkeit des Kreditinstituts und wird von diesem daher im Haben gebucht.

Der Bankkunde bucht dagegen genau umgekehrt. Seine Forderung (Guthaben) wird im Soll gebucht, eine Überziehung (= Verbindlichkeit gegenüber dem Kreditinstitut) hingegen im Haben.

Aufgrund des allgemeinen Sprachgebrauchs steht für viele der Begriff „Konto" als Synonym für „Bankkonto". Dabei werden die Ein- und Auszahlungen auf dem Bankkonto in der Buchhaltung jeweils auf einem eigenen Konto gebucht. Daneben gibt es aber für jede Gruppe von Geschäftsvorfällen eigene Konten. So werden Maschinen auf eigenen Konten in der Buchhaltung erfasst, Aufwendungen und Erträge auf wieder anderen Konten.

Die Darstellung in T-Konten-Form ist dabei nur eine besonders übersichtliche Darstellungsform. Wie der Chemiker „Wasser" als „H_2O" oder in der Molekülform oder mit einem Bild von Wasser darstellen kann, wählen Buchhalter zwischen verschiedenen Darstellungen für ihre Buchungen:

1. Buchungssatz
   Bei der Angabe des Buchungssatz wird – sozusagen in Kurzform – an erster Stelle das Konto genannt, dass im Soll gebucht wird, dann das im Haben zu bebuchende Konto.

2. Darstellung in T-Konten-Form
   Siehe hierzu oben, alternativ:

3. Darstellung in tabellarischer Form
   Die im Soll bzw. Haben gebuchten Beträge werden nicht rechts und links des ‚Ts' geschrieben, sondern in Spalten.

Einkauf von Büromaterial

Beim Einkauf von Büromaterial wird sofortiger Verbrauch unterstellt. Das bedeutet: es erfolgt eine direkte Verbuchung im „Sonstigen betrieblichen Aufwand". Werden beispielsweise 100 Bleistifte für insgesamt brutto 119,00 EUR eingekauft, lässt sich dieser Geschäftsvorfall in der Buchhaltung wie folgt darstellen:

(1) als Buchungssatz:

		EUR	
Per	Sonstiger betrieblicher Aufwand	100,00	S
	Vorsteuer	19,00	S
an	Verbindlichkeiten aus Lieferungen und Leistungen	(119,00)	H

Durch die Einleitung mit „per" weiß der Buchhalter, dass die dort genannten Konten und Beträge im Soll gebucht werden. Alternativ kann dies durch den Hinweis „S" erfolgen. Steht vor dem Konto „an", weiß der Buchhalter, dass jetzt im Haben gebucht wird. Insbesondere im anglo-amerikanischen Bereich ist die Darstellung der Haben-Beträge in Klammern weit verbreitet.

Der Anspruch auf Erstattung der in der Lieferantenrechnung enthaltenen Umsatzsteuer (Vorsteuer) wird ebenfalls im Soll gebucht (Forderung). Erfolgswirksam auf einem Aufwandskonto wird daher nur der Netto-Betrag.

Weil das im Soll zu bebuchende Konto immer am Anfang steht, genügt es in der Kürzel-Sprache der Buchhalter Soll- vom Haben-Betrag zu trennen, etwa:

SBA 100,00 und Vorsteuer 19,00/Vbl L+L 119,00

Weil Konten in der Praxis nur mit Kontennummern bezeichnet werden, genügt oft die Angabe dieser Nummern, beispielsweise:

6815 100,00 EUR/#1406 19,00 EUR/#70000 119,00 EUR

Das Konto mit der Nummer 6815 steht für „Bürobedarf", Kontonummer 1406 ist die „abziehbare Vorsteuer 19 %" und Konto 70000 (eine Stelle mehr) ist beispielhaft ein Kreditor, dem der Bruttobetrag geschuldet wird.

(2) In T-Kontenform

Konto 6815 - Bürobedarf

	EUR		EUR
Einkauf Büromaterial	100,00		

Konto 1406 - abziehbare Vorsteuer 19%

	EUR		EUR
Einkauf Büromaterial	19,00		

Kreditor 70000 - Lieferant für Büromaterial

	EUR		EUR
		Einkauf Büromaterial	119,00

(3) In tabellarischer Form

	Vorspalte	Bestandskonten		Erfolgskonten
		Vorsteuer	Kreditoren	Bürobedarf
	EUR	EUR	EUR	EUR
Einkauf Büromaterial	119,00	19,00	(119,00)	100,00

Haushaltsbuch

Wer sich am Ende des Monats fragt, wo das ganze Geld nun geblieben ist, sollte es mit folgendem Haushaltsbuch versuchen:

Datum	Buchungstext	Vorspalte	Bestandskonten		
			Bankkonto	Geldbeutel	Übrige Kosten
		EUR	EUR	EUR	EUR
1. des Monats	Saldovortrag	2.503,95	2.450,34	53,61	
	Miete	-1.250,00	-1.250,00		
3. des Monats	Einkauf	-35,60		-35,60	
…	…	…			
27. des Monats	Gehaltseingang	1.430,60	1.430,60		
Monatsultimo	Summen				

Die Darstellungsform in Spalten ist komprimierter und lässt sich mit einem Standard-Tabellenkalkulationsprogramm leicht selbst herstellen. Die Summen beim Bankkonto und Geldbeutel sind gleichzeitig Kontrollsummen: Die Summe am Ende des Monats muss mit dem Banksaldo laut Kontoauszug bzw. dem Ergebnis des Kassensturzes beim Geldbeutel übereinstimmen.

Erfahrungswert des Verfassers: wer ein solches Haushaltsbuch führt, lebt sparsamer. Denn – zumindest in seinem Fall – wer weiß, er muss den Betrag für den ‚Schnulli' auch noch aufschreiben, überlegt sich den Kauf vielleicht.

Früher ließen sich die Konten wie Karteikarten bildhaft darstellen, dann kamen die Kontenblätter, in denen der Buchhalter seine Eintragungen manuell oder von den ersten Buchungsmaschinen automatisiert eintragen ließ. Doch auch hier haben die Informationstechnologien die Arbeitsabläufe weitgehend automatisiert. T-Konten malt der Buchhalter heute nur mehr, wenn er sich die korrekte Verbuchung eines Geschäftsvorfalls vergegenwärtigen möchte. Die Hilfskräfte buchen strikt Soll-an-Haben und der Computer verdichtet die Eintragungen auf den Konten.

Mit der Automatisierung war es auch möglich, bestimmten Konten bestimmte Funktionen zuzuordnen. Der Buchhalter muss dann bestimmte Funktionalitäten nicht mehr selbst ausführen.

Bestandskonten erfassen – wie der Name schon sagt – den (Be-) Stand. Lehrbuchbeispiel ist ein Bankkonto. Hier interessiert zunächst einmal der Saldo, also der Bestand an Flüssigen Mitteln. Bestandskonten sind also zeitpunktorientiert. Zweite Funktionalität eines Bestandskontos ist, dass deren Saldo automatisch auf die Folgeperiode vorgetragen wird. Beispiel: der Schluss-Saldo zum 31.12. eines Jahres wird als Eröffnungsbilanz-Saldo zum 1.1. automatisch vorgetragen. Die Bestandskonten werden sowohl im Soll als auch im Haben (zu diesen Bezeichnungen siehe oben) gebucht. Sie fließen verdichtet in die Bilanz ein. Einen guten Überblick über die Postenbezeichnungen gibt § 266 HGB.

Bei den Erfolgskonten interessiert vor allem die Veränderung innerhalb einer Periode. Genauer formuliert: Erfolgskonten erfassen die erfolgswirksamen Veränderungen des Eigenkapitals, beispielsweise als Umsatzerlöse (Ertrag) und dem dazugehörigen Materialaufwand. Die Erfolgskonten werden – wieder Buchhalter-Sprech – über das Gewinn- und Verlustkonto abgeschlossen und als Jahresüberschuss/Jahresfehlbetrag im Eigenkapital auf neue Rechnung vorgetragen. Bildlich gesprochen: die Karteikarten eines Erfolgskontos werden am Ende des Jahres aufsummiert, der Saldo auf ein spezielles Vortragskonto gebucht und die Karteikarte des Erfolgskontos zerrissen.
Die Erfolgskonten werden in der Regel nur auf einer Seite des T-Kontos bebucht: die Aufwandskonten nur im Soll, die Ertragskonten nur im Haben. Die Salden der Erfolgskonten fließen in die Gewinn- und Verlustrechnung (vgl. § 275 HGB) ein. Der im Eigenkapital in der

Bilanz zu berücksichtigende Jahresüberschuss/Jahresfehlbetrag ist jeweils die letzte Position.

Automatikkonten sind solche, bei denen die Software bestimmte Rechenoperationen selbstständig durchführt. Lehrbuchbeispiel für solche Automatikkonten sind die Umsatzsteuerkonten. So rechnet nahezu jede Standardsoftware automatisch 19 % oder 7 % Umsatzsteuer oder Vorsteuer aus dem Bruttobetrag heraus und verbucht die Steuerbeträge auf die Umsatzsteuerkonten.

Ebenfalls eine besondere Kategorie sind die sog. Personenkonten. In alten Buchführung-Lehrbüchern findet sich hierfür noch der Begriff des „Geschäftsfreundebuches". So werden für Kunden oder Lieferanten jeweils eigene Konten (‚Karteikarten') angelegt und erst am Jahresende in die Bilanz-Position ‚Forderungen aus Lieferungen und Leistungen' (für Kunden, auch als ‚Debitoren' bezeichnet) bzw. ‚Verbindlichkeiten aus Lieferungen und Leistungen' (für Lieferanten oder ‚Kreditoren') verdichtet. Durch diese stärkere Aufgliederung ist auf einen Blick (Saldo des Bestandskontos) ersichtlich, welcher Betrag noch offen ist.

Gerade war von den nummerierten Karteikarten (Konten) die Rede. Eine fortlaufende Nummerierung ist die beste Art der Referenzierung. Denn eine Ziffernfolge ist eindeutig und lässt sich somit per EDV einfach verarbeiten. Die Frage, die sich bereits Ende des 19. Jahrhunderts in Deutschland stellte, war: wie kommt man auf eine sinnvolle Nummerierung? Herauskam u.a. 1937 der „Erlasskontenrahmen (Reichskontenrahmen)". Natürlich ist es ein Effizienzgewinn und macht die Steuerung der Wirtschaft (wir wollen nicht gleich von Gleichschaltung sprechen) einfacher, wenn alle Unternehmen nach einheitlichen Standards buchen und Rechnung legen. Aber das Stichwort Kriegswirtschaft liegt angesichts der Jahreszahl nahe. Aber auch in der zivilen und politisch wohl unverdächtigen Gegenwart hat ein Kontenrahmen zuweilen etwas mit Kontrolle und Steuerung zu tun. So geben beispielsweise Franchise-Geber ihren Franchise-Nehmern oder Automobilherstellern ihren Vertragswerkstätten bestimmte Kontenrahmen vor. Auswertungen lassen sich dann viel leichter fahren, wenn alle nach dem gleichen Schema buchen!

Ein Kontenrahmen ist nichts anderes als eine Struktur oder eine Gliederung, in der verschiedene Kontenklassen eingeordnet werden. Wenn das einzelne Konto (die Karteikarte) einem Blatt Papier entspricht, sind die Kontenklassen die Register und der Kontenrahmen die Ordner. Um im Bild zu bleiben: Diese Ordner können entweder wie der Abschluss (Abschlussgliederungsprinzip) oder nach dem zu Grunde liegenden Prozess (Prozessgliederungsprinzip) sortiert werden.

Damit jeder gleich weiß, wo das einzelne Konto hingehört, bezeichnet die erste Stelle eines Kontos die so genannte Kontenklasse, die zweite den Kontenbereich und die folgenden Stellen die genaue Position. Die meisten Kontenrahmen sehen vierstellige Kontennummern für die Sachkonten vor, zum Beispiel der DATEV SKR 04:

0	Kontenklasse: Anlagevermögen			
0	**2**	Grundstücke, grundstücksgleiche Rechte und Bauten einschließlich der Bauten auf fremden Grundstücken		
0	**2**	**7**	Garagen	
0	**2**	**7**	**1**	Garagen auf Grundstück 1
0	**2**	**7**	**2**	Garagen auf Grundstück 2

Das Schöne an dieser strukturierten Gliederung der Konten ist: Wenn man einmal die Struktur verstanden hat, findet sich schnell die gewünschte Information. Das geht so weit, dass langjährige Buchhalter nicht mehr mit Worten buchen, sondern mit Zahlen. Der Kauf einer zusätzlichen Garage beispielsweise auf dem Grundstück 1 wird dem Auszubildenden mit den Worten erklärt: „Dann buchst Du es eben auf 271“ oder: „Schau doch mal auf 3310 nach“. 3310 ist im Übrigen im SKR 04 mit „Verbindlichkeiten aus Lieferungen und Leistungen ohne Kontokorrent“ beschriftet, d.h.: Hier werden die Lieferantenverbindlichkeiten gebucht, für die kein eigenes Personenkonto eingerichtet wurde.

Irrenhaus

Vorsicht Witz: Kommt ein neuer Insasse in das Irrenhaus, sitzen die bisherigen Bewohner im Kreis, ruft der eine: „27“ – fangen alle anderen lauthals zu lachen an. Ruft der nächste: „46“ – „Ach nein, der ist langweilig“ – „Ach nö, hast Du keinen besseren?“ – Fragt der neue Insasse den Aufseher: „Was erzählen sich denn die anderen?“ – Antwort: „Die sind schon so lange hier und haben sich immer die gleichen Witze erzählt, dass sie jedem Witz eine Nummer gegeben haben.“

Szenenwechsel: Kommt ein Unbedarfter in die Buchhaltung – naja, da müssen wir erst über den Unterschied nachdenken.

Sind die Sachkonten üblicherweise vierstellig, so haben die Personenkonten eine Stelle mehr, um sie zu unterscheiden. Das Konto 3310 ist ein Sachkonto. Für die Forderungen (Debitoren) sieht der Datev SKR 04 die Ziffern von 10000 bis 69999, für die Verbindlichkeiten 70000 bis 99999 vor. Weil das aber selbst in mittelständischen Unternehmen zu wenig Platz für Untergliederung bietet, empfiehlt sich die Erweiterung um eine oder gar mehr Stellen. Große Unternehmen oder gar Konzerne erweitern sogar um Prä- oder Suffixe, um die Herkunft bestimmter Konten aus einem bestimmten Buchungskreis zu kennzeichnen.

Kennzeichnung von Konten

Konto 4410 sind beispielsweise im SKR 04 die Umsatzerlöse mit 19 % Umsatzsteuer. „4410 1" könnte dann beispielsweise Erlöse des Geschäftsbereichs 1 kennzeichnen. Natürlich muss der Nicht-Buchhalter auch nicht wissen, welche Ziffernfolge für welches Konto steht. Aber auch Buchhalter können sich irren. Daher ist es für jemanden, der Verantwortung für eine Kostenstelle oder einen Unternehmensbereich oder ein Profit-Center trägt, von Vorteil, die wesentlichen Konten für seinen Bereich zu kennen. Wenn Manager 1 dann auf einen Beleg beispielsweise „4410 2" liest, obwohl der Umsatz ihm eigentlich zuzuordnen ist, sollte er in der Buchhaltung nachfragen.

Niemand, nicht einmal ein Buchhalter, kann sich alle Konten merken. Deswegen gibt es Listen, in denen alle Kontonummern und Kontenbezeichnungen aufgelistet sind. Diese Zusammenstellungen werden üblicherweise als ‚Kontenplan' bezeichnet. Als die Buchhalter noch in Bücher schrieben, waren solche Kontenpläne noch auf Papier. Inzwischen sind auch diese digital, in der Regel mit einer komfortablen Suchfunktion ausgestattet. Neben der Kontonummer und der Kontenbezeichnung enthalten die Kontenpläne auch Hinweise auf die Kontenfunktionen.

Kontenfunktionen: Automatik- und Sammelkonto

Wer sich also selbst einmal mit der eigenen Buchhaltung beschäftigen musste und sich wunderte, warum die Umsatzerlöse auf dem entsprechenden Erfolgskonto immer nur netto ausgewiesen werden, dem sei empfohlen, einen Blick in den Kontenplan und dort in die Kontenfunktionen zu werfen. Steht da beispielsweise „A" für „Automatikkonto", zieht das Buchhaltungsprogramm automatisch Umsatzsteuer und stellt nur den Nettobetrag auf das Erlöskonto.

„S“ vor einem Konto im Kontenplan steht dagegen in der Regel für „Sammelkonto“. Das bedeutet: die Buchhaltungssoftware verdichtet die Salden von Personenkonten auf dieses Konto. Die noch offenen Posten von Kunden (Debitoren) werden beispielsweise nicht als einzelne Posten ausgewiesen, sondern in der Summe als Forderungen aus Lieferungen und Leistungen.

Weitere Kontenfunktionen sind die automatische Berechnung der Vor- und Umsatzsteuer, die automatische Abstimmung mit dem Anlagevermögen oder die automatisierte Verteilung von auf einem bestimmten Konto gebuchten Beträgen auf verschiedene Kostenstellen.

4. Jahresabschlussbuchungen

An dieser Stelle sind die Ausführungen am Ende des Themas Buchführung angekommen. Im Kalender steht in der Regel der 31.12. und für die Buchhalter beginnt mit dem neuen Jahr die eine schwierige Zeit: die Erstellung des Jahresabschlusses. Das ganze Jahr über wurde gebucht. Jetzt kommt es darauf an, die Salden der Konten noch einmal zu überprüfen (die Buchhalter sprechen vom abstimmen), noch nicht Gebuchtes zu berücksichtigen. In der Buchhaltung spricht man von Abschlussbuchungen. Natürlich gehören dazu auch die unterjährig vergessenen oder fehlerhaften Buchungen, die bereinigt werden müssen. Typische Jahresabschlussbuchungen sind aber solche, die unterjährig nicht gemacht werden können.

Ein typisches Beispiel hierfür ist die Berücksichtigung der Inventur. Während des Geschäftsjahres werden der Einkauf und der Verbrauch von Vorräten, seien es Roh-, Hilfs- und Betriebsstoffe, seien es Waren, seien es fertige und unfertige Erzeugnisse, verbucht. Am Jahresende wird im Rahmen der Inventur überprüft, ob das, was als vorhanden gebucht wurde, tatsächlich auch erfasst wurde. Diese Bestände werden in Inventurlisten erfasst und die Gesamtheit dieser Inventurlisten als Inventar bezeichnet.

Ebenfalls zu den typischen Abschlussbuchungen gehört die Verbuchung der Abschreibungen (im Steuerrecht als ‚AfA‘ bezeichnet). Abschreibungen berücksichtigen die Wertminderungen des Anlagevermögens.

Dritter großer Posten bei den Jahresabschlussbuchungen sind die Rückstellungen. Diese berücksichtigen zukünftige Risiken und ungewisse Verbindlichkeiten. Die meisten Unternehmen haben beispielsweise Rückstellungen für nicht genommenen Urlaub oder Überstunden. Auch Rücknahmeverpflichtungen, mögliche Garantieleistungen oder Entsorgungskosten gehören zu diesen Passivposten. Wenn es eine betriebliche Altersversorgung gibt, müssen im Jahresabschluss zum 31.12. Pensionsrückstellungen gebildet werden.

Zu den großen Posten auf der Liste der Abschlussbuchungen kommen noch ein paar (in der Regel) mit viel Detailarbeit verbundene Tätigkeiten. So muss zum Jahresabschluss die Bewertung der Forderungen überprüft werden, etwa: ist mit einem Zahlungseingang auf die im Jahresabschluss berücksichtigten Forderungen zu rechnen? Oder auf der Passivseite: sind alle Verbindlichkeiten berücksichtigt?

Die Unterscheidung zwischen laufender Buchhaltung und Abschlussbuchungen ist nicht so trivial, wie es auf den ersten Blick scheint. Denn ein Buchhaltungsbüro darf die laufende Buchhaltung machen. Die Erstellung des Jahresabschlusses für einen Dritten wäre aber bereits unzulässige Rechtsberatung. Denn zur Erstellung des Jahresabschlusses gehört auch die Ausübung von Wahlrechten bei der Bilanzierung, die wiederum Auswirkungen auf die steuerliche Bemessungsgrundlage und damit auf die zu leistenden Steuern hat. Die Jahresabschlusserstellung ist daher Steuerberatern oder Wirtschaftsprüfer oder (wenn sie möchten und es sich zutrauen) den zur unbeschränkten Hilfe in Rechtsangelegenheiten zugelassenen Rechtsanwälten vorbehalten.

Damit ist bereits angedeutet, dass ein Jahresabschluss, oder allgemeiner: die Rechnungslegung, Gewicht hat. Neben der Ermittlung der steuerlichen Bemessungsgrundlage hat diese Auswirkungen auf die Darstellung des Unternehmens nach außen, zum Beispiel gegenüber den Anteilseignern oder im Rahmen der Kreditwürdigkeitsprüfung. Ein Blick ins HGB zeigt, dass es der deutsche Gesetzgeber mit der Rechnungslegung ernst meint.

Ganze vier Paragrafen (§ 238 bis § 241a HGB) widmen sich dem Thema Buchführung, wobei man darüber streiten kann, ob zwei Paragrafen (zum Inventar und Inventurvereinfachungsvorschriften) nicht bereits zum Jahresabschluss und damit zur Rechnungslegung gehören. Der ganze Rest des Dritten Buches des HGB ist dem Thema Rechnungslegung gewidmet. Daher geht es jetzt in diesem Buch auch mit der Rechnungslegung weiter.

IV. Grundlegende Annahmen

1. Erfolgswirtschaftliches Grundkonzept und Nominalwertprinzip

In 59 von den 221 Staaten und Gebieten dieser Erde gilt Linksverkehr, im Rest Rechtsverkehr. Die technischen Erklärungsversuche, auf welcher Straßenseite zu fahren ist, reichen von der Position beim Aufsitzen auf das Pferd über das Führen von Waffen bis zur Position des Steuermanns im Boot. Fest steht jedoch, dass es eine Konvention ist, die letztlich dazu führt, welche Straßenseite vorrangig zu benutzen ist. In der Rechnungslegung ist es ähnlich: es gibt gute Gründe, es so und nicht anders zu machen. Einiges ist auch Tradition. Es ist aber Konvention, wenn die Buchhalter bestimmte Dinge so erfassen und in der Rechnungslegung darstellen, wie sie es tun.

Eine solche grundlegende Annahme, es ließe sich auch Konvention dazu sagen, ist die Anwendung des erfolgswirtschaftlichen Grundkonzepts (siehe hierzu die Ausführungen im 2. Kapitel, unter III.). Eine Forderung wird bereits dann eingebucht, wenn die Leistung erbracht ist, nicht erst dann, wenn der Kunde bezahlt. Die Wertminderung beim Anlagevermögen wird bereits dann erfasst, wenn diese eingetreten ist, nicht erst, wenn durch den Verkauf oder die Verschrottung endgültig feststeht, dass der betreffende Vermögensgegenstand in seinem Wert gemindert ist. Wie in den oben genannten Ausführungen (2. Kapitel) gezeigt, macht eine solche Konvention Sinn. Denn der Kaufmann ist bereits dann reicher geworden, wenn er einen Anspruch auf Zahlung hat. Umgekehrt ist er bereits dann ärmer geworden, wenn sein Vermögen in seinem Wert gemindert ist. Der Vorteil dieser Betrachtung liegt darin, dass es den zu Grunde liegenden ökonomischen Sachverhalt besser abbildet. Der Nachteil und damit der Vorteil der anderen Möglichkeit (Liquiditätsbetrachtung, vergleiche 2. Kapitel, II.) ist die Notwendigkeit einer weiteren Regelung. Stellt die Erfassung nur auf den Zu- bzw. Abfluss von liquiden Mitteln ab, braucht es keine weiteren Regelungen. Das Geld klingt entweder ‚im Kasten' oder eben nicht. Bei der erfolgswirtschaftlichen Betrachtung, englisch „*accrual basis*", braucht es Regeln, wann beispielsweise eine Forderung eingebucht werden darf und der damit verbundene Umsatz realisiert ist.

Eine zweite Konvention ist das Nominalwertprinzip. Das bedeutet: Anders als in der Investitionsrechnung werden die Werte nicht nur aufgrund des Zuflusses von liquiden Mitteln zu einem späteren

Zeitpunkt angepasst. Vereinfacht ausgedrückt: Ein Euro ist in der Buchhaltung ein Euro, auch, wenn er erst im nächsten Jahr zufließt. Fließt er dagegen erst in zwei Jahren oder später zu, dann, so sagt es der ökonomische Sachverstand der Buchhalter, muss dem niedrigeren Zeitwert durch Abzinsung auf den Bilanzstichtag Rechnung getragen werden.

Durch diesen Grundsatz der Verwendung von Nominalwerten kann es bei entsprechender Inflation zur Darstellung bzw. Versteuerung von Scheingewinnen kommen.

Umsatzsteigerung durch Inflation

Allein aufgrund der üblichen Preissteigerungen (Inflation) steigen die Umsätze nominal um 3 %. Die Materialaufwendungen resultieren aber in der Regel aus den zu einem früheren Zeitpunkt eingekauften Vorräten.

Nur aus der Preissteigerung resultiert damit ein um mindestens 3 % höherer Gewinn, ohne dass dies Verdienst des Unternehmens wäre.

In Zeiten niedriger oder praktisch nicht vorhandener Inflation, wie das zumindest in Europa in den letzten Jahren der Fall war, macht die Verwendung von Nominalwerten keinen großen Unterschied. Es gibt aber durchaus Länder mit hoher Inflation. Deswegen gibt es beispielsweise bei den internationalen Rechnungslegungsstandards Regelungen, wie der Abschluss anzupassen ist, wenn die Aussagekraft durch eine beständige Werterhöhung gemindert wäre (z.B. IAS 29 – Rechnungslegung in Hochinflationsländern).

2. Unternehmensfortführung

Eine zweite grundlegende Annahme in der Rechnungslegung ist der Gedanke der Unternehmensfortführung. In den Worten des § 252 Abs. 1 Nr. 2 HGB: „Bei der Bewertung ist von der Fortführung der Unternehmenstätigkeit auszugehen, sofern dem nicht tatsächliche oder rechtliche Gegebenheiten entgegenstehen."

Nutzungsdauer eines Betriebsgebäudes

Ein Unternehmen hat seine Betriebsgebäude aufgrund eines Erbbaurechts mit 40 Jahren Laufzeit errichtet. Angesichts dieser

Begrenzung ist es müßig darüber zu spekulieren, ob das Gebäude nicht doch 50 Jahre genutzt werden könnte. Im Jahresabschluss des Erbbauberechtigten müssen Erbbaurecht und Gebäude über 40 Jahre abgeschrieben werden.

Genauso unsinnig wäre es, mit dem Hinweis ‚Morgen könnte ja der Blitz einschlagen' oder ‚Das Unternehmen könnte zwischenzeitlich in die Insolvenz gehen' eine kürzere Nutzungsdauer zu unterstellen.

Etwas anderes gilt, wenn das Unternehmen tatsächlich zahlungsunfähig wird und daher die Beendigung des Erbbaurechts wahrscheinlich ist. Dann müssen die Vermögensgegenstände über eine kürzere Nutzungsdauer abgeschrieben werden.

V. Jahresabschlussaussagen

1. Überblick

Was kann der Nutzer von Finanzinformationen von einem Jahresabschluss erwarten? Natürlich, Zahlen und Informationen, aber das beantwortet die Frage eigentlich nicht. Abschlussprüfer haben sich diese Frage auch gestellt. Denn die Antwort definiert das Anforderungsniveau an einen ordnungsgemäßen Jahresabschluss.

Die Antwort, die die Internationalen Prüfungsstandards geben, lässt sich in einem Akronym zusammenfassen: CEAVOP.

‚CEAVOP' steht für die einzelnen Jahresabschlussaussagen, englisch: ‚*accounting assertions*', namentlich:

- C wie *Completeness*, englisch für Vollständigkeit;
- E wie *Existence*, englisch für Vorhandensein;
- A wie *Accuracy*, englisch für Genauigkeit;
- V wie *Valuation*, englisch für Bewertung;
- O wie *Obligation and Rights*, englisch für Rechte und Verpflichtungen; und
- P wie *Presentation and Disclosure*, englisch für Ausweis und zusätzliche Angaben.

2. CEAVOP im Detail

Im Einzelnen heißt das:

a) C wie *Completeness*

„Vatikan ist nicht pleite", überschrieb Franziskus Pell, Präfekt des neu geschaffenen Wirtschaftssekretariats des Vatikan, am Ende des Jahres 2014 einen Zeitschriftenbeitrag. Damit bewertete er den Fund von bislang unbekannten Konten im Wert von ein paar 100 Mio. EUR bei der Überprüfung der Vatikanfinanzen. Diese waren offensichtlich vorher nicht in den Büchern des Kirchenstaats erfasst.

Vollständigkeit heißt zunächst einmal, dass alle Geschäftsvorfälle und Ereignisse, die erfasst werden mussten, auch aufgezeichnet wurden. Vollständigkeit heißt bezüglich des Jahresabschlusses, dass alle Vermögensgegenstände und Schulden sowie Eigenkapitalposten zu erfassen sind. Vollständigkeit heißt drittens aber auch, dass alle zusätzlichen Angaben, die zu machen sind, auch im Abschluss enthalten sind.

b) E wie *Existence*

Die Probleme mit der Vollständigkeit gibt es aber auch in die andere Richtung: in den Büchern sind Vermögensgegenstände verbucht, die es in Wirklichkeit (noch) nicht gibt. Die Buchhalter nennen so etwas „Luftbuchungen" oder – eleganter – ‚fehlende Existenz'. So räumte ein indisches Tech-Unternehmen namens Satyam 2009 ein, dass über eine Million US-Dollar an liquiden Mitteln zwar verbucht, aber tatsächlich nicht vorhanden waren. Das europäische Pendant dazu war die Insolvenz von Parmalat, inzwischen wieder aktiv, und zu einem französischen Milchindustriekonzern gehörig. Als die finanzielle Krise Ende 2003 bei dem damals an der Mailänder Börse notierten Konzern offensichtlich wurde, bestätigte eine New Yorker Bank dem damaligen Abschlussprüfer das Vorhandensein eines Geldmarktkontos im Millionenbereich. Das angebliche Bestätigungsfax aus den USA kam aber aus dem Nebenzimmer in Italien. Auch eine ganze Biodiesel-Fabrik in China sollte angeblich auf Volllast arbeiten. Als ein Fotograf die rauchenden Schlote fotografieren wollte, erfuhr er vor Ort, dass die Fabrik bereits seit Monaten stillgelegt worden war. Auch soll eine immer noch börsennotierte Aktiengesellschaft vor einigen Jahren forstwirtschaftliche Pflanzungen für Nutzholz in den Büchern gehabt haben, die meisten Plantagen sollen aber nicht existieren.

Die Regel und damit der Anspruch des Jahresabschlusses aber lautet: In den Büchern erfasste Geschäftsvorfälle und Ereignisse haben stattgefunden und sind dem Unternehmen zuzurechnen. Daraus folgt für den Jahresabschluss: Die in der Bilanz ausgewiesenen Vermögensgegenstände und Schulden sind vorhanden. Aber auch die in Anhang und Lagebericht angegebenen Ereignisse, Geschäftsvorfälle und andere Sachverhalte haben stattgefunden und sind dem Unternehmen zuzurechnen.

c) A wie *Accuracy*

Dass Genauigkeit zur Buchhaltung und Rechnungslegung gehört wie Geld zu Banken, liegt auf der Hand. Die Genauigkeit hat jedoch ihre (technischen) Grenzen. Im Bereich der Beträge wird zum Schluss immer auf zwei Stellen nach dem Komma gerundet. Denn den Zehntel Cent gibt es eben nur als Rechengröße. Die Wirtschaftsprüfer verlangen daher ‚nur', dass Beträge und andere Daten zu den aufgezeichneten Geschäftsvorfällen und Ereignissen „angemessen" erfasst werden. Das Kriterium der Angemessenheit findet auch auf Ebene des Abschlusses und den Abschlussangaben Anwendung. Zahlen müssen nicht bis ins letzte Detail angegeben werden.

Die Grenze der Angemessenheit bestimmt sich jeweils nach den Umständen des Einzelfalls. Zwar wird auch bei den DAX-Unternehmen bis auf den Cent genau gebucht, der Jahresabschluss wird jedoch nur auf 1.000 EUR genau angegeben, wenn nicht sogar nur 100.000 oder die Million als Einheit verwendet wird. Denn den Investor interessiert es angesichts der Summen nicht, ob ein paar Tausend Euro in einem Rechnungsabgrenzungsposten nicht gebucht worden sind.

Rundungsdifferenzen bei Bankzinsen

Zum Thema Genauigkeit und Buchhaltung sei folgendes Beispiel aus dem Bereich der legendären Rechtsprechung beigetragen. Der Verfasser konnte leider nicht verifizieren, ob es sich dabei nur um eine gute Geschichte handelt, wie sie sich Prüfer nach Feierabend erzählen, oder tatsächlich so entschieden worden ist.

Bei der Gutschrift von Zinsen rechnen Banken genauer (mit mehr Nachkommastellen), als sie dem Kunden Cent-genau auf dem Konto gutschreiben. Einer der EDV-Spezialisten der Bank programmierte das Berechnungsprogramm so, dass die Differenz zwischen der genauen Berechnung (zum Beispiel auf 6 Nachkommastellen) und dem tatsächlich gutgeschriebenen Betrag (2 Nachkommastellen) auf seinem eigenen Konto gutgeschrieben wurden. Im Einzelfall mag das nicht viel ausmachen, in der Summe sollen aber Tausende von Euro zusammengekommen sein.

Als die Transaktionen auffielen, konnte der betreffende Mitarbeiter angeblich nicht einmal strafrechtlich belangt werden, da es sich bei den Rundungsdifferenzen aus Sicht der Bank nur um ‚Abfall' handelte.

d) V wie *Valuation*

Beim Thema Bewertung steckt das größte bilanzpolitische Potenzial. Selbst bei einer Position wie dem Bestand der flüssigen Mittel kann eine andere Bewertung wesentliche finanzielle Auswirkungen haben. Weil der Abschluss in Euro aufzustellen ist, muss auch der Bestand an Sorten (ausländisches Bargeld) und Devisen (ausländisches Buchgeld) in die heimische Währung umgerechnet werden. Da – abgesehen von Kreditinstituten – Unternehmen in der Regel aber nur geringe Bestände ausländischer Währung haben, gilt die Position der flüssigen Mittel zumindest bei der Bewertung als unproblematisch.

Typische Beispiele für Bewertungsprobleme sind:

Bewertungsprobleme bei der Höhe des Vermögens

- Beim Anlagevermögen liegen zwischen Anschaffung und dem Abgang, dieser Zeitraum wird als Nutzungsdauer bezeichnet, mehrere Jahre.
  - Da kann es sein, dass das Grundstück sich als teurer Einkauf erweist, etwa weil es nicht (mehr) so gut für betriebliche Zwecke nutzbar ist, beispielsweise aber auch, weil die Grundstückspreise insgesamt sinken (Immobilienblase).
  - Auch bei den Beteiligungen (Finanzanlagen) kann es zu Wertminderungen kommen, etwa wenn sich die großen Erwartungen an das Tochterunternehmen nicht erfüllen. Zu denken ist aber auch an die Wertpapiere, die Kreditinstitute im eigenen Bestand halten. Wenn diese – wie in jüngster Zeit – stark

schwanken, stellt sich die Frage, ob in der Bilanz jede Wertänderung nach oben und nach unten nachvollzogen werden muss. Plus oder minus 8 % Wertschwankung schlagen da voll auf das Ergebnis durch.

- Immer diskutabel ist die Bewertung bei immateriellen Vermögensgegenständen. Da ist zum Beispiel der Geschäfts- oder Firmenwert aus der Übernahme eines anderen Unternehmens. Dieser repräsentiert dessen Ertragsaussichten, und diese können nur auf einer Schätzung beruhen. Der Schätzung wesensimmanent ist, dass sie mit der (späteren) Realität nicht übereinstimmt. Bei der Übernahme von anderen Unternehmen ist es dann oft so wie bei Kunstwerken: Man möchte etwas unbedingt haben und ist daher möglicherweise bereit, einen höheren Preis zu bezahlen. In späteren Jahren, möglicherweise nach einem Wechsel des Managements, zeigt sich, dass sich der höhere Preis nicht realisieren lassen wird. In der Rechnungslegung hat das die Konsequenz, dass auf den niedrigeren beizulegenden Wert abzuschreiben ist. Solange die Schätzung des Kaufpreises nicht willkürlich ist, ist auch die Bewertung des Geschäfts- oder Firmenwertes zulässig. Das verhindert aber nicht spätere Wertkorrekturen.

■ Das Umlaufvermögen ist zwar für einen baldigen Umschlag bestimmt, gerade zum Stichtag kommt es auf den aktuellen Zeitwert an.

- Bei Roh-, Hilfs- und Betriebsstoffen sind die Wertschwankungen bei Unternehmen der rohstoffverarbeitenden Industrie oft beträchtlich. Jeder kennt die Preisschwankungen an der Zapfsäule aus eigener Anschauung. Der Unterschied beispielsweise zur chemischen Industrie liegt zum einen in der Menge. Denn in deren Tanks passt mehr als in den eines privaten Kfz. Zum anderen sichern sich Unternehmen der chemischen Industrie über Termingeschäfte ab, um das Risiko schwankender Rohstoffpreise zu beherrschen. Wenn da zu teuer eingekauft oder abgesichert wurde, entsteht der gleiche Wertberichtigungsbedarf wie bei der Abschreibung auf einen zu hohen Geschäfts- oder Firmenwert.
- Bei Unternehmen des Groß- und Einzelhandels machen die Handelswaren den größten Teil der Vorräte und gleichzeitig der Bilanzsumme aus. Gerade bei modischen oder zeitge-

bundenen Artikeln gibt es naturgemäß eine große Spanne bei der Bewertung. Die aktuelle Modekollektion ist am Ende der Saison offensichtlich weniger wert: Beträgt der ‚richtige' Wertabschlag aber 10 %, 20 % oder ist die Kollektion nichts mehr wert, weil sie nur mehr in den Container gehen kann? Vergleichbares gilt bei Nikoläusen oder Osterhasen aus Schokolade im Einzelhandel. Nach dem Fest sind diese nur mehr mit großen Rabatten abzusetzen, in der Sprache der Buchhalter heißt das Wertberichtigungsbedarf.

– Den größten Ermessensspielraum bei der Bewertung von Vorräten haben jedoch Unternehmen des produzierenden Gewerbes in der Position „unfertige Erzeugnisse" oder „fertige Erzeugnisse". In dieser Position ist der Lagerbestand enthalten. Nach allgemein anerkannten Regeln ist die Ausgangsbasis für die Bewertung dieser Posten die Summe aus Anschaffungs- und Herstellungskosten. Die Anschaffungskosten sind dabei noch relativ einfach zu ermitteln. Denn der wesentliche Teil des Wertes ist durch Lieferantenrechnungen nachgewiesen. Der Gestaltungsspielraum liegt in den Herstellungskosten. Denn darin fließen zum einen die Material- und Fertigungseinzelkosten ein. Bei Einzelkosten handelt es sich um solche Kosten, die direkt zurechenbar sind – und damit sind diese relativ eindeutig. Problematisch ist in der Regel der zweite große Kostenblock, die nicht direkt zurechenbaren Kosten, in der Sprache der Buchhalter: die Gemeinkosten. Wie viel von den Kosten der Produktionshalle, der Abschreibung der Maschinen oder den Personalkosten der Betriebsleitung, sind den Vorräten anteilig zuzurechnen? Der Unterschied zwischen einem Zuschlagssatz für die Gemeinkosten von 2,0 % und 2,1 % ist beispielsweise nur ein Zehntel Prozentpunkt. Bezogen auf Vorräte im Wert von 10 Mio. EUR macht es dann doch 10.000 EUR aus.

– Eine weitere wichtige Position im Umlaufvermögen sind die Forderungen, also die Ansprüche auf Zahlung zu einem späteren Zeitpunkt. Wer jemals Geld verliehen hat, weiß, dass der Nominalwert seiner Forderung bei Auszahlung feststand. Wie viel Geld er tatsächlich bekommt, hängt von der Zahlungswilligkeit und der Zahlungsfähigkeit des Schuldners ab. Der Unterschied zwischen einer Forderung zwischen Privatpersonen und den Forderungen von Unternehmen ist zunächst einmal die Regelmäßigkeit und die Höhe. Abgesehen von den Unternehmen des Einzelhandels oder der Dienstleistungen für Konsumenten zahlt in der gewerblichen Wirtschaft kaum ein Unternehmen gleich und bar. Die Rechnung ist die Regel und jede Rechnung bedeutet für den Buchhalter eine Forderung. Bei der Bewertung am Stichtag stellt sich dann die Frage, wie werthaltig ist diese Forderung? Wieder geht es um Einschätzungen. Abgesehen von den großen Unternehmen oder den Informationen der Ratingagenturen gibt es in der Regel keine statistisch validen Anhaltspunkte für eine automatisierte Bewertung. Bei einer Forderung gegen einen Kunden, über dessen Vermögen das Insolvenzverfahren eröffnet wurde, kann der Buchhalter noch auf den allgemeinen Erfahrungssatz zurückgreifen, dass in deutschen Insolvenzverfahren die Quote zwischen 2 % und 4 % beträgt. Das bedeutet: er kann die übrigen 98 % oder 96 % des Wertes der Forderung ausbuchen. In allen anderen Fällen muss auf Anhaltspunkte für eine Schätzung zurückgegriffen werden, zum Beispiel das bisherige Zahlungsverhalten des Kunden oder seine Branche oder Informationen von den Vertriebsmitarbeitern.

- Auf Einschätzungen kommt es aber auch bei der Bewertung der Positionen der Passivseite an.
  - Die größten Unsicherheiten und damit viel Raum für Schätzungen bestehen bei den Rückstellungen.
    - Die Pensionsrückstellungen berücksichtigen den Aufwand aus der zugesagten Altersversorgung für die Mitarbeiter. Die erste Einschätzung betrifft die Höhe der zukünftigen Altersversorgung. In Deutschland am weitesten verbreitet sind noch sog. ‚*defined benefit*'-Pläne, d.h. der Mitarbeiter erhält bei Erreichen der Altersgrenze entweder einen bestimmten monatlichen Betrag oder einen bestimmten Prozentsatz seiner letzten Bezüge als monatliche Betriebsrente. Im letztgenannten Fall muss die voraussichtliche Höhe bestimmt werden, in der Regel über eine Prognose des voraussichtlichen letzten Gehalts. Für alle Arbeitnehmer, für die eine solche Zusage für Betriebsrenten besteht, muss geschätzt werden, wie viele eines Tages diese Zusage in Anspruch nehmen. Einige werden das Unternehmen verlassen, bevor sie einen unverfallbaren Anspruch erworben haben, und andere wiederum werden durch Tod nicht nur aus dem Leben, sondern

gleichzeitig aus dem Unternehmen scheiden, ohne ihre Ansprüche verwirklichen zu können. Der Tod des Anspruchsberechtigten ist dann auch die zweite Bewertungskomponente für die Höhe der Rückstellung im Einzelfall. Denn typischerweise werden Betriebsrenten als Leibrenten längstens bis zum Tod des Berechtigten bezahlt. Für die Bewertung müssen daher über sog. Sterbetafeln Lebenserwartungen und damit Zahlungszeiträume abgeschätzt werden.

Für die Ermittlung ihrer Pensionsrückstellung stellte eine Landeskirche beispielsweise fest, dass ihre Mitarbeiter im Durchschnitt vier Jahre länger leben und daher auch vier Jahre länger Pensionen beziehen. Allein dieser Effekt sorgte für einen mehr als sechsstelligen zusätzlichen Rückstellungsbedarf.

Selbst, wenn dann die voraussichtlichen Pensionszahlungen ermittelt sind, ist das Rechenwerk noch nicht am Ende. Denn diese Zahlungen in der Zukunft müssen auf den Stichtag abgezinst werden – und damit muss der Diskontierungszinssatz bestimmt werden. Soweit keine gesetzlichen Vorgaben bestehen, bestimmt sich der Zinssatz nach dem für eine risikoadäquate und fristenkongruente Alternativanlage. Nur, welche Investition trägt das gleiche Risiko wie eine Pensionszusage, welche Anlage hat die gleiche Laufzeit wie der Zeitraum, bis der Arbeitnehmer die jeweilige Rentenzahlung bekommt? In der Praxis beschäftigt sich die Branche der Versicherungsmathematiker (Aktuare) mit der Bewertung von solchen Rückstellungen, die sich im Wesentlichen aus Beträgen, Wahrscheinlichkeiten und Anzahl der Mitarbeiter ermittelt.

– Auf den ersten Blick einfacher zu bewerten sind die Steuerrückstellungen. Bei gegebenem zu versteuerndem Einkommen und Steuersatz lässt sich die Höhe durch eine einfache Multiplikation ermitteln. Selbst in so rechtsstaatlichen Systemen wie der Bundesrepublik Deutschland gibt es aber schwieriger zu bewertende Sonderfälle. Was ist mit den Mehrzahlungen aufgrund einer Betriebsprüfung? Was ist mit den ‚versteckten' steuerlichen Risiken? Gemeint sind Sachverhalte, bei denen die steuerliche Beurteilung nicht eindeutig, wenn nicht sogar strittig ist. Nach dem für die Bewertung obligatorischen Vorsichtsprinzip müssten solche Risiken im Rahmen einer Rückstellung berücksichtigt werden. Wenn es der

Buchhalter aber tut, bringt er die Finanzbehörde möglicherweise darauf, dass hier etwas streitbefangen sein könnte. Noch einmal eine Stufe schwieriger wird die Bewertung in Jurisdiktionen, in denen die Steuergesetze vorrangig durch die Finanzbehörden selbst gemacht oder ausgelegt werden. Manches im Ausland erfolgreiche deutsche Unternehmen sah sich plötzlich dort mit höheren Steuernachforderungen konfrontiert, als in der Bilanz zurückgestellt waren.

- Auch bei der Bewertung der sonstigen Rückstellungen ist oft die Wahrscheinlichkeitsrechnung gefragt. Bei den Gewährleistungsrückstellungen muss beispielsweise abgeschätzt werden, wie viele fehlerhafte Produkte mit welchen Kosten repariert werden müssen. Und dann kommen natürlich die ungeplanten und die unvorhersehbaren Ereignisse, z.B. die manipulierte Software, die den Schadstoffausstoß reguliert. In der Investitionsrechnung sprechen die Spezialisten dann gerne von „weißen Schwänen" für die unwahrscheinlichen Ereignisse mit einem großen Schadensrisiko, die Buchhalter buchen den damit verbundenen Aufwand unter „außerordentliche Aufwendungen".

- Für die andere große Position des Fremdkapitals, den Verbindlichkeiten, ist bei der Bewertung insbesondere die Abzinsung von unverzinslichen Zahlungsverpflichtungen mit einer Restlaufzeit von mehr als einem Jahr relevant.

Dem Leser, der das Bilanzschema vor Augen hat (Vermögen auf der Aktivseite, Eigenkapital und Rückstellungen sowie Verbindlichkeiten auf der Passivseite), ist möglicherweise gleich aufgefallen, dass das Eigenkapital in den Beispielen zur Bewertung nicht aufgetaucht ist. Denn das Eigenkapital wird nicht bewertet, sondern ergibt sich aus der Differenz zwischen Vermögen abzüglich der übrigen Passivposten.

e) O wie *Obligation and Rights*

Nicht alles, was in der Bilanz steht, gehört auch (zivilrechtlich) dem Unternehmen. Denn – wieder eine Konvention – es hat sich als zweckmäßig erwiesen, nicht nach dem zivilrechtlichen Eigentum, sondern nach dem wirtschaftlichen Eigentum zu bilanzieren.

Die beste im Sinne einer systematischen Erklärung hält § 39 Abgabenordnung (AO) bereit: ‚Grundsätzlich' sind Wirtschaftsgüter dem (zivilrechtlichen) Eigentümer zuzurechnen (§ 39 Abs. 1 AO), es sei denn der Besitz wird von einem anderen „in der Weise ausgeübt, dass er den Eigentümer im Regelfall für die gewöhnliche Nutzungsdauer von der Einwirkung auf das Wirtschaftsgut wirtschaftlich ausschließen kann" (§ 39 Abs. 2 Nr. 1 Satz 1 AO).

Ein wichtiger Anwendungsfall – und damit eine Herausforderung in der Bilanzierung – ist das Leasing.
Denn ein Leasingvertrag kann wirtschaftlich als eine Art Mietvertrag ausgestaltet sein. Dann ist das Leasinggut beim Leasinggeber zu bilanzieren, insbesondere hat dieser die Abschreibungen vorzunehmen. Demgegenüber hat der Leasingnehmer nur die Leasingraten als sofort abzuziehenden Aufwand in der Gewinn- und Verlustrechnung zu erfassen.
Bei entsprechender Vertragsgestaltung kann ein Leasingverhältnis aber auch eine Art Kauf mit Kreditfinanzierung sein. Bei diesem Finanzierungsleasing muss der Leasinggegenstand in der Bilanz des Leasingnehmers aktiviert und abgeschrieben werden. Der Barwert der Leasingraten muss als Leasingverbindlichkeit passiviert werden. Die jeweils zu zahlenden Leasingraten sind dann nicht in voller Höhe als Aufwand zu berücksichtigen, sondern in einen Tilgungs- und Zinsanteil aufzuteilen. Nur der Zinsanteil mindert den Gewinn bzw. für steuerliche Zwecke das zu versteuernde Einkommen. Der Rest der Rate (der Tilgungsanteil) wird erfolgsneutral gegen die Verbindlichkeit gebucht. Was (steuerlich) günstiger ist, hängt davon ab, ob die Summe aus Zinsanteil und Abschreibungen höher ist als die Leasingrate. In der Regel ist das aber nicht der Fall. Daher sind die meisten Leasingverträge wie Mietverträge gestaltet.

Leasingverträge als „Kaufverträge"

Ein Unternehmen kauft keine Fahrzeuge mehr, sondern least diese nur mehr. Für PKW legen die amtlichen AfA-Tabellen eine betriebsgewöhnliche Nutzungsdauer von sechs Jahren fest. Liegt die unkündbare Grundmietzeit zwischen knapp 2½ und 5½ Jahren, ist der PKW dem Leasinggeber zuzurechnen. Das bedeutet: der Leasingnehmer kann die Leasingraten in voller Höhe als Aufwand buchen und steuerlich geltend machen. Diese Tatsache wird von den Leasinggesellschaften gerne als Verkaufsargument genutzt.

Aufgrund der Steuerersparnis muss der Leasingnehmer daher nicht die volle Leasingrate wirtschaftlich tragen, sondern der Fiskus trägt aufgrund der steuerlichen Abzugsfähigkeit einen Teil der Kosten. Wie viel, hängt vom zugrundegelegten Steuersatz ab.

Ein weiterer wichtiger Anwendungsfall beim Thema wirtschaftliches Eigentum, im englischen Sprachgebrauch unter *„Obligation and Rights"* gefasst, sind die Sicherungsübereignungen. Wie in § 39 Abs. 2 Nr. 1 Satz 2, zweiter Halbsatz AO sehr klar definiert, ist das Sicherungseigentum dem Sicherungsgeber zuzurechnen.

Sicherungsübereignungen von Vorräten

Zur Absicherung von betrieblichen Darlehen ist die Sicherungsübereignung von Vorräten weit verbreitet.

Um einige, etwas ungewöhnliche Beispiele anzuführen:

- In Norditalien ist es üblich, dass Banken Parmesankäse während dessen Reifezeit als Kreditsicherheit akzeptieren. Nach Zeitungsberichten sollen einzelne Geldhäuser das Sicherungseigentum an mehreren 100.000 Hartkäse-Laiben im Wert von über 100 Mio. EUR haben.
- Russische Banken hatten (so jedenfalls Zeitungsberichte aus 2009) tatsächlich Vorräte an Schnaps, Schweinen und vor allem Unterwäsche in ihren Bilanzen stehen. Die russische Sberbank soll zeitweise der größte Einzelhändler für Unterwäsche gewesen sein, weil die Kreditnehmer ihre Darlehen nicht tilgen konnten.

Um auf den ernsthaften Gehalt des Themas zurückzukommen: Solange es bei der bloßen (rechtlichen) Sicherungsübereignung bleibt, sind die Vermögensgegenstände beim Sicherungsgeber zu bilanzieren. Erst, wenn der Verwertungsfall eintritt, in der Sprache der Buchhalter: das wirtschaftliche Eigentum auf den Sicherungsnehmer (oft: die Bank) übergeht, ist beim Sicherungsnehmer zu bilanzieren. Oder um das mit den Worten des § 39 AO zu formulieren: solange der Sicherungsgeber seine Raten bezahlt, kann er den Kreditgeber „von der Einwirkung auf das Wirtschaftsgut wirtschaftlich ausschließen" und muss seine Käselaibe, seinen Schnapsvorräte und die von ihm hergestellte Wäsche selbst bilanzieren.

Die Herausforderung für die Bilanzierung nach ‚Rechten und Pflichten' *(‚Obligation and Rights')* besteht darin, dass bei den meisten Vermögensgegenständen kein Aufkleber „Ich gehöre …" aufgebracht ist. Bei Forderungen ist das schon technisch nicht möglich. Denn bei der Idee des wirtschaftlichen Eigentums, wie bei der Bilanzierung nach Rechten und Pflichten insgesamt, handelt es sich um eine bilanzrechtliche Konzeption. Diese hat sich in der Praxis bewährt und stellt die Praxis wieder vor das Nachweisproblem. Daher ist der Grundsatz „Keine Buchung ohne Beleg" so wichtig. Juristisch vorgebildete Leser kennen dieses Problem zumindest aus Klausurfällen. Denn bei der Forderungsabtretung oder der Eigentumsübertragung geht es auch nie um den (eindeutigen) Standardfall, sondern ‚grundsätzlich' um die Streitfrage ‚wer hat wann wie viel' abgetreten?, konnte das Eigentum überhaupt noch übertragen werden? und ähnliche Fragen. Wenn sich diese Fragen, seien sie im Zivilrecht oder in der Buchhaltung oder in der Rechnungslegung, immer so eindeutig beantworten lassen ließen, bräuchte es keine Spezialisten mehr.

f) P wie Presentation and Disclosure

Das Thema ‚Darstellung und zusätzliche Informationen' *(‚Presentation and Disclosure')* ist, besser: ‚war' oder ‚sollte sein', selbst bei vielen Spezialisten kein Thema – oder sie hatten kein Problembewusstsein. „Hauptsache, der Gewinn stimmt!" lautet/e das Motto. Bei der Kreditwürdigkeitsprüfung ist es nach Einschätzung des Verfassers immer noch üblich, nur die Bilanz samt Gewinn- und Verlustrechnung zu analysieren. Die beiden Rechnungslegungsinstrumente mit den Erläuterungen und den zusätzlichen Informationen, Anhang und ggf. Lagebericht, bleiben weitgehend unbeachtet. Dabei versteht der Bilanz-Leser diese erst ‚richtig', wenn er den Anhang dazu liest. Oder, um es mit den Worten eines Analysten zu sagen: „Ein guter Analyst liest den Jahresabschluss von hinten" (denn zumindest in Deutschland ist der Anhang traditionell hinter den übrigen Rechnungslegungsinstrumenten zu finden).

Dazu zwei Beispiele aus dem Bereich der bereits angeführten, risikoreichen Position der Vorräte:

Darstellung bei Vorräten

(1) Darstellung der Bestandsveränderung von Roh-, Hilfs- und Betriebsstoffen

Immer wieder zu finden ist der Ausweis der Bestandsveränderung von Roh-, Hilfs- und Betriebsstoffen und/oder Waren in der Position „Erhöhung oder Verminderung des Bestands an fertigen und unfertigen Erzeugnissen" (§ 275 Abs. 2 Nr. 2 HGB). Zum einen zeigt der Ersteller des Jahresabschlusses dadurch, dass er nicht genau lesen kann. Denn „Roh-, Hilfs- und Betriebsstoffe" und/oder „Waren" sind schon sprachlich etwas Anderes, als „fertige" und „unfertige" Erzeugnisse. Zum anderen impliziert der Ausweis unter der Position Nr. 2 im Gesamtkostenverfahren, dass die Bestandsveränderung mit einer Veredelung oder Wertschöpfung verbunden ist. Das ist aber gerade bei den Roh-, Hilfs- und Betriebsstoffen und/oder Waren nicht der Fall. Der kritische Analyst könnte daher fragen, warum so wenig oder so viel Wertschöpfung stattgefunden hat. Zum dritten: der Materialaufwand ist zu hoch oder zu niedrig erfasst. Denn die Bestandsveränderung von Roh-, Hilfs- und Betriebsstoffen und/oder Waren gehört in den Posten „Aufwendungen für Roh-, Hilfs- und Betriebsstoffe und für bezogene Waren" (§ 275 Abs. 2 Nr. 5 a) HGB).

(2) Bewertungswahlrechte bei den fertigen und unfertigen Erzeugnissen

Unter der Überschrift „V wie *Valuation*" wurde in den Beispielen bereits darauf hingewiesen, dass selbst kleine Bewertungsänderungen große materielle Auswirkungen bei den Vorräten haben können. Hinzu kommt, dass nach deutschem HGB Bewertungswahlrechte bestehen. Gemäß § 255 Abs. 2 Satz 3 HGB dürfen „Aufwendungen für soziale Einrichtungen des Betriebs, für freiwillige soziale Leistungen und für die betriebliche Altersversorgung einbezogen werden, soweit diese auf den Zeitraum der Herstellung entfallen." Gemäß § 255 Abs. 3 Satz 2 HGB dürfen darüber hinaus Fremdkapitalzinsen in die Bewertung einbezogen werden. Übersetzt in eine allgemein verständliche Sprache heißt das: Durch eine entsprechende Ausübung der Wahlrechte können die Vorräte höher bewertet werden. Das geht natürlich auch in die umgekehrte Richtung. Ist ein Jahr durch höhere Umsatzerlöse besser gelaufen als prognostiziert, verzichtet der Unternehmer beispielsweise auf diese Ausübung der Wahlrechte und kommt dadurch zu einem anderen Ergebnis.

Solche Verschiebungen durch eine entsprechende Bewertung erkennt der Nutzer von Finanzinformationen aber nur durch die

Lektüre des Anhangs. Dort muss angegeben werden, wie Bewertungswahlrechte ausgeübt worden sind.

Noch ein Beispiel aus einer der Vorlesungen, die der Verfasser in den 1990er Jahren hörte (die Geschichte soll sich Ende der 1970er/frühen 1980er Jahre abgespielt haben): Ein damals noch gemeinnütziges Wohnungsbauunternehmen hatte in großem Maße bisher landwirtschaftlich genutzte Flächen in der Umgebung von norddeutschen Großstädten auf Kredit gekauft. Diese sollten eines Tages bebaut werden, es fehlte allerdings an Liquidität, um die Baupläne umzusetzen. In der Bilanz des Unternehmens standen die Grundstücke mit ihren Anschaffungskosten. Dann schickte das Management die Bulldozer über die Flächen, um diese zu planieren. In der Rechnungslegung heißt das: Beginn der Herstellung. Damit durften zusätzlich zu den Anschaffungskosten auch die Herstellungskosten in die Bewertung einbezogen werden. Da es ohnehin nicht gut um die wirtschaftliche Situation des Unternehmens bestellt war, übte die Unternehmensleitung die Wahlrechte nach dem Motto aus: Aktivieren, was nur zu aktivieren geht! Allein durch die Finanzierung mit Fremdkapital stieg dadurch der bilanzierte Wert der Grundstücke jedes Jahr, ohne, dass die inzwischen planierten Äcker mehr wert wurden. Es kam, wie es manchmal kommt: Ein großes Nachrichtenmagazin aus der Ecke deckte auf, dass sich die Vorstände des Wohnungsbauunternehmens persönlich bereichert hatten. Da fiel es kaum mehr ins Gewicht, dass die zu bebauenden Grundstücke inzwischen höher bewertet waren, als jemals damit erzielt werden könnte. Aber die Wertberichtigungen mussten trotzdem erfolgen – mit der Konsequenz, dass kein Kreditinstitut mehr Kredit geben wollte und das Wohnungsbauunternehmen verkauft wurde. Ein Blick in den Anhang hätte dem kundigen Leser wohl gezeigt, dass der ausgewiesene Gewinn wohl auf solchen höheren Buchwerten beruhte. Der Rest ist aber – wie so oft – Geschichte.

Waren die internationalen Rechnungslegungsstandards schon immer darauf ausgelegt, durch umfangreichere Anforderungen an zusätzliche Informationen die Vergleichbarkeit zwischen den Abschlüssen herzustellen, hat die Bedeutung der Erläuterungen zu Bilanz und Gewinn- und Verlustrechnung für Abschlüsse nach dem deutschen HGB erst in den letzten Jahren zugenommen. Damit zu den drei großen Rechnungslegungssystemen, die für deutsche Unternehmen von Bedeutung sind.

VI. Normen zur Rechnungslegung: HGB, EStR – IFRS – US-GAAP

1. Rechnungslegungsnormen

Zu den gängigen Mythen beim Thema Buchführung, Rechnungslegung, Steuern und allem, was mit solcherlei Zahlen zu tun hat, gehört, sie seien eine Erfindung der Kaufleute, bei den Steuern hilfsweise der Fiskus. Ein guter Geistlicher oder Jurist müsse sich also nicht mit solch' merkantilen Themen beschäftigen. Der Mythos von der Erfindung der Buchführung durch die Kaufleute stimmt aber nicht. Vielmehr waren Tempelpriester – so dürfen wir aus den ältesten Dokumenten über Stiftungen folgern – die ersten Buchhalter. Wenn man die Abgabepflicht des Zehnten als eine Form von Besteuerung sieht, stellt sich die Frage, was die Bemessungsgrundlage hierfür ist. Damit ist die Buchhaltung eine ‚Erfindung' der Geistlichen.

Juristisch vorgebildete Menschen werfen beim Thema ‚Bemessungsgrundlage' dann gleich die Frage auf, wie sich denn diese ermitteln. Denn es bedarf keiner besonderen mathematischen Fähigkeiten, um zu erkennen, dass 10 % auf 200 doppelt so viel Steuer ergeben wie auf 100. Bei gleichem Steuersatz lässt sich somit das Steueraufkommen verändern. 100 oder 200 klingt trivial und einfach – was aber, wenn als Beispiel die Immobilien gewählt werden? Ganz einfach: Ein traditionsreiches Unternehmen hat sein Betriebsgrundstück in bester Innenstadtlage vor vielleicht hundert Jahren erworben. Nach deutschem Bilanz(steuer)recht gelten die historischen Anschaffungs- oder Herstellungskosten als Wertobergrenze, beispielsweise eine Reichsmark und 50 Pfennig pro Quadratmeter. Selbst großzügig auf Euro umgerechnet, liegt dieser Wert weit unter dem aktuellen Zeitwert.

Zurück zu den Tempelpriestern im Zweistromland: Die Frage der Rechnungslegung ist immer noch die gleiche wie bei den Vorständen von Konzernen unserer Tage. Auf der einen Seite stehen die Verwalter fremden Kapitals, sei es aus religiösen Gründen, sei es, weil der Kapitalismus eben so funktioniert. Die Frage der Rendite mag bei den kapitalistisch orientierten Unternehmen im Vordergrund stehen, aber auch der Gläubige unserer Tage interessiert sich, dafür, ob sein Scherflein dort verwendet wird, wo es hingehört. Zweiter Aspekte: Die Bank gibt dem Biotech-Unternehmen Kredit, aber auch dem Sozialunternehmen, der Bäcker oder Metzger liefert für die Kantine des Großkonzerns ebenso wie ins Krankenhaus oder Pflegeheim. In einem wie im anderen Fall will jeder Gläubiger abschätzen, ob er sein Geld, im Fall der Bank, zuzüglich Zinsen zurückbekommen wird. Und da ist die Rechnungslegung ein besserer Indikator als die bloße Aussage „es passt schon".

Die Erfahrung lehrt aber, dass die Kirchen und die öffentliche Hand (wenn wir denn diese als Nachfolgeorganisationen der Tempel sehen wollen) in der Tradition der einfachen Buchführung geblieben sind, während es die Informationsbedürfnisse der Kaufleute waren, die die Buchführung und Rechnungslegung weiter entwickelt haben.

Ein wesentlicher Fortschritt war dabei die doppelte Buchführung, also die Eintragung jedes Geschäftsvorfalls auf zwei Seiten (Soll und Haben), so dass die Buchungen auf Bestands- und Erfolgskonten jederzeit abstimmbar und damit kontrollierbar waren.

Doch dann stellte sich die konzeptionelle Frage: Was ist wichtiger, (a) soll der Jahresabschluss das Schuldendeckungspotential zeigen, oder (b) das Erfolgspotential eines Unternehmens?
Ein Beispiel: eine tolle Erfindung stellt für ein Unternehmen ein wesentliches Erfolgspotential dar. Genau das will der (Eigenkapital-)Investor in der Bilanz sehen. Denn eine Aktie kauft er nicht, weil das Unternehmen eine große Tradition hat oder bisher erfolgreich war. Er möchte zukünftig Dividenden erhalten.
Fremdkapitalgeber, z.B. eine darlehensgewährende Bank, denken grundsätzlich anders. Sie bekommen ihre Zinsen und die Tilgung des Kapitals unabhängig vom Gewinn. Sie wollen vor allem Sicherheiten – und mögen Dividenden nicht. Denn das Geld (= die Liquidität), die an Anteilseigner abfließt, steht im nächsten Jahr nicht mehr für Zins- und Tilgungszahlungen zur Verfügung. Fremdkapitalgeber lieben dagegen sog. ‚stille Reserven'.

Stille Reserven: Zeitwert und Buchwert

Stille Reserven sind definiert als der Unterschied zwischen (a) dem höheren beizulegenden Zeitwert auf der einen Seite und (b) dem im Jahresabschluss abgebildeten Buchwert. Bei der Anschaffung oder Herstellung sind (a) und (b) gleich. Denn niemand wird mehr für einen Vermögensgegenstand bezahlen, als dieser aktuell wert ist. Im Zeitablauf hingegen entwickeln sich beide auseinander. Idealerweise steigen die erworbenen Vermögensgegenstände im Wert, ansonsten hätte der bilanzierende Kaufmann ein schlechtes Geschäft gemacht.

Der Buchwert hingegen wird durch planmäßige Abschreibungen bei Anlagevermögen oder außerplanmäßige Abschreibungen bei Umlaufvermögen immer auf einen niedrigeren Wert gebracht.

Das deutsche HGB hat sich für die vorsichtigere Variante entschieden: der beizulegende Zeitwert (a) darf nur dann als Buchwert ausgewiesen werden, wenn er niedriger ist als der vorherige Buchwert.

Stille Reserven sind deshalb bei Fremdkapitalgebern beliebt, weil ihre Vergütung nicht erfolgsabhängig ist. Für sie ist die Höhe des ausgewiesenen Gewinns irrelevant, da sie (typischerweise) immer ihren Zins bekommen. Ist das Erfolgspotenzial (der mögliche höhere Gewinn) dagegen in den stillen Reserven ‚versteckt', bleibt mehr Liquidität im Unternehmen. Denn es steht weniger Gewinn für Gewinnausschüttungen zur Verfügung.

Wie bereits angedeutet, hat sich der deutsche Gesetzgeber eher an den Informationsbedürfnissen und Interessen der Fremdkapitalgeber orientiert. Das Vorsichtsprinzip (bedeutet: im Zweifel lieber den niedrigeren Wert) war traditionell das entscheidende Prinzip im deutschem Bilanzrecht. Das deutsche Unternehmen sollte sich im Zweifel lieber ärmer rechnen als durch hohe Gewinnausschüttungen Eigenkapitalgeber als Investoren anzuziehen. Deutsche Unternehmen sind traditionell eher durch Kreditinstitute finanziert denn über die Börse. Die zweite große Gruppe der Unternehmen sind die Familienunternehmen in Deutschland. Grob gesagt, spielt bei diesen die externe Rechnungslegung ohnehin keine große Rolle. Denn bei einem Unternehmen in Familienbesitz sollte das Jahresergebnis vor Veröffentlichung bekannt sein.

Die andere große Tradition der Rechnungslegung wird (ebenfalls vereinfacht) als anglo-amerikanische Tradition bezeichnet. In der anglo-amerikanischen Tradition hingegen sind die Unternehmen vor allem über Eigenkapital finanziert. Während beispielsweise in Deutschland nur die großen Unternehmen an der Börse gelistet sind, zeigt die Laufleiste mit den Börsenkursen bei jedem amerikanischen Wirtschaftmagazin im Fernsehen, dass ein Börsengang auch für kleine Unternehmen in den USA nichts Außergewöhnliches ist. (Potentielle) Investoren interessieren sich aber nicht dafür, was ein Vermögensgegenstand irgendwann einmal gekostet hat, sondern, welche Ertragsaussichten das Unternehmen in Zukunft hat. Denn aus den Ertragsaussichten folgt die Aussicht auf Dividendenzahlungen.

Stromversorgungsunternehmen

Ein Beispiel hierzu: Die Erlöse eines Stromversorgungsnternehmens speisen sich im Wesentlichen aus zwei Quellen: zum einen der monatlichen Grundgebühr und der verbrauchsabhängigen Vergütung.

Die Antwort nach deutschem HGB ist einfach: der Umsatzerlös und damit der Gewinn darf erst eingebucht werden, wenn er realisiert ist. Das bedeutet nach herrschender Meinung, dass die Grundgebühr zu Beginn des Abrechnungszeitraums, die verbrauchsabhängige Vergütung jedoch erst zum Ende des jeweiligen Zeitraums erfasst werden, wenn diese feststeht.

Nun ließe sich überlegen, ob die verbrauchsunabhängige Grundgebühr bereits mit der Akquisition des Kunden realisiert ist. Denn, so die Überlegung, wenn ein Stromkunde erst einmal Kunde ist, zahlt er die Grundgebühr, zumindest bis zum Ende der Mindestlaufzeit des Vertrages.

Die einzige Frage ist, über welchen Zeitraum im Voraus kann von einer Realisation ausgegangen werden? Aber dieses rechentechnische Problem lässt sich mit Hilfe der Statistik lösen.

Ein Kunde, so argumentierte zumindest der Vorstand eines Stromversorgungsunternehmen (‚natürlich' börsennotiert, ‚natürlich' in den USA), bleibe beim betreffenden Versorger durchschnittlich vier Jahre. Vier Jahre mal zwölf Monate Grundgebühr mal Anzahl der Bestandskunden ergibt eine so große Summe an Forderungen, dass der Börsenkurs des betreffenden Versorgungsunternehmens stieg und stieg. Das ging so lange gut, bis die Analysten erkannten, dass diese aggressive Bilanzierung zwar zulässig, aber eben doch aggressiv war. Der Absturz des Börsenkurses ging dann aber schneller als der Aufstieg.

Das ändert aber nichts an der Grundaussage, dass die – in diesem Fall maßgeblichen US-Normen – eher der Informationsbeschaffung für Eigenkapitalgeber, namentlich der Aktionäre börsennotierter Unternehmen, dienten, denn einer Beurteilung der Kreditwürdigkeit. Forderungen zeigen das Erfolgspotenzial des Unternehmens. Nach der konservativen (deutschen) Lesart wäre es aber nahezu undenkbar, dass diese bereits im Vorgriff realisiert worden wären.

Um die Geschichte des US-amerikanischen Energieversorgers, der Name war EnRon, noch zu Ende zu erzählen: Es kam zu einem Absturz des Börsenkurses und auch der Entlassung des betreffenden Vorstands. Weil der Absturz des Börsenkurses derart dramatisch war, stand für den betreffenden Energieversorger eine wesentliche Refinanzierungsmöglichkeit, nämlich über die Börse, nicht mehr zur Verfügung. Dies führte zu Liquiditätsengpässen – und hätte fast zu einer Zahlungsunfähigkeit des Unternehmens geführt, so zumindest stand es in der Zeitung.

Zweite Konsequenz war eine Änderung der Rechnungslegungsstandards in den USA, die eine solche aggressive Bilanzierung nicht mehr zuließen. Das Problem der Bilanzierung von solchen Grundgebühren ist aber nicht nur auf Stromversorger beschränkt, gleiches gilt für alle Telekommunikationsunternehmen, aber auch für Anbieter von Wartungsverträgen. Kennzeichnend für solche Dienstleistungsverträge ist die Zahlung einer pauschalen Summe, unabhängig von der Inanspruchnahme. Und dann steht der Bilanzierer immer vor der Frage, wann er die Forderung einbucht.

Um es deutlich zu sagen: Es geht hier nicht um richtig oder falsch oder um ökonomisch unsinnig oder nicht. Es geht um die Abbildung ökonomischer Sachverhalte und das lässt sich nicht immer so elegant und eindeutig, sollte man nicht sagen dogmatisch, lösen wie das im deutschen Zivilrecht verankerte Abstraktionsprinzip.

Durch diese bloße buchungstechnische Frage stellen sich aber gleichzeitig Fragen der Verteilungsgerechtigkeit. Wenn – wie im HGB – der Gewinn möglichst niedrig ausgewiesen wird (andersherum formuliert: Stille Reserven gelegt sind) benachteiligt das tendenziell die Eigenkapitalgeber. Denn der für die Ausschüttung zur Verfügung stehende Gewinn wird dadurch vermindert. Umgekehrt benachteiligt eine allzu aggressive Bilanzierung die Fremdkapitalgeber. Denn die Liquidität aus dem ausgeschütteten Gewinn kann nicht zweimal verwendet werden.

Finanzkrise

Zu den Erklärungsversuchen über die Auslöser der letzten Finanzkrise gehört die Erklärung über die geänderten Rechnungslegungsvorschriften. Namentlich die großen Kreditinstitute hatten ihre Rechnungslegung auf die internationalen Standards, IFRS, umgestellt. Diese sahen die Bewertung von Finanzinstrumenten (zum Beispiel Aktien und Anleihen) grundsätzlich mit dem beizulegenden Zeitwert (*fair value*) vor. Bei steigenden Börsenkursen führte das zu einem sich selbst tragenden, sollte der Betrachter sagen: selbst befeuernden, weiteren Aufschwung. Die börsennotierten Kreditinstitute hatten selber viele Finanzinstrumente in den Bilanzen. Steigen die Börsenkurse der übrigen Unternehmen, steigt auch das Eigenkapital der Kreditinstitute. Denn ein höheres Vermögen auf der Aktivseite spiegelt sich in einem höheren Eigenkapital auf der Passivseite wider. Da spielte es dann schon keine Rolle mehr, dass die Gewinne teilweise nicht erfolgswirksam (über die Gewinn- und Verlustrechnung) erfasst, sondern erfolgsneutral direkt im Eigenkapital verbucht wurden.

Ein steigendes Eigenkapital wiederum sorgt für höhere Börsenkurse für die Aktien der Banken, die wiederum die Kurse der Nicht-Finanzinstitute mitzogen, sodass die Aktivseite der Kreditinstitute sich weiter erhöhte, sei es, weil sie Aktien anderer Kreditinstitute oder Nicht-Finanzinstitute in den Büchern hatten.

Wie viel von der Börsenblase tatsächlich auf die höheren Aktivwerte in den Bilanzen zurückzuführen ist, wird sich nicht von anderen Effekten isolieren lassen. Aber es ist plausibel.

2. Die Buchhalter – und wie sie die Welt sehen

Zwei Dinge sind universell in dieser, unserer modernen Welt: (a) Steuern und (b) das Kapital.

Beim erstgenannten (a) ist sich der Verfasser sicher: Selbst die Terrororganisation *Daa,ish,* in Deutschland vor allem unter der Abkürzung IS bekannt, erhebt Steuern. Dieses Beispiel zeigt, wie die Ermittlung der Bemessungsgrundlage und Gerechtigkeit zusammenhängen. Wenn – so stellt es sich der Verfasser vor – Bilanzen mit der Kalaschnikow geprüft werden, ist eine differenzierte Betrachtungsweise nicht zu erwarten.

Zwar war auch im real existierenden Sozialismus „ohne Moos nix los“, aber für den Kapitalismus ist die Überlassung von Kapital (b) gegen eine Nutzungsentschädigung (Zins oder Dividende) wesensimmanent. Da Kapitalgeber und -nutzer in der Regel unterschiedliche Personen sind, möchten die Kapitalgeber darüber informiert werden, wie mit dem von ihnen zur Verfügung gestellten Kapital umgegangen worden ist.

Zur Regelung dieser Informationspflichten lassen sich – global betrachtet – drei Systeme oder Regelungsbereiche unterscheiden:

1. Nationale Standards,
   in Deutschland das bereits erwähnte HGB und ergänzende Regelungen, zum Beispiel im GmbH-Gesetz oder dem Aktiengesetz, auf der einen Seite und das Ertragsteuerrecht mit dem Einkommensteuergesetz (EStG) und den Einkommensteuerrichtlinien (EStR) auf der anderen Seite;

2. die internationalen International Financial Reporting Standards (IFRS); sowie

3. der US-GAAP.

Kennzeichnend für nationale Standards ist – wie die Bezeichnung bereits impliziert – ist, dass diese nur in einer Jurisdiktion Geltungsanspruch erheben. Manche Jurisdiktionen verzichten auf eigene nationale Regelungen für die (handelsrechtliche) Rechnungslegung. Für Zwecke der Rechnungslegung verweisen beispielsweise Australien, Neuseeland, Russland oder Südafrika auf die IFRS. Deutschland ist traditionell einen anderen Weg gegangen: dort wurde auch die handelsrechtliche Rechnungslegung durch nationale Gesetzgebung geregelt. Der Vorteil – und da ist der deutsche Weg typisch – ist, dass die Ermittlung der steuerlichen Bemessungsgrundlage auf diese handelsrechtliche Rechnungslegung aufbauen kann. Dazu mehr im folgenden Abschnitt (siehe VI. 3.). Wie das Beispiel USA jedoch zeigt, geht es auch anders: Hier ermitteln sich auch die Ertragsteuern, zumindest für die Mindestbesteuerung, nach dem Umsatz.

Grundsätzlicher Unterschied zwischen der deutschen Regelung (1.) und den beiden anderen Normsystemen (2. und 3.) ist: In Deutschland ist die Rechnungslegung durch Gesetz geregelt, die beiden anderen sind jeweils (nur) Standards. Die Konsequenz ist zunächst einmal, dass ein Gesetz für alle gilt, die die Tatbestandsvoraussetzungen erfüllen. Wenn also jemand ein vollkaufmännisches Gewerbe in Deutschland betreibt, und sei es nur die legendäre Würstchenbude, muss er grundsätzlich nach den Vorschriften des deutschen HGB Rechnung legen. Auch dazu mehr im folgenden Abschnitt. Die Anwendung von Standards hingegen ist grundsätzlich freiwillig. Sie müssen im Rahmen eines so genannten ‚*Enforcements*‘ durchgesetzt werden. Die Philosophie, die hinter den Standards steht, ist auch eine grundsätzlich andere als die deutsche (gesetzliche) Regelung. Warum sollte beispielsweise ein Einzelkaufmann, der nur eigenes Kapital einsetzt, Rechnung legen? Wenn er keine ordentliche Buchführung hat, wird er schnell erkennen, dass eine solche Sinn macht. Wenn nicht, ist es nur sein eigenes Geld, das er ‚verbrennt'. Wenn dagegen ein Unternehmen Kapital von fremden Dritten haben möchte, dann muss das Management diesen Investoren nachweisen, welchen Erfolg das Unternehmen mit dem zur Verfügung gestellten Kapital erzielt hat. Idealtypischerweise ist damit die Anwendung von Rechnungslegungsstandards freiwillig. Denn es zwingt niemand das Unternehmen, überhaupt, und wenn ja, gerade an der Börse Kapital aufzunehmen. Dann taucht nur mehr das Problem der Vergleichbarkeit auf. Denn, wenn jedes Unternehmen seine eigenen Rechnungslegungsstandards macht, wird es für Investoren schwierig, die Jahresabschlüsse der einzelnen Unternehmen untereinander und im Zeitablauf zu vergleichen. Der anglo-amerikanische Weg ist somit traditionell ein anderer: Wenn ein Unternehmen Kapital an der Börse aufnehmen möchte, muss es sich (freiwillig/gezwungenermaßen) Rechnungslegungsstandards unterwerfen.

Internationale Rechnungslegungssysteme im Vergleich

Gut lässt sich dieser Unterschied der Systeme dann beobachten, wenn sie in der Praxis aufeinandertreffen.

So hatten die britischen Unternehmen ein Problem, als die damals noch europäische Gemeinschaft (EG) zu Beginn der 1980er Jahre per Verordnung europaweite Standards zur Rechnungslegung setzte. Warum sollte der *‚corner shop'* (‚Laden um die Ecke') jedes Jahr Bilanz und Gewinn- und Verlustrechnung aufstellen, wenn es doch nur um das Geld des Inhabers geht? Der werde doch im eigenen Interesse darauf achten?

In Deutschland dachte der Gesetzgeber auch an die ‚einfachen' Kaufleute. Aber es stand nicht zur Debatte, ob die Rechnungslegung nicht per Gesetz geregelt werden sollte. Vielmehr befürchtete der (west-)deutsche Gesetzgeber, dass mit dem Bilanzrichtliniengesetz 1985 eine Welle von Konkursen (heute: Insolvenzen) über das Land rollen werde. Denn mit der Einführung der Bilanzierung nach dem damals eingeführten Dritten Buch des HGB, so die Befürchtung, würden die meisten Bilanzen ein negatives Eigenkapital ausweisen. Damit sich keiner der Kaufleute vor einer solchen schlechten Bilanz fürchten musste, erfand der deutsche Gesetzgeber sog.

‚Bilanzierungshilfen'. Die Aktivposten sollten die Bilanzen in besserem Licht erscheinen lassen. In der Praxis zeigte sich aber, dass es den deutschen Kaufleuten doch besser ging als angenommen.

Als knapp ein Vierteljahrhundert später mit dem Bilanzrechtsmodernisierungsgesetzes (BilMoG) die deutschen Regelungen stärker an die internationalen Rechnungslegungsstandards angepasst werden sollten, galt eine der Sorgen der Vollkaufleute möglichen Steuermehrbelastungen. Es wurde beispielsweise ein Aktivierungswahlrecht bei selbst erstellten immateriellen Vermögensgegenständen des Anlagevermögens eingeführt – und schon sah man den Forschungsstandort Deutschland in Gefahr. Denn bei einer Aktivierung der Aufwendungen für beispielsweise ein selbst entwickeltes Patent oder der selbst entwickelten Software würde sich die Bemessungsgrundlage für die Ertragsteuern erhöhen und damit die Steuerbelastung. Also schaffte der deutsche Gesetzgeber die sog. Maßgeblichkeit ab. Konsequenz: Im handelsrechtlichen Jahresabschluss können damit selbst entwickelte Patente, Warenzeichen oder Software als Aktivposten die Kreditwürdigkeit erhöhen, während steuerrechtlich die Aufwendungen sofort das zu versteuernde Einkommen vermindern.

Ein weiteres legendäres Beispiel für die materiellen Unterschiede ist der Abschluss von Daimler-Benz für das Geschäftsjahr 1993. Damals ging das Unternehmen in New York an die Börse und musste daher einen Abschluss nach US-GAAP aufstellen. Dieser schloss mit einem Verlust von 1,839 Mrd. DM. Der Abschluss nach deutschem HGB schloss mit einem Gewinn von 615 Mio. DM.

Ein Spannungsfeld bei der Rechnungslegung wurde bereits angedeutet: Da ist auf der einen Seite der Anspruch der Kapitalgeber auf Information, wie mit ihrem Kapital umgegangen wurde; auf der anderen Seite steht der Anspruch des Fiskus, Steuern auf Grundlage einer Bemessungsgrundlage gleichmäßig zu erheben. In Deutschland wird bei der Ertragsbesteuerung darüber hinaus das Prinzip der Leistungsfähigkeit hochgehalten. Nur, und damit geht es wieder um die Rechnungslegung, wie ermittelt man am besten diese Bemessungsgrundlage und wie kann diese die Leistungsfähigkeit repräsentieren? Die traditionelle deutsche Antwort auf diese Frage war der sog. Maßgeblichkeitsgrundsatz, d.h.: der (steuerliche) Gewinn und damit das zu versteuernde Einkommen, wurde auf Grundlage des handelsrechtlichen Jahresabschlusses ermittelt. Andere

Jurisdiktionen, namentlich die USA, gingen da einen grundsätzlich anderen Weg. Hier gab es die Informationen für die Kapitalanleger im handelsrechtlichen Jahresabschluss nach Standards. Der US-amerikanische Fiskus machte seine eigenen Gesetze zur Ermittlung der Bemessungsgrundlage für die Ertragsteuern.

Im Vergleich des deutschen HGB mit den Standards ist somit zum einen festzuhalten, dass die Vorschriften zur Rechnungslegung der ‚obrigkeitsstaatlichen' Regelung durch Gesetze entspringt. Die anglo-amerikanische Tradition der Standards hingegen leitet sich aus dem Informationsbedürfnis der Kapitalanleger ab. Neben dem Verpflichtungsgrad hat das auch Auswirkungen darauf, wer die Normen setzt. Beim Gesetz ist der Gesetzgeber. Da soll – so ein Bonmot – der Bundestag „manchmal voller oder leerer" gewesen sein, aber „immer voller Lehrer". Ausweislich einer Erhebung des Deutschen Bundestags vom Dezember 2014 stehen inzwischen 69 Lehrern im weitesten Sinne 105 Mitglieder des Deutschen Bundestages gegenüber, die als Beruf „Politische und gesellschaftliche Organisationen, Mitarbeiter bei Abgeordneten" angaben. Bei den 95 Angehörigen der rechts-, wirtschafts- und steuerberatenden Berufe liegt die Vermutung nahe, dass hier die Juristen die Mehrheit stellen. Natürlich muss kein Parlamentarier Buchhalter sein, um gute Gesetze zur Rechnungslegung zu machen. Aber es macht einen Unterscheid, ob sich ein Parlament mit Themen von „Arbeit und Beschäftigung" bis „Wissenschaft, Forschung und Technologie" (so das Gliederungsschema des „Dokumentations- und Informationssystem für Parlamentarische Vorgänge" des Bundestags) beschäftigen muss oder – wie das „International Accounting Standards Board" – sich nur auf die Verabschiedung von Rechnungslegungsstandards konzentrieren kann. Darüber hinaus sitzen im letztgenannten Gremium vor allem die Macher und Nutzer der internationalen Rechnungslegungsstandards. Das kann dann auch ein Nachteil sein, weil insbesondere die Macher von Rechnungslegung ihre eigenen Interessen haben und natürlich auch verfolgen.

Filmproduktion

Die Normierung der Rechnungslegung hat auch eine politische Dimension, weil es letztlich um Verteilungsgerechtigkeit geht. Dazu folgendes Beispiel:

Ein Filmproduzent, nennen wir ihn Atze Blauer, hätte mit einem Budget von 250 GE einen Film gedreht. Dieser spielt im ersten Jahr (2016) 100 GE ein.

Der vorläufige Jahresabschluss könnte dann wie folgt aussehen:

AB GmbH - Vorläufige Bilanz zum 31.12.16

	GE		GE
Vermögen	70	Eigenkapital:	
		Stammkapital	25
		Jahresergebnis	-165
			-140
		Rückstellungen	10
		Verbindlichkeiten	
		- gegenüber Kreditinstituten	50
		- aus Lieferungen und Leistungen	150
	70		70

AB GmbH - Vorläufige Gewinn- und Verlustrechnung vom 1.1.16 bis 31.12.16

	GE
Umsatzerlöse	100
Herstellungskosten für die Filmproduktion	-250
Bruttoergebnis vom Umsatz	-150
Vertriebskosten	-10
Allgemeine Verwaltungskosten	-5
Jahresergebnis	-165

Insbesondere das negative Jahresergebnis könnte die Fremdkapitalgeber nervös machen. Angenommen, das Vermögen würde im Wesentlichen aus weitgehend abgeschriebenen technischen Geräten wie Kameras und Beleuchtungs-Equipment oder nicht anderweitig verwendbaren Kostümen bestehen, wäre wohl kein Investor bereit, etwas in dieses Unternehmen zu investieren.

Jetzt kommt es auf die anzuwendenden Rechnungslegungsnormen an. Angenommen, diese würden eine Aktivierung eines immateriellen Vermögensgegenstandes, hier: Filmrechte, zulassen. Nahezu bei allen Rechnungslegungsnormen erfolgt die erste Bewertung mit den Anschaffungs- und Herstellungskosten, hier: 250 GE. Der Jahresabschluss würde dann wie folgt aussehen (grau hinterlegt sind die geänderten Posten):

AB GmbH - Bilanz zum 31.12.16

	GE		GE
Vermögen	70	Eigenkapital:	
Immaterielle Vermögensgegenstände	250	Stammkapital	25
		Jahresergebnis	85
			110
		Rückstellungen	10
		Verbindlichkeiten	
		- gegenüber Kreditinstituten	50
		- aus Lieferungen und Leistungen	150
	320		320

AB GmbH - Gewinn- und Verlustrechnung vom 1.1.16 bis 31.12.16

	GE
Umsatzerlöse	100
Herstellungskosten für die Filmproduktion	0
Bruttoergebnis vom Umsatz	100
Vertriebskosten	-10
Allgemeine Verwaltungskosten	-5
Jahresergebnis	85

Jetzt sieht der Jahresabschluss doch gleich ganz anders aus. Wenn genügend flüssige Mittel vorhanden sind, könnte die GmbH sogar bis zu 85 GE ausschütten!

Wohl gemerkt: Am zu Grunde liegenden wirtschaftlichen Sachverhalt hat sich nichts geändert, es ist nur die Frage der Normen! Ob die Bilanzierung eines immateriellen Vermögensgegenstandes (Filmrecht) gerechtfertigt war, zeigt sich – wie bei allen Prognosen – nur immer im Nachhinein.
Wenn der Film floppt, ‚verschwinden' 250 GE von der Aktivseite. Die Buchhalter sprechen von einer außerplanmäßigen Abschreibung von immateriellen Vermögensgegenständen auf den niedrigeren beizulegenden Zeitwert. Es bedarf keiner besonderen Fantasie, sondern nur grundlegender mathematischer Kenntnisse, dass sich die Bilanzsumme wieder auf 70 GE reduziert. Das Eigenkapital wird dadurch vollständig aufgebraucht. Wenn auch keine stillen Reserven im (annahmegemäß) ‚wertlosen' Vermögen wie Equipment und Kostümen bestehen, ist die GmbH überschuldet und damit insolvenzreif. Wenn die Gesellschafter sich die 85 GE vorher ausgeschüttet haben, tragen die Fremdkapitalgeber die ganze Last der Insolvenz.

Umgekehrt: Ist der Film ein Blockbuster, konnten die Investoren gleich erkennen: hier liegt ein Erfolgspotenzial. Zwar lässt der immaterielle Vermögensgegenstand nicht erkennen, ob 250 GE Produktionskosten 1.000 GE oder 2.000 GE Umsatzerlöse generieren werden, aber bereits ein flüchtiger Blick in die Bilanz lässt erkennen, dass da mehr ist als bloße Produktionskosten (wie im Ausgangsfall des vorläufigen Jahresabschlusses).

Diese Überlegung lässt sich noch fortführen:

Ab welchem Zeitpunkt lassen sich diese Umsätze bilanzieren? Ist das der frühestmögliche Zeitpunkt (= Fertigstellung des Films und Abschluss des Verwertungsvertrags)? Oder ist es der spätestmögliche Zeitpunkt der Zahlung durch die Verwerter? Oder ist es irgendwann dazwischen?

Die Antwort auf diese Frage verändert das Jahresergebnis um rund 2.000 GE:

AB GmbH - Bilanz zum 31.12.16 (Variante)

	GE		GE
Vermögen	70	Eigenkapital:	
Immaterielle		Stammkapital	25
Vermögensgegenstände	250	Jahresergebnis	2.085
Forderungen aus Lieferungen und			2.110
Leistungen	2.000	Rückstellungen	10
		Verbindlichkeiten	
		- gegenüber Kreditinstituten	50
		- aus Lieferungen und Leistungen	150
	2.320		2.320

AB GmbH - Gewinn- und Verlustrechnung vom 1.1.16 bis 31.12.16 (Variante)

	GE
Umsatzerlöse	2.100
Herstellungskosten für die Filmproduktion (*)	0
Bruttoergebnis vom Umsatz	2100
Vertriebskosten	-10
Allgemeine Verwaltungskosten	-5
Jahresergebnis	2.085

(*) Fußnote für die bereits in der internationalen Rechnungslegung erfahreneren Leser: weil in diesem Zusammenhang nicht relevant, sei es dahingestellt, in welchem Zeitraum die Produktionskosten berücksichtigt werden müssen. Dies hängt entscheidend davon ab, ob die Filmrechte als immaterieller Vermögensgegenstand/*intangible asset* mit begrenzter oder unbegrenzter Nutzungsdauer gesehen werden, sprich: ob eine planmäßige Abschreibung erfolgen muss.

In diesem Zusammenhang entscheidende Frage ist die nach der Umsatzrealisation: wann darf/muss eine Forderung aus der Lizenzierung des Films eingebucht werden? Denn die Aktivierung der Forderung zieht eine erfolgswirksame Buchung der Umsatzerlöse und damit eine Gewinnerhöhung nach sich.

An diesem Beispiel lassen sich die unterschiedlichen Philosophien des deutschen HGB auf der einen und den internationalen Standards auf der anderen Seite auf den Punkt bringen:

- HGB
  - Gemäß § 248 Abs. 2 HGB besteht ein Wahlrecht für selbstgeschaffene immaterielle Vermögensgegenstände des Anlagevermögens. Bei einem Filmproduzenten gehört der selbst erstellte Film zum Anlagevermögen. Daraus folgt grundsätzlich ein Wahlrecht (§ 248 Abs. 2 Satz 1 HGB).
    Wird dieses in Anspruch genommen, so erhöht sich das Jahresergebnis auf 85 GE (siehe oben).
    Für die Kapitalgesellschaften und diesen gleichgestellte Kapitalgesellschaft & Co. KG ist die Aktivierung selbstgeschaffener

immaterieller Vermögensgegenstände mit einem Ausschüttungsverbot verknüpft (§ 268 Abs. 8 HGB). Die Aktivierung bringt damit nichts für die Anteilseigner. Allenfalls für die Kreditwürdigkeit verbessern sich die Bilanzrelationen.

- Doch schon der folgende Satz (§ 248 Abs. 2 Satz 2 HGB) relativiert das Aktivierungswahlrecht wieder. Denn selbstgeschaffene Marken, Drucktitel, Verlagsrechte, Kundenlisten oder vergleichbare immaterielle Vermögensgegenstände des Anlagevermögens unterliegen demnach einem Aktivierungsverbot. Damit ist der Auslegung des Gesetzes wieder Tür und Tor geöffnet: Handelt es sich bei einem Filmrecht um ein zum Beispiel dem Verlagsrecht ‚ähnliches Recht'? Im Rahmen dieser Publikation sei dieser Meinungsstreit den Kommentatoren überlassen.
- Wenn also in der HGB-Bilanz aktiviert wird, muss mit den Anschaffungs- und Herstellungskosten bewertet werden (§ 253 Abs. 1 HGB). Wenn es sich um einen abnutzbaren Vermögensgegenstand mit begrenzter Nutzungsdauer handelt, muss der Buchwert jedes Jahr um planmäßige Abschreibungen vermindert werden.
- Bei der Umsatzrealisation ist das deutsche HGB streng. § 252 Abs. 1 Nr. 4 HGB sieht ausdrücklich vor, dass Gewinne nur zu berücksichtigen sind, wenn sie am Abschlussstichtag „realisiert" sind. Zum Jahresergebnis von 2.085 GE würde ein Jahresabschluss nach deutschem Recht daher wohl nicht kommen.

▪ IFRS

- In den IFRS gibt es kein Aktivierungswahlrecht. Wenn ein Filmrecht somit die Ansatzvoraussetzungen des IAS 38 erfüllt, müssen die Anschaffungs- und Herstellungskosten aktiviert werden.
- Allerdings sieht IAS 38.57 Kriterien vor, die erfüllt sein müssen, damit ein Film in der Produktionsphase aktiviert werden muss. Hierzu gehört beispielsweise die Anforderung, dass der Film auch ernsthaft fertig gestellt werden soll und kann.
- Das gerade genannte Aktivierungsverbot für „ähnliche" Rechte (§ 248 Abs. 2 Satz 2 HGB) wurde aus den IFRS ins deutsche

HGB übernommen. Damit ist die Diskussion über die Ähnlichkeit des Filmrechts mit dem Verlagsrecht gleichermaßen eröffnet. Allerdings definieren die IFRS in IAS 38.8 den Begriff des Vermögenswertes (englisch: *asset*) anders als dies die herrschende Meinung für den Begriff des Vermögensgegenstandes im HGB tut. Somit ist wohl eher von einer Aktivierungspflicht auszugehen.

- Da der Abschluss nach IFRS nicht zur Ermittlung der Ausschüttung dient, braucht es auch keine Ausschüttungssperre.
- Die Anfangsbewertung nach IFRS ist die gleiche wie nach deutschem HGB, sprich: Anschaffungs- und Herstellungskosten. Allerdings eröffnet IAS 38 mit der Neubewertungsmethode (*revaluation model*) die Möglichkeit, in der Folge mit dem beizulegenden Zeitwert zu bewerten, auch wenn dieser über den (fortgeführten) Anschaffungs- und Herstellungskosten liegt.
- Für die Frage der Umsatzrealisation hat das IASB mit IFRS 15 am 28.5.2014 einen neuen Standard verabschiedet. Da die Übertragung von Filmrechten eine abgrenzbare Leistung ist, kommt generell eine frühere Umsatzrealisation als nach deutschem HGB in Betracht.

▪ US-GAAP

- In den USA gibt es nicht nur Hollywood, sondern – wen wundert es da? – eine eigene Regelung zur Bilanzierung von Filmrechten: „Statement of Position 00-2: Accounting by Producers or Distributors of Films" der US-amerikanischen Wirtschaftsprüferorganisation *American Institute of Certified Public Accountants* (AICPA)
- Demnach müssen die Produktionskosten als eigenständige Vermögenswert (*asset*) aktiviert und entsprechend der anteiligen Umsatzerlöse abgeschrieben werden.
- Auch sind die Umsatzerlöse bereits als Forderung bei Abschluss eine entsprechenden Vertrags als Forderung zu aktivieren.

Zurück zu den weiteren Unterschieden zwischen dem deutschen Gesetz und den internationalen Standards:

Unabhängig von der beruflichen Qualifikation der Parlamentarier in Deutschland werden Gesetze von Juristen vorbereitet. Ganz in der kontinentaleuropäischen Tradition des kodifizierten Rechts versuchen diese, in möglichst wenigen Paragrafen allgemein gültige Regeln zu schaffen.

Vorräte

Zur Bilanzierung der Vorräte braucht der deutsche Gesetzgeber gefühlt 20 Worte zur Regelung. Die IFRS haben für diesen risikoreichen Bilanzposten einen eigenen Standard, den IAS 2 – *Vorräte*.

Der Vorteil einer gesetzlichen Regelung ist deren universeller Geltungsanspruch. Jeder, der ein vollkaufmännisches Gewerbe in Deutschland betreibt, muss nach HGB Rechnung legen. Damit – zumindest in den rechtsstaatlichen Jurisdiktionen – einhergehend ist eine demokratische Legitimation der Gesetze. Grundsätzlich jeder zur Rechnungslegung in Deutschland Verpflichtete hat die Repräsentanten gewählt, die ihm diese Gesetze auferlegen. Oder: Bevor sich ein Unternehmen in diese bundesdeutsche Jurisdiktion begibt, können sich die Verantwortlichen über ihre Pflichten anhand allgemein gültiger Gesetze informieren.

Wohl auch, um diesen Mangel an demokratischer Legitimation auszugleichen, gibt es bei den IFRS einen sog. *„due process“*. Im Rahmen der Setzung neuer Standards können alle, die das möchten, ihren Kommentar dazu abgeben. Diese *„Invitation to Comment“* meint wirklich jeden, natürlich vor allem die späteren Anwender, aber auch Institutionen und Regierungen. Natürlich gibt es auch Anhörungen zu neuen Gesetzesvorhaben und Debatten im Deutschen Bundestag, aber auch nur die kursorische Durchsicht der veröffentlichten *„comment letters“* zeigt, dass nicht nur die großen Organisationen Kommentare abgeben, sondern auch „individuals“, also einzelne Personen.

Auch lassen sich mit allgemeinen Regelungen in Gesetzen leichter und schneller neue Sachverhalte in der Praxis lösen. Die Standards hingegen regeln bereits einzelne spezifische Anwendungsfälle. Sie sind damit im Einzelfall klarer, müssen aber ergänzt werden, wenn neue, bisher nicht im Einzelfall geregelte Fälle in der Praxis auftreten.

Um beim Beispiel der Vorräte zu bleiben: IAS 2.28 bestimmt beispielsweise, dass beschädigte Vorräte nur mit dem voraussichtlich zu erzielenden Veräußerungspreis bewertet werden dürfen. § 255 Abs. 4 Satz 1 HGB dagegen definiert für alle Vermögensgegenstände, dass der beizulegende Zeitwert dem Marktpreis entspricht. Der Einzelfall der Beschädigung wird nicht ausdrücklich erwähnt, aber – so wird der juristisch vorgebildete Anwender gleich einwenden – lässt sich durch Auslegung ermitteln. Diesen Schritt (der Auslegung) braucht es bei spezifischen Regelungen jedoch nicht. Im Interesse einer breiten Anwendung ist das ein großer Vorteil. Der ‚Preis', den der Normgeber dafür ‚bezahlt', sind umfangreichere Normen. Der Preis, den die Anwender für die sehr allgemeinen gesetzlichen Normen bezahlen, ist der für entsprechende Kommentare. Selbstverständlich gibt es für die IFRS oder den US-GAAP auch Lehrbücher und Kommentare. Für die Lösung einfacher Fälle nach diesen Standards reichen beim buchhalterisch vorgebildeten Anwender wohl die Standards selbst aus. Auch verabschieden die Standardsetter eigene Interpretationen zu Spezialfragen.

Die internationale Rechnungslegung steht in der anglo-amerikanischen Tradition des fallorientierten *„case laws"*. Demnach stützt sich die Lösung von Bilanzierungsproblemen auf die Tradition und Präzedenzfälle. Die Standards, seien es die des IFRS, seien es die Regelungen im US-GAAP, sind ausführlich und speziell formuliert und sollen Einzelfälle regeln (Spezialregelungen).

Anlagevermögen

Das abnutzbare Anlagevermögen ist gemäß § 253 Abs. 3 Satz 1 HGB planmäßig abzuschreiben. Das Gesetz gibt aber weder Abschreibungsverfahren noch Nutzungsdauer vor. Auch wird nicht zwischen einzelnen Posten differenziert.

Beispielsweise in den IFRS wird das Thema Anlagevermögen in unterschiedlichen Standards geregelt:

- IAS 16 regelt die Sachanlagen
- IAS 38 enthält die Vorschriften für immaterielle Vermögenswerte und
- Regelungen für Finanzinstrumente, nach deutschem HGB würden diese nach Finanzanlagen und Wertpapieren im Umlaufvermögen differenziert werden, finden sich in IAS 28, IAS 32, IAS 39, IFRS 9 sowie IFRS 12.

Außerdem sind relevant:

- IAS 36 für die Wertberichtigung auf den niedrigeren beizulegenden Zeitwert; oder
- IAS 17 für Leasingverträge.

Hinzu kommen noch die Interpretationen bei Spezialthemen, zum Beispiel die Spezialfrage der Kosten für eine Erstellung einer Website (SIC-32).

Der Vorteil der detaillierteren Regelung bedingt den Nachteil der Wiederholung. Um bei den gerade angeführten Beispielen zu bleiben: der Begriff des Vermögenswertes (*asset*) wird im IAS 38.8 definiert, obwohl es im grundlegenden sog. Rahmenkonzept („*Conceptual Framework*") mit dem gleichen Wortlaut definiert wurde. Der deutsche Gesetzgeber würde bei dieser Legaldefinition wohl mit Verweisungen arbeiten, hat aber selbst auf eine Definition der grundlegenden Elemente des Jahresabschlusses verzichtet.

Von den Unterschieden zwischen den drei großen Rechnungslegungssystemen zur Betrachtung dieser im Einzelnen:

3. Rechnungslegung nach deutschem HGB

a) Rechtsentwicklung

Das deutsche Bilanzrecht hat zwei wesentliche Wurzeln:

1. Das Aktiengesetz von 1956 (AktG 1956) und

2. Europarechtliche Vorgaben.

Ursprünglich war die Rechnungslegung in Deutschland nur für Aktiengesellschaften vollumfänglich geregelt. Das HGB enthielt nur einige wenige Vorschriften.

Dann kam der Rat der Europäischen Gemeinschaften mit der Vierten, Siebten und Achten Richtlinie zur Koordinierung des Gesellschaftsrechts. Die Überlegung: ein Binnenmarkt braucht einheitliche Regeln zur Rechnungslegung. Wie sonst sollte ein Investor die Erfolgsaussichten des britischen BP-Konzerns (der sich an der anglo-amerikanischen Tradition der Rechnungslegung orientierte) mit denen des deutschen Siemens-Konzerns (der sich am AktG 1956 orientierte) vergleichen? Der damalige deutsche Gesetzgeber fasste diese drei wesentlichen Richtlinien in einem Gesetz, dem Bilanzrichtlinie-Gesetz von 1985 (BiRiLiG 1985) zusammen. Es entstand ein komplett neues Buch des HGB mit 102 Paragrafen.
Eine Randbemerkung für die juristisch interessierten Leser: Im Gegensatz zu den meisten anderen Paragrafen des Handelsgesetzbuches sind die Überschriften im Dritten Buch amtlich.

Noch heute deutlich erkennbar ist die Grundkonzeption der damaligen gesetzgeberischen Tätigkeit: es gibt Vorschriften für alle Kaufleute (heute: §§ 238 ff. HGB) und (strengere) Vorschriften für Kapitalgesellschaften (§§ 264 ff. HGB). So sind die allgemein gebräuchlichen Gliederungsschemata für Bilanz (§ 266 HGB) und Gewinn- und Verlustrechnung (§ 275 HGB) eigentlich nur für Kapitalgesellschaften und diesen gleichgestellte Unternehmen verbindlich. § 247 Abs. 1 HGB sieht für Einzelkaufleute nur vor: „In der Bilanz sind das Anlage- und das Umlaufvermögen, das Eigenkapital, die Schulden sowie die Rechnungsabgrenzungsposten gesondert auszuweisen und hinreichend aufzugliedern."

Diese Konzeption des BiRiLiG 1985 (Allgemeine Vorschriften für alle Kaufleute auf der einen, strengere Regelungen für Kapitalgesellschaften auf der anderen Seite) enthielt zwei ‚Webfehler' des Gesetzes. Für die einen (die kleinen Kaufleute) waren die Anforderungen immer jährlich eine Inventur zu machen und Rückstellungen zu bilden zu aufwendig. Gleichzeitig wurde eine große Gruppe von Unternehmen von den strengeren Regelungen für alle Kapitalgesellschaften ausgenommen: die GmbH & Co.-Gesellschaften, z.B. die im deutschen Mittelstand weit verbreitete „GmbH & Co. KG". Bei dieser letztgenannten handelt es sich um eine Kommanditgesellschaft, dessen einzig unbeschränkt haftender Gesellschafter eine GmbH ist. Der Haftungsschutz im Außenverhältnis ist damit dem einer Kapitalgesellschaft vergleichbar. Nur, so sah das der Gesetzgeber 1985, für Zwecke der Rechnungslegung sollte die GmbH & Co. KG wie eine Personenhandelsgesellschaft behandelt werden. Vielleicht hat das auch zu ihrer Beliebtheit beigetragen. Denn das typische deutsche mittelständische Unternehmen ist publizitätsscheu und eine Personenhandelsgesellschaft muss ihren Jahresabschluss – anders als die Kapitalgesellschaften – nicht im Handelsregister offen legen.

Letzteres änderte sich durch die GmbH & Co.-Richtlinie 1990. Diese stellte alle offenen Handelsgesellschaften und Kommanditgesellschaften, bei denen sich keine natürliche Person finden lassen kann, die als Gesellschafter unbeschränkt haftet, den Kapitalgesellschaften gleich (§ 264a HGB).

Am gerade genannten Problem der hohen Anforderungen auch für kleine Kaufleute und Kapitalgesellschaften wurde immer wieder gearbeitet. Zwar blieb es beim Grundsatz, dass jeder Kaufmann und jede auch noch so kleine Kapitalgesellschaft den Rechnungslegungsvorschriften des Handelsgesetzbuches unterliegt. Es wurden aber immer wieder Erleichterungen eingeführt, zuletzt durch § 241a HGB. Danach ist der kleine Kaufmann (Umsatzerlöse unter einer halben Mio. Euro und Jahresüberschuss kleiner 50.000 EUR) von den Buchführungsvorschriften des HGB befreit.

Bei den kleinen Einzelkaufleuten war es nach den Beobachtungen des Verfassers weniger die doppelte Buchführung, sondern eine steuerliche Besonderheit in Deutschland. Wer (handelsrechtlich) nach dem HGB zur doppelten Buchführung verpflichtet ist, muss seinen steuerlichen Gewinn durch Betriebsvermögensvergleich ermitteln (§ 5 EStG). Er kann somit die Gewinnermittlung mit größerem Gestaltungspotenzial, die Einnahmen-Überschuss-Rechnung (§ 4 Abs. 3 EStG), nicht verwenden.

Zweite Besonderheit der Rechnungslegung nach deutschem Recht war nämlich die Maßgeblichkeit: Das Ertragsteuerrecht sah vor, dass die für die handelsrechtliche Gewinnermittlung gewählten Wertansätze grundsätzlich auch der Besteuerung zu Grunde zu legen sind (heute noch § 5 EStG). Umgekehrt durften (niedrigere) Wertansätze für die Besteuerung nur dann gewählt werden, wenn diese auch in der Handelsbilanz gewählt worden waren (umgekehrte Maßgeblichkeit). Es sollte sich kein Unternehmen für Zwecke der Gewinnausschüttung reicher rechnen dürfen, wenn nicht die gleichen Wertansätze auch für eine höhere Besteuerung verwendet wurden. Damit wurden zwei Rechnungslegungszwecke zusammengespannt, die widersprüchlicher nicht sein können. Regelmäßig versuchten sich die Unternehmen daher möglichst arm zurechnen, um möglichst wenig Steuern zu bezahlen. Diese niedrigere Bewertung ‚rächte' sich bei der Kreditvergabe. Denn der (auch) dafür aufgestellte handelsrechtliche Jahresabschluss wies konsequenterweise ein wertmäßig niedrigeres Vermögen aus. Die Differenz zwischen dem Zeitwert und dem so niedrigeren Buchwert im deutschen Jahresabschluss stellen stille Reserven dar. Erfahrungsgemäß waren diese in deutschen Jahresabschlüssen nach HGB vergleichsweise hoch – und kein Kreditinstitut akzeptiert gerne stille Reserven als Sicherheit.

Zurück zur Geschichte der Rechnungslegung nach deutschem HGB: nach dem BilRilG gab es zwar immer wieder Änderungen, so kamen Sonderregelungen für die Kreditinstitute und Versicherungen hinzu, aber für weite Teile der Wirtschaft gehörte das Thema Rechnungslegung zu den Rechtsgebieten, wo sich nicht viel änderte. Grundsätzlich anders war das im Steuerrecht, wo Gesetzgeber jährlich

Jahressteuergesetze und dem folgend die Rechtsprechung Urteile im Wochenrhythmus produzierten.

Doch die (ökonomische) Welt um die deutsche Rechnungslegungswelt änderte sich grundlegend. Hatten deutsche Unternehmen Tochtergesellschaften und Beteiligungen rund um die Erde, die alle Jahresabschlüsse nach deutschem Recht an die deutsche Konzernmutter abliefern mussten, erwiesen sich der Kapitalmarkt und der europäische Einfluss als stärker. Mit der Richtlinie Nr. 1606/2002 (EG-IAS-VO) entschieden sich die Europäischen Institutionen für die Anwendung der internationalen Rechnungslegungsstandards IFRS europaweit. Verpflichtend sieht diese Richtlinie Konzernabschlüsse nach IFRS für alle kapitalmarktorientierten Unternehmen innerhalb der EU vor. Für die Jahresabschlüsse einzelner Unternehmen und nicht kapitalmarktorientierter Gesellschaften wird den Mitgliedsstaaten jeweils ein Wahlrecht eingeräumt. Die europäischen Institutionen hatten damit einen grundsätzlichen Systemwechsel beschlossen. Anders als bei den Richtlinien sollte kein eigener europäischer Standard für die Rechnungslegung eingeführt werden, sondern man griff auf die bereits vorhandenen internationalen Normen zurück.

Damit stellte sich für den deutschen Gesetzgeber die Frage, wie die deutschen Unternehmen Rechnung legen sollten, die zwar bilanzierungspflichtig, aber nicht kapitalmarktorientiert sind. Andere Länder, zum Beispiel Australien, Russland, Argentinien, Brasilien und Kanada, entschieden sich, anstatt eigener nationaler Standards zur Rechnungslegung die IFRS als verbindlich anzuerkennen. Auch einige Staaten der Europäischen Union haben das Wahlrecht aus der EG-IAS-VO zu Gunsten der internationalen Rechnungslegungsstandards ausgeübt. Der deutsche Gesetzgeber hingegen sah die Kosten und Anforderungen für den deutschen Mittelstand bei der Rechnungslegung als zu hoch an. Mit dem Bilanzrechtsmodernisierungsgesetz 2009 (BilMoG) entschied er sich für eine Modernisierung des Dritten Buches des HGB. Zum einen sollten kleinere Unternehmen von der Rechnungslegungspflicht ausgenommen werden, zum anderen wurden die IFRS-Regelungen zur Aktivierung selbst erstellter immaterieller Vermögensgegenstände des Anlagevermögens übernommen. Auch sollten Kreditinstitute Finanzinstrumente zum Marktwert bewerten. Auch die Bewertung von Rückstellungen sollte näher an den Zeitwerten liegen. Wahlrechte wurden abgeschafft und die Verpflichtung zur Konzernrechnungslegung erhöht.

Mit dem BilMoG von 2009 war, so scheint es, die ruhige Zeit gesetzgeberischer Aktivität im Bilanzrecht vorbei. Bereits 2015 kam mit dem „Bilanzrichtlinie-Umsetzungsgesetz" (BilRUG) die nächste Änderung für die Jahresabschlüsse nach deutschem Recht. Wieder war es das Europarecht, das die gesetzgeberische Aktivität in Deutschland anregte. Erklärtes Ziel der HGB-Änderung war die weitere Harmonisierung des deutschen Bilanzrechts mit den europarechtlichen Vorgaben. Die neue gesetzliche Regelung führt zu Erleichterungen vor allem für kleinere deutsche Unternehmen. Zu den neuen gesetzlichen Regelungen gehören:

- Anhebung der monetären Schwellenwerte zur Bestimmung der Größenklasse eines Unternehmens
- Befreiungen für konzernverbundene Tochterunternehmen bei Aufstellung, Prüfung und Offenlegung des Jahresabschlusses
- Änderung des Umfangs der als Umsatzerlöse auszuweisenden Erlöse
- Einführung einer typisierten Nutzungsdauer für die planmäßige Abschreibung von selbst geschaffenen immateriellen Vermögensgegenständen des Anlagevermögens sowie derivativen Geschäfts- oder Firmenwerten
- Wegfall des gesonderten Ausweises von außerordentlichen Posten in der Gewinn- und Verlustrechnung
- Begrenzung der Anzahl der Anhangangaben für kleine Gesellschaften (sog. Maximalharmonisierung).

Abgesehen von den materiell rechtlichen Änderungen wie der Festlegung der Nutzungsdauer betreffend die Änderungen somit vor allem den persönlichen Anwendungsbereich der Rechnungslegungsvorschriften des deutschen HGB. Dazu jetzt mehr.

b) Persönlicher Anwendungsbereich

Die Pflicht zur Anwendung der deutschen Vorschriften zur Buchführung und Rechnungslegung hängt im Wesentlichen von drei Faktoren ab:

1. der Tätigkeit bzw. der Branche des Unternehmens
2. der Größe und
3. der Rechtsform.

Zu 1.: Tätigkeit bzw. der Branche des Unternehmens

§ 238 Abs. 1 Satz 1 HGB verpflichtet jeden „Kaufmann" zur ‚kaufmännischen' Buchführung. Diese gesetzliche Regelung verweist an den Anfang des deutschen Handelsgesetzbuches. Danach gehören zu den Kaufleuten:

- Der sog. ‚Istkaufmann' (§ 1 Abs. 1 HGB),
  also jeder, der ein Handelsgewerbe betreibt, es sei denn, das Unternehmen erfordert keinen „in kaufmännischer Weise eingerichteten Geschäftsbetrieb" (sog. ‚Kleingewerbetreibender' im Sinne des § 1 Abs. 2 HGB).
  Mit dieser Regelung hat der deutsche Gesetzgeber der Rechtsprechung die undankbare Aufgabe zugewiesen zu definieren, was ein „Gewerbetrieb" bzw. ein „in kaufmännischer Weise eingerichteter Geschäftsbetrieb" ist.
  Traditionellerweise gehören die Freiberufler und die Land- und Forstwirte (vgl. § 3 HGB) nicht zu den buchführungspflichtigen Tätigkeiten. Auch die reine Vermögensverwaltung wird nicht zu den kaufmännischen Gewerbebetrieben gezählt. Dann wird es auch schon schwieriger mit der Abgrenzung im Einzelfall: Ist ein EDV-Berater, der ‚nebenbei' Hardware verkauft, bereits ein Kaufmann i.S.d. § 1 HGB? – Hier kommt es wohl auf den Umfang der Verkaufstätigkeit an. Ist die Gewinnerzielungsabsicht erforderlich? – Wohl nein, da auch der Betrieb eines Krankenhauses nach obergerichtlicher Rechtsprechung als Gewerbebetrieb zählt. Ist ein sog. „Day-Trader", der innerhalb eines Tages eine Vielzahl von An- und Verkäufen an der Börse tätigt, ein Kaufmann kraft Tätigkeit? – In Anlehnung an die Finanzgerichtsrechtsprechung: wohl nein, wenn er es nur mit eigenem Geld macht, daher (private) Vermögensverwaltung; andererseits: macht er eine Vielzahl von Transaktionen mit Immobilien, wird er – zumindest nach der Finanzrechtsprechung – zum Gewerbetreibenden.

Kaufmännische Pflichten

Der Streit darüber, wer in Deutschland Kaufmann kraft Tätigkeit ist, wäre wohl nicht so wichtig, wenn daran nicht zwei Rechtsfolgen außerhalb der kaufmännischen Buchführung anknüpfen würden. Zum einen sind Kaufleute Pflichtmitglieder bei der örtlichen Industrie- und Handelskammer. Daraus folgt – und das ist der eigentliche Punkt – die Beitragspflicht. Wenn die Pflicht zur kaufmännischen Buchführung nach §§ 238 ff. HGB besteht, hat das auch Konsequenzen für die steuerliche Gewinnermittlung. Gemäß § 5 Abs. 1 EStG dürfen sie nicht mehr die Einnahmen-Überschuss-Rechnung (§ 4 Abs. 3 EStG) als Methode der Gewinnermittlung wählen. Sie müssen damit die steuerliche Variante der Bilanzierung, genannt Betriebsvermögensvergleich (§ 4 Abs. 1 i.V.m. § 5 EStG), anwenden. Damit ist die Möglichkeit den Gewinn des Jahres beispielsweise durch die spätere Stellung von Ausgangsrechnungen oder die frühere Zahlung von Eingangsrechnung zu steuern, nicht mehr möglich. Wie bei der Bilanzierung üblich, müssen Forderungen bereits dann eingebucht und damit der Gewinn realisiert werden, wenn die Leistung erbracht ist. Auch mindern Vorräte den Gewinn erst bei Verbrauch, nicht, wenn die damit verbundene Eingangsrechnung bezahlt wird.

- Der ‚Kannkaufmann' (§ 2 HGB) und der Kaufmann kraft Eintragung (§ 5 HGB)
  Einfach wird die Feststellung der Pflicht zur kaufmännischen Buchführung und Rechnungslegung wieder bei den im Handelsregister eingetragenen, sog. ‚Kannkaufleuten' oder den sog. ‚Kaufleuten kraft Eintragung'. Wie für die übrigen Regelungen des Handelsrechts gilt auch dafür die Regel: Wer eingetragen ist, muss für seinen Gewerbebetrieb grundsätzlich nach kaufmännischen Grundsätzen Bücher führen und Jahresabschlüsse erstellen.

- Handels- und Kapitalgesellschaften (§ 6 HGB)
  Eine große Gruppe der Anwender der kaufmännischen Buchführung und Rechnungslegung bilden die Handels- und Kapitalgesellschaften, auf die in § 6 HGB hinwiesen wird:

  - Offene Handelsgesellschaften (OHG)
  - Kommanditgesellschaften, einschließlich der GmbH/AG/Stiftung & Co. KG; für die sog. KapCo-Gesellschaften gibt es sogar Sonderregelungen zur Rechnungslegung in § 264a HGB. Denn die KapCo-Gesellschaften sind für Zwecke der Rechnungslegung den Kapitalgesellschaften gleich gestellt.
  - Gesellschaften mit beschränkter Haftung (GmbH), die gemäß § 13 Abs. 3 GmbHG als Handelsgesellschaft im Sine des § 6 Abs. 2 HGB gilt.
  - Aktiengesellschaften (§ 3 Abs. 1 AktG i.V.m. § 6 Abs. 2 HGB).
  - Kommanditgesellschaften auf Aktien (§ 278 Abs. 3, § 3 Abs. 1 AktG i.V.m. § 6 Abs. 2 HGB).

- *Societas Europea* (SE): gemäß Art. 61 und 62 der Europäischen Verordnung über die SE (SE-VO) müssen diese wie Aktiengesellschaften nach nationalem Recht Rechnung legen.

- Deutsche EWIV gilt gemäß § 1 EWIV-Ausführungsgesetz als Handelsgesellschaft i.S.d. § 6 Abs. 1 HGB; da sie keine Kapitalgesellschaft ist, gelten nur die Vorschriften für alle Kaufleute gemäß §§ 238 ff. HGB, nicht die Spezialregelungen gemäß §§ 264 ff. HGB.

- Eingetragene Genossenschaften (eG), da gemäß § 6 Abs. 2 HGB Formkaufleute; für diese bestehen in §§ 336 bis 339 HGB ergänzende Vorschriften.

■ Keine Handelsgesellschaften sind, daher nicht nach § 6 HGB der kaufmännischen Rechnungslegungspflicht unterliegend:

- Gesellschaften bürgerlichen Rechts (GbR oder auch BGB-Gesellschaften genannt); hier ist jedoch zu beachten, dass diese zur OHG wird, wenn sie auf den Betrieb eines Handelsgewerbes unter gemeinschaftlicher Firma gerichtet ist (vgl. § 105 Abs. 1 HGB). Sie unterliegt dann – wie andere OHGs auch – der Pflicht zur kaufmännischen Buchführung und Bilanzierung.

- Vereine, mit Ausnahme des wirtschaftlichen Vereins (§§ 22 BGB i.V.m. § 6 Abs. 1 HGB)

- Stiftungen

- Partnerschaftsgesellschaften (keine Handelsgesellschaften gemäß § 1 Abs. 1 Satz 2 PartGG, obwohl ansonsten OHG-Recht Anwendung findet)

- Körperschaften des öffentlichen Rechts, siehe hierzu aber die Sonderregelungen in § 7 HGB

- Versicherungsvereine auf Gegenseitigkeit (VVaG); diese unterliegen aber über die ergänzenden Vorschriften zur Rechnungslegung für Versicherungen gemäß §§ 341 ff. HGB den Regelungen zur kaufmännischen Rechnungslegung.

Zu 2.: Größe

‚Trinkhallen', auch ‚Bude' (im Ruhrgebiet), ‚Büdchen' (im Düsseldorf, Köln und Wuppertal), ‚Wasserhäuschen' (in Frankfurt am Main und Umgebung), ‚Spätkauf' oder ‚Späti' (in Berlin, Dresden und Leipzig) genannt, sind in manchen Gegenden Deutschlands eine Institution.

Vor dem deutschen HGB sind sie Kaufleute – und damit grundsätzlich zur doppelten Buchführung und Bilanzierung verpflichtet. Im Hinblick auf die (Steuer-)Ehrlichkeit wäre es bei mancher Bude angebracht, genauer Bücher zu führen, aber § 241a HGB, zuletzt geändert durch das Bürokratieentlastungsgesetz, nimmt Einzelkaufleute mit einem Umsatz von weniger als 600.000 EUR und 60.000 EUR Jahresüberschuss am ersten Abschlussstichtag nach Gründung oder in zwei aufeinander folgenden Geschäftsjahren von der Pflicht zur kaufmännischen Buchführung und Bilanzierung aus. Diese Befreiung betrifft aber nur Einzelkaufleute. Wird die Trinkhalle von mehreren Personen betrieben, sei es als OHG, sei es als KG oder in der Rechtsform der GmbH, bleibt es bei den Buchführungs- und Bilanzierungspflichten.

Aber auch für Kapitalgesellschaften spielen die Größenverhältnisse eine Rolle. Im Grundsatz gilt: je kleiner, desto mehr Erleichterungen. Die Größe des Unternehmens misst das Gesetz dabei an drei Kennzahlen: (a) Bilanzsumme (ohne eines auf der Aktivseite ausgewiesenen Fehlbetrags), (b) Umsatzerlöse in den letzten zwölf Monaten vor dem Stichtag und (c) durchschnittliche Arbeitnehmerzahl.

Eine Kapitalgesellschaft fällt in eine der folgenden drei Größenklassen, wenn sie zwei der nachfolgenden jeweils drei Kriterien nicht überschreitet:

- Kleinstkapitalgesellschaften (§ 267a HGB)
  - Bilanzsumme unter 350.000 EUR
  - Umsatzerlöse kleiner 700.000 EUR
  - weniger als zehn Arbeitnehmer
- Kleine Kapitalgesellschaften (§ 267 Abs. 1 HGB)
  - Bilanzsumme unter 6 Mio. EUR
  - Umsatzerlöse kleiner 12 Mio. EUR
  - weniger als 50 Arbeitnehmer
- Mittelgroße Kapitalgesellschaften (§ 267 Abs. 2 HGB)
  - Bilanzsumme unter 20 Mio. EUR
  - Umsatzerlöse kleiner 40 Mio. EUR
  - weniger als 250 Arbeitnehmer

- Große Kapitalgesellschaften (§ 267 Abs. 3 HGB)
  - Alle größer als mittelgroße Kapitalgesellschaften

Rechtsfolgen der Kategorisierung in Größenklassen

Diese Kategorisierung sieht auf den ersten Blick recht harmlos aus, hat aber teilweise gravierende Rechtsfolgen.

Der legendäre Unternehmensgründer verlässt seine Garage, er wandelt in eine GmbH um, weil ihm das Risiko zu groß wird. Weil er jetzt ein eigenes Firmengebäude und mehr Maschinen braucht, nimmt die junge GmbH ein Darlehen auf, das Unternehmen wächst weiter, es werden immer mehr Mitarbeiter eingestellt und – mehr oder minder schnell – sind die Größengrenzen für die kleine Kapitalgesellschaft überschritten. Weil sich – abgesehen vom Unternehmenserfolg – nichts geändert hat, ändert der alleinige Gesellschafter nichts, außer, dass er sich zusätzlich zum Gehalt Gewinnausschüttungen genehmigt. Doch dann hat das Unternehmen Pech: Ein größerer Kunde fällt aus, die Investitionen rechnen sich nicht mehr, die Liquidität im Unternehmen wird knapper, die Kreditinstitute stellen die Darlehen fällig und dem Gesellschafter-Geschäftsführer bleibt nichts anderes als den Gang zum Insolvenzgericht anzutreten. Ist das schon bitter, stellt der im Rechnungswesen bewanderte Insolvenzverwalter fest, dass die GmbH aufgrund ihrer Größe ihren Jahresabschluss hätte prüfen lassen müssen. Weil aber trotz Prüfungspflicht für den Jahresabschluss kein Wirtschaftsprüfer beauftragt wurde, waren alle Gewinnausschüttungen unzulässig und können damit grundsätzlich zurückgefordert werden. Es stellt sich dann nur noch die Frage, wer im Zweifel haftet: der Geschäftsführer, der sich mit den Größengrenzen auskennen muss, oder der steuerliche Berater, der auf die Rechtsfolgen hätte hinweisen müssen?

Zu den Größengrenzen wiederum gibt es wiederum Ausnahmen. Die wichtigsten:

- Eine kapitalmarktorientierte Kapitalgesellschaft (§ 264d HGB), die den organisierten Kapitalmarkt in Anspruch nimmt oder die Zulassung ihrer Wertpapiere zum organisierten Handel beantragt hat, gilt stets als große Kapitalgesellschaft.
- Kreditinstitute müssen gemäß § 340a Abs. 1 HGB, Versicherungsunternehmen gemäß § 341a Abs. 1 HGB ihren Jahresabschluss

unabhängig von der Größe und ihrer Rechtsform nach den Vorschriften für große Kapitalgesellschaften aufstellen.

- Investmentgesellschaften und Unternehmensbeteiligungsgesellschaften sind keine Kleinstkapitalgesellschaften, auch wenn Sie die Größengrenzen nicht übersteigen (§ 267a Abs. 2 HGB).

Zu 3.: Rechtsform

Kapitalgesellschaften haben für die Eigentümer einen entscheidenden Vorteil: die Haftung ist grundsätzlich auf das Vermögen der Gesellschaft beschränkt. Läuft etwas schief, bleibt das Privatvermögen der Eigentümer – abgesehen vom Fall der Durchgriffshaftung – unberührt. Der ‚Preis' für diese Haftungsbegrenzung sind zunächst einmal die Vorschriften zur Kapitalerhaltung. Das gezeichnete Kapital darf im Grundsatz erst bei der Liquidation an die Gesellschafter zurückbezahlt werden. Ein Einzelunternehmer oder Gesellschafter einer Personenhandelsgesellschaft haftet (auch) mit seinem Privatvermögen. Er kann daher beliebig Vermögen aus dem Unternehmen entnehmen und einlegen. Zweiter – hier interessierender – ‚Preis' sind die strengeren Rechnungslegungsvorschriften. Weil nur das Gesellschaftsvermögen haftet, müssen sich die Gläubiger der Gesellschaft informieren können, wie hoch dieses ist. Dem Lieferanten mag es ausreichen, dass sein Kunde neben dem Geschäft noch ein schönes, repräsentatives Privathaus hat, auf das er im Zweifel zurückgreifen kann. Beim Kunden in der Rechtsform der GmbH kann der Lieferant nur auf die Immobilien zugreifen, die der GmbH gehören. Ins Grundbuch kann er nur bei berechtigtem Interesse Einsicht nehmen, den Jahresabschluss der GmbH kann er grundsätzlich überall abrufen, wo es Internet gibt. Ganz links oben in der Bilanz stehen dann die Immobilien der Gesellschaft – oder eben nicht.

Bei der in Deutschland beliebten „GmbH & Co. KG", gleiches gilt auch für die „Stiftung & Co. KG" oder der „AG & Co. KG", gibt es in Sachen Rechnungslegung und Prüfung Besonderheiten. Zivil- und steuerrechtlich handelt es sich um eine ‚normale' Kommanditgesellschaft. D.h.: der Komplementär haftet den Gläubigern gegenüber unbeschränkt. Da dieser unbeschränkt haftende Gesellschafter wiederum eine Kapitalgesellschaft (meist eine GmbH) ist, ist die Haftung der Gesellschaft insgesamt wiederum auf deren Vermögen beschränkt. Die Kommanditisten wiederum haften nur in Höhe der eingetragenen und geleisteten Hafteinlage. Ertragssteuerlich haben alle Gesellschafter aber den Vorteil, dass ihnen Gewinne und Verluste periodengleich zugerechnet werden. Die GmbH & Co. KG ist daher bei geschlossenen Fonds weit verbreitet. Für Zwecke der Rechnungslegung erfolgt jedoch eine Gleichbehandlung von Kapitalgesellschaften und den sog. „KapCoGes", also der GmbH & Co. KG oder allen anderen Personenhandelsgesellschaften, bei denen der einzig unbeschränkt haftende Gesellschafter keine natürliche Person ist.

Rechnungslegung und Offenlegung bei GmbH & Co. KG

Die GmbH & Co. KG hatte für die Unternehmen im deutschen Mittelstand neben der gerade beschriebenen Haftungsbeschränkung bei gleichzeitiger Steueroptimierung lange Zeit einen zusätzlichen Charme: Sie wurde lange Zeit bei der Rechnungslegung und Offenlegung nicht wie eine Kapitalgesellschaft behandelt. Der mittelständische Unternehmer, der nicht wollte, dass jeder im Ort oder gar die Konkurrenz sich über die Zahlen seines Unternehmens informieren wollte, gründete anstatt einer GmbH eine GmbH & Co. KG.

Mit der Neuregelung in § 264 a HGB wurden diese Gesellschaften den Kapitalgesellschaften gleich gestellt. Bei Überschreiten der Größengrenzen gelten damit die gleichen Vorschriften zur Rechnungslegung und besonders zur Offenlegung. Für die steuerliche Behandlung hat sich aber nichts geändert.

Was macht der zur Diskretion neigende Familienunternehmer? Kurz vor dem Stichtag tritt ein nicht vermögendes Familienmitglied als persönlich haftender Gesellschafter ein. Damit gelten die Erleichterungen für die Offenlegung.

Was macht eine Unternehmerfamilie, die nur vermögende Familienmitglieder hat, aber die Offenlegung vermeiden möchte? Aktuelle Berichte in der Tageszeitung legen die Vermutung nahe, dass die Gründung einer Briefkastenfirma auch Risiken und Nebenwirkungen hat. Der Verfasser hat an dieser Stelle auch keinen Vorschlag, der sich in einem Buch veröffentlichen ließe.

Zu 2. und 3.: Erleichterungen aufgrund der Rechtsform und der Größe

Aus den beiden Faktoren Rechtsform und Größe leiten sich Art und Umfang der Pflichten im Zusammenhang mit der Rechnungslegung ab.

Für große Kapitalgesellschaften gilt das volle Programm. Sie müssen für ihren Jahresabschluss Bilanz, Gewinn- und Verlustrechnung sowie Anhang und Lagebericht aufstellen. Kapitalmarktorientierte Kapitalgesellschaften müssen darüber hinaus noch eine Kapitalflussrechnung und einen Eigenkapitalspiegel aufstellen. Der Jahresabschluss muss innerhalb von drei Monaten nach Schluss des Geschäftsjahres aufgestellt und innerhalb von acht Monaten geprüft und festgestellt sein.

Kleine Kapitalgesellschaften müssen zwar – wie mittelgroße Kapitalgesellschaften – einen Anhang aufstellen, brauchen aber keinen Lagebericht aufzustellen. Auch gibt es für kleine Kapitalgesellschaften die Möglichkeit, anstatt eines Anhangs nur bestimmte Angaben unter der Bilanz zu machen oder nur einen verkürzten Anhang aufzustellen. Die Geschäftsführer von kleinen Kapitalgesellschaften dürfen sich für die Aufstellung ein halbes Jahr und für die Feststellung elf Monate Zeit lassen. Für mittelgroße Kapitalgesellschaften gilt eine Frist von drei Monaten für die Aufstellung und von acht Monaten für die Feststellung.

Einzelkaufleute brauchen weder einen Anhang noch einen Lagebericht noch eine Kapitalflussrechnung aufzustellen. Auch reicht es bei ihnen aus, wenn sie ihre Bilanz sowie die Gewinn- und Verlustrechnung innerhalb „einem ordnungsmäßigen Geschäftsgang“ entsprechenden Zeitraum aufstellen.

Für die Bilanz sowie die Gewinn- und Verlustrechnung von Einzelkaufleuten und Personenhandelsgesellschaften mit mindestens einer natürlichen Person als Vollhafter gibt es keine Gliederungsvorschriften. Für Kapitalgesellschaften sind dagegen die Schemata im HGB zwingend. In der Praxis richten sich aber auch die Nicht-Kapitalgesellschaften nach den Gliederungsvorschriften des HGB für Kapitalgesellschaften.

Ein wesentlicher Unterschied sowohl nach der gesetzlichen Regelung als auch in der Praxis besteht in der Prüfungspflicht. Prüfungspflicht bedeutet: Der Jahresabschluss des Unternehmens muss durch einen Wirtschaftsprüfer jedes Jahr geprüft werden. Ohne Prüfung kann der Jahresabschluss nicht festgestellt werden und ohne festgestellten Jahresabschluss keine Gewinnausschüttung. Prüfungspflicht besteht nur für die Jahresabschlüsse von mittelgroßen und großen Kapitalgesellschaften. Alle übrigen Jahresabschlüsse können freiwillig, müssen aber nicht geprüft werden.

Ebenfalls deutlich werden die Erleichterungen bei der Pflicht zur Offenlegung. Einzelkaufleute und Personenhandelsgesellschaften mit mindestens einer natürlichen Person als Vollhafter brauchen ihre Jahresabschlüsse grundsätzlich nicht beim Handelsregister einreichen und/oder offen legen. Kleinst-Kapitalgesellschaften müssen ihren Jahresabschluss zumindest beim Handelsregister einreichen. Wer sich dafür interessiert, muss sich diesen – gegen Gebühr – vom Gericht zuschicken lassen. Kleine Kapitalgesellschaften müssen ihre Bilanz und (einen verkürzten) Anhang beim elektronischen Bundesanzeiger offen legen. Das bedeutet: Überall auf dieser Erde, wo es einen Internetanschluss gibt, kann jeder, den es interessiert, sich diesen Jahresabschluss ansehen. Wird der Jahresabschluss nicht innerhalb eines Jahres nach dem Abschlussstichtag offen gelegt, drohen Zwangsgelder bis 5.000 EUR und Ordnungsgelder von 5.000 EUR bis 25.000 EUR.

Jahresabschluss

Wem Jahresabschlüsse bisher als langweilige Lektüre erschienen, der möge Folgendes tun:

1. Suchen Sie im Internet die Website des Bundesanzeigers.
2. Suchen Sie dort unter [Rechnungslegung/Finanzberichte]
3. Suchen Sie dort nach dem letzten verfügbaren Jahresabschluss, je nach Interesse wahlweise von
   - Ihrem Kreditinstitut,
   - Ihrem Kfz-Hersteller,
   - dem örtlichen Energieversorger (z.B. Stadtwerke),
   - einem Krankenhaus in der Nähe oder
   - einem anderen Unternehmen, das Sie interessiert.

Sie werden feststellen, dass dort viele interessante Daten enthalten sind. Vergegenwärtigen Sie sich aber, dass Daten sehr leicht missinterpretiert werden können, wenn man diese nicht richtig „lesen“ kann.

Für einen Kurs recherchierte der Verfasser den Jahresabschluss eines Kreiskrankenhauses. Neben einem Verlustvortrag von mehr als 5 Mio. EUR fand sich im Anhang der Hinweis auf mehrere Zinsswaps. Angesichts des aktuell niedrigen Zinsniveaus stellt sich die Frage, ob solche Derivate bei einem Krankenhaus in kommunalem Besitz sinnvoll sind. Die Antwort gibt der Anhang selbst: die SWAPs notierten mit einem weiteren Verlust von rund 1 Mio. EUR. Ob den Vertretern der Kommunen im Aufsichtsrat auch aufgefallen ist, dass trotz eines Verlustvortrags rund 200.000 EUR Ertragsteuern gezahlt wurden?

Wahrscheinlich lassen sich diese Auffälligkeiten auf Nachfrage klären. Aber ein Blick in den Jahresabschluss lässt oft die richtigen Fragen stellen.

c) Sachlicher Anwendungsbereich

Frage in der mündlichen Prüfung im Fach Buchführung: „Der Geschäftsführer einer großen Kapitalgesellschaft kauft für seine Geliebte ein teures Collier auf Firmenkosten. Wie muss dies in der Buchführung erfasst werden?“

Beste Antwort – nicht nur von Juristen: „Es kommt darauf an.“

Grundsätzlich gilt: nur Unternehmen unterliegen der Buchführungspflicht. Wie gerade ausgeführt, müsste es genauer heißen: Einzelkaufleute, Personenhandelsgesellschaften und Kapitalgesellschaften sowie Unternehmen bestimmter Branchen unterliegen der Buchführungspflicht. Daraus folgt, dass nur unternehmerisch veranlasste Transaktionen (Geschäftsvorfälle) in der Buchführung erfasst werden dürfen und müssen. Das Geschenk an die Geliebte ist grundsätzlich privat veranlasst. Es hat somit in der Buchhaltung des Unternehmens keine Berechtigung. Da es aber – laut Sachverhalt – vom Firmenkonto bezahlt wurde, muss es dort auch buchhalterisch erfasst werden. Die richtige Gegenbuchung wäre eine Forderung gegen den Geschäftsführer. Denn Privatausgaben dürfen grundsätzlich nicht über die Firmenkassen abgerechnet werden – und wenn doch, besteht eine Erstattungspflicht.

Bei natürlicher Sachverhaltsbetrachtung wollte der Geschäftsführer aber das Schmuckstück nicht aus eigener Tasche bezahlen, sondern über die Firma abrechnen. Da privat veranlasst, stellt die Ausgabe aber einen sog. ‚geldwerten Vorteil‘ (somit eine Art Arbeitslohn) dar, wenn der Geschäftsführer nur angestellt ist. Wenn der Geschäftsführer gleichzeitig (alleiniger) Gesellschafter der Kapitalgesellschaft ist, kommt auch eine ‚verdeckte Gewinnausschüttung‘ in Betracht. Im einen wie im anderen Fall muss neben dem Personalaufwand (wenn geldwerter Vorteil) bzw. der Gewinnausschüttung (wenn durch das

Gesellschaftsverhältnis veranlasst) auch der Steueraufwand verbucht werden. Wenn dies alles richtig und vollständig verbucht wird, mag der Geschäftsvorfall als solches (Geliebte, Verwendung von Firmengeldern) moralisch anrüchig sein und gegen den Corporate Governance Kodex verstoßen, aber zumindest die Buchführung ist ordnungsgemäß.

Bestechungsgelder

Auf die Wertneutralität der Buchführung und Rechnungslegung wurde bereits in anderem Zusammenhang hingewiesen (Beispiel vom Verband für Leibesübungen).

Auch Bestechungsgelder müssen verbucht werden. Als diese steuerlich noch in voller Höhe abzugsfähig waren, fand sich zuweilen ein Buchungskonto „Nützliche Aufwendungen" unter den Erfolgskonten. Als geleistete Bestechungsgelder auch in Deutschland zur nicht abziehbaren Betriebsausgabe wurden, somit nicht mehr steuerlich geltend gemacht werden konnten, verschwand das Problem zwar nicht, aber es verschwanden entsprechende Buchungen aus der offiziellen Buchhaltung. Damit taucht das Problem aller schwarzen Kassen auf: (a) wer behält den Überblick? und (b) wohin werden die Beträge verbucht, wenn die kaschiert gebuchten Beträge in die offizielle Buchhaltung zurückfließen (sollen)?

Zwar kein Grundsatz ordnungsmäßiger Buchführung, aber ein deutsches Sprichwort mit hohem Wahrheitsgehalt: „Es ist nichts so fein gesponnen, es kommt doch ans Licht der Sonnen".

Zurück zum sachlichen Anwendungsbereich des deutschen HGB: Erfassungspflichtig sind alle Geschäftsvorfälle, d.h. die Buchführung ist auf betrieblich veranlasste Transaktionen beschränkt. Andersherum formuliert: Transaktionen in der Privatsphäre unterliegen nicht der Buchführungspflicht.

Am einfachsten ist dies bei Kapitalgesellschaften abzugrenzen. Denn eine GmbH oder eine Aktiengesellschaft hat keine Privatsphäre. Der Austausch mit den (privaten) Vermögen der Gesellschafter erfolgt über Einlagen (Kapitalerhöhungen) und (verdeckten) Gewinnausschüttungen.

Auch bei Personenhandelsgesellschaften ist die Trennung zwischen dem Unternehmensvermögen und dem (Privat-)Vermögen in der Praxis ein geringeres Problem. Denn die Gesellschafter werden im eigenen Interesse darauf achten, dass die Einlagen und Entnahmen richtig und vollständig erfasst werden – weniger die eigenen Entnahmen, sondern die der anderen Mitgesellschafter. Wer lässt schon gerne zu, dass der andere (unbemerkt) mehr bekommt als man selbst?

Beim Einzelunternehmer ist die Abgrenzung zwischen der betrieblichen Sphäre und dem Privatvermögen naturgemäß schwieriger. Der Bäckermeister wird sein Brot und seine Brötchen wohl kaum von der Konkurrenz beziehen oder bei sich selbst einkaufen. Bei entsprechendem (privaten) Bedarf, konkret: Hunger, wird er sich in Laden und Backstube bedienen. Zumindest für steuerliche Zwecke müsste er diese Privatentnahmen buchhalterisch erfassen. Da aber die wenigsten Einzelunternehmer Buchhalter sind, sonst wären sie wahrscheinlich auch Buchhalter und nicht Unternehmer geworden, gibt die Finanzverwaltung Pauschalen für die Erfassung solcher Privatentnahmen vor.

4. Steuerliche Gewinnermittlung (Betriebsvermögensvergleich/Steuerbilanz)

Zu den Grundsätzen der Besteuerung im Rechtsstaat gehört insbesondere bei den Ertragsteuern das Leistungsfähigkeitsprinzip. Danach soll jede/r Steuerpflichtige nach Maßgabe seiner individuellen ökonomischen Leistungsfähigkeit zur Finanzierung staatlicher Leistungen beitragen.

Bei den sog. Überschusseinkünften (§ 2 Abs. 1 Nr. 2 EStG) lässt sich die Zunahme der individuellen ökonomischen Leistungsfähigkeit vergleichsweise einfach nach dem Zu-/Abflussprinzip ermitteln. Wie zu Beginn dieses Buches formuliert: Ist am Ende des Tages mehr Geld in der Tasche übrig als zu Beginn, hat die Leistungsfähigkeit zugenommen. Bei den Einkünften aus nichtselbstständiger Arbeit kennt jeder dieses Prinzip: Das zugeflossene Gehalt/der zugeflossene Lohn abzüglich der (pauschalierten) Werbungskosten ergibt die steuerliche Bemessungsgrundlage, darauf die Lohnsteuer, die gleich an der Quelle abgeführt wird. Der Vorteil dieser Einkunftsermittlung liegt zum einen in der einfachen Ermittlung (Geld rein abzüglich Geld raus ist gleich Erhöhung der Leistungsfähigkeit), zum anderen in der großen Objektivität (Geld lässt sich einfach zählen).

Bei den sog. Gewinneinkünften (§ 2 Abs. 1 Nr. 1 EStG) ist es augenscheinlich nicht ganz so einfach. Zu den Gewinneinkünften gehören beispielsweise die Einkünfte aus Land- und Forstwirtschaft (§ 2

Abs. 1 Satz 1 Nr. 1, §§ 13 ff. EStG). Ein Landwirt habe die beste aller möglichen Fruchtfolgen: sein Acker wird Bauland. Damit steigt der Wert. Ist der Landwirt dadurch aber ökonomisch leistungsfähiger geworden? Sicher ist er es geworden, wenn er das Land verkauft, in der Sprache der Buchhalter: Die Gewinn realisiert hat. Aber erhöht die bloße Wertsteigerung die Leistungsfähigkeit? Gleiches gilt bei den Einkünften aus Gewerbebetrieb, der zweiten Einkunftsart. Ist ein Unternehmen bereits leistungsfähiger, wenn es seine Produkte verkauft hat oder erst, wenn der Kunde die Rechnung bezahlt?

Es ist die gleiche Frage, wie sie in den ersten Kapiteln in der Unterscheidung zwischen der Liquiditäts- und der erfolgswirtschaftlichen Betrachtung diskutiert wurde. Bei unternehmerischen Einkünften würde eine reine Betrachtung der Liquidität grundsätzlich zu kurz greifen. Würden Gewinne erst beim Bezahlen der Rechnung als realisiert gelten, könnten Unternehmen ihre Steuerlast legal steuern. Erwarten sie für eine Periode eine hohe Steuerbelastung, könnten sie versucht sein, Rechnungen so spät wie möglich zu schreiben. Umgekehrt: Läuft das Geschäft nicht so gut, fordern sie von ihren Kunden eine schnellere Bezahlung.

Die erfolgswirtschaftliche Betrachtung entspricht mehr den ökonomischen Realitäten. Die Leistungsfähigkeit eines Kaufmanns hat bereits dann zugenommen, wenn er seine Produkte verkauft hat. Denn er könnte die daraus resultierende Forderung auch an einen Dritten verkaufen und sich dadurch Liquidität verschaffen. Er könnte alternativ auch die Forderungen als Kreditsicherheit abtreten oder verpfänden und sich damit geliehene Liquidität verschaffen.

Dieser realistischeren Darstellung der ökonomischen Verhältnisse bei der erfolgswirtschaftlichen Betrachtung steht das Problem gegenüber, dass der Fiskus Rechnungslegungsvorschriften erlassen hat. Zur Erinnerung: Erträge und Aufwendungen sind dadurch gekennzeichnet, dass die Erfassung und Bewertung entsprechend den maßgeblichen Rechnungslegungsvorschriften erfolgen muss. Wird nur auf den Zu- oder Abfluss von flüssigen Mitteln abgestellt, ist die Messung der Leistungsfähigkeit – wie bei Lohn/Gehalt – ganz einfach. Ein Blick auf das Bankkonto genügt. Bei Geschäftsvorfällen ist es in der Regel nicht so einfach. Natürlich ist ein Bargeschäft genauso einfach zu bewerten. Was aber – wie bei Unternehmen die Regel – beim Kauf/Verkauf auf Ziel (= gegen Rechnung)? Ist der Ertrag und damit der Gewinn bereits realisiert, wenn die Produkte hergestellt worden sind (wohl eher nicht, da sie erst noch an den Kunden verkauft werden müssen)? Reicht es aus, wenn die Produkte verkaufsbereit präsentiert werden (wohl auch nicht ausreichend, weil sonst jeder Händler den Umsatz versteuern müsste, wenn er die Ware ins Regal stellt)? Oder ist die Abnahme durch den Kunden das entscheidende Kriterium für die Realisation? Was ist bei Reklamationen?

Der deutsche Steuergesetzgeber hatte es sich einfach gemacht. Im Gegensatz zu manch anderer Jurisdiktion übernahm der deutsche Fiskus grundsätzlich die Gewinnermittlung nach HGB. So steht es heute noch in § 5 Abs. 1 Satz 1 EStG unter der Überschrift „Gewinn bei Kaufleuten und bei bestimmten anderen Gewerbetreibenden": „Bei Gewerbetreibenden, die auf Grund gesetzlicher Vorschriften verpflichtet sind, Bücher zu führen und regelmäßig Abschlüsse zu machen, oder die ohne eine solche Verpflichtung Bücher führen und regelmäßig Abschlüsse machen, ist für den Schluss des Wirtschaftsjahres das Betriebsvermögen anzusetzen (§ 4 Absatz 1 Satz 1 EStG), das nach den handelsrechtlichen Grundsätzen ordnungsmäßiger Buchführung auszuweisen ist, ..."

Erstes Problem dabei: Nicht jeder, der Einkünfte aus Land- und Forstwirtschaft, aus Gewerbebetrieb oder selbstständiger Arbeit (kurz gesagt: aus einer Gewinneinkunftsart) bezieht, unterliegt auch den Vorschriften zur Rechnungslegung nach dem HGB.

Lösung des deutschen Fiskus – er definiert ganz allgemein in § 4 Abs. 1 Satz 1 EStG: „Gewinn ist der Unterschiedsbetrag zwischen dem Betriebsvermögen am Schluss des Wirtschaftsjahres und dem Betriebsvermögen am Schluss des vorangegangenen Wirtschaftsjahres, vermehrt um den Wert der Entnahmen und vermindert um den Wert der Einlagen." Im HGB ist dieser Wert auch als Gewinn bezeichnet, genauer: diese erfolgswirksame Veränderung des Eigenkapitals wird als Jahresüberschuss/Jahresfehlbetrag bezeichnet. Der Steuergesetzgeber hätte den gleichen Wert als Wert des Eigenkapitals zum Stichtag abzüglich des Wertes des Eigenkapitals zum vorhergehenden Stichtag, vermehrt um den Wert der Entnahmen und vermindert um den Wert der Einlagen definieren können. Das Rechnungslegungsinstruments des § 4 Abs. 1 Satz 1 EStG ist das gleiche wie eine Bilanz (bessere Begrifflichkeit: Jahresabschluss) nach HGB. Im Ertragsteuerrecht ist daher zuweilen auch von der Steuerbilanz die Rede. Weil es das Steuergesetz aber so formuliert, wäre Betriebsvermögensvergleich anstatt Steuerbilanz wohl der treffendere Ausdruck. So kurz und prägnant diese Grundnorm im § 4 Abs. 1 Satz 1 EStG ist, sie führt doch wieder zum HGB. Denn wie ist nun das dort erwähnte

Betriebsvermögen zu ermitteln, wie beispielsweise die Aktiva zu bewerten? Wer die für den Betriebsvermögensvergleich einschlägigen Einkommensteuerrichtlinien studiert, wird feststellen, dass deren Inhalt sich stark an das HGB anlehnt.

Damit taucht aber ein zweites Problem auf. Die Rechnungslegungsvorschriften des HGB sind für einen anderen Zweck gemacht als die Sicherstellung der Besteuerung nach dem Leistungsfähigkeitsprinzip oder dem Grundsatz der Gleichheit der Besteuerung. Auch ist das Vorsichtsprinzip elementar für die Rechnungslegung in Deutschland. Vorsichtsprinzip heißt aber auch Steuern sparen oder positiver formuliert: Vermeidung der Besteuerung von Scheingewinnen.

Besteuerung von Scheingewinnen

Damit noch einmal zurück zum Beispiel des Ackers, der zum Bauland aufgewertet wird. Die Vorfahren hatten den Acker vielleicht für ein paar Reichsmark gekauft, vielleicht befindet sich der Grund und Boden schon so lange in Familienbesitz, dass sich die Anschaffungskosten nicht mehr feststellen lassen. Tatsache ist aber, dass der Zeitwert weit über dem liegt, was der Landwirt an Anschaffungskosten hatte oder wie sie in seinem Vermögensverzeichnis erfasst sind. Würde diese Differenz zwischen Zeitwert und dem Buchwert (stille Reserven) der Besteuerung zu Grunde gelegt, wäre der landwirtschaftliche Betrieb am Ende. Denn alleine durch die Wertsteigerung fließt dem Landwirt keine Liquidität zu. Diese bräuchte er jedoch, um seine Steuern zu bezahlen. Also bleiben bloße Wertsteigerungen über die ursprünglichen Anschaffungs-/Herstellungskosten hinaus im HGB wie ertragsteuerlich unberücksichtigt.

Dieses Problem der Besteuerung von Scheingewinnen ist aber nicht auf die Land- und Forstwirtschaft beschränkt. Man denke an alteingesessene Unternehmen mit Immobilien in bester Innenstadtlage.

Die Problematik der unterschiedlichen Rechnungslegungszwecke läuft aber auch in die andere Richtung, wie nachfolgendes Beispiel zeigt:

Innenfinanzierungseffekt

Durch die Bildung von Rückstellungen müssen Unternehmen Vorsorge treffen. Wer beispielsweise ein Atomkraftwerk betreibt, muss für den Rückbau und die Entsorgung Rückstellungen bilden. Da bis vor einigen Jahren, vielleicht noch immer, die Erfahrungswerte hierfür fehl(t)en, bestimmte sich die Höhe der Rückstellungen nach Schätzungen der Betreiber. Durch die Rückstellungsbildung erfolgte das, was die Betriebswirte Innenfinanzierung nennen. Durch die Bildung der Rückstellungen wurden der Jahresüberschuss und die Bemessungsgrundlage für die Ertragsteuern gemindert. Dadurch konnte weniger Dividende ausgeschüttet werden. Auch fiel weniger Steuer an. Die flüssigen Mittel aus den Einnahmen, hier: der Stromkunden, mussten im Unternehmen verbleiben und konnten zur Finanzierung weiterer Investitionen verwendet werden. Andersherum formuliert: Aktionäre und Fiskus gewährten ein Darlehen ohne Zins. Ein anderes Unternehmen hätte bei einem höheren Umsatz mehr Steuern bezahlen müssen, da die Aufwendungen aus der Zuführung zur Rückstellung für den Rückbau und die Entsorgung nicht gegengerechnet werden konnten. Denn (beispielsweise) ein Automobilhersteller kann zwar die Abschreibung auf seine Werkshalle geltend machen, nicht aber die Kosten für den Abriss zurückstellen.

Dieser steuermindernde und damit Innenfinanzierungseffekt von Rückstellungen für den Rückbau stellte möglicherweise eine europarechtlich problematische Beihilfe dar.

Inzwischen hat sich der Innenfinanzierungseffekt zum Nachteil gewendet. Mit den verkürzten Restlaufzeiten der Atomkraftwerke müssen die Rückstellungen schneller angesammelt werden, bedeutet höheren Aufwand zu buchen, bedeutet bei gesunkenen Erträgen weniger oder keine Dividende mehr.

Die Lösung des Fiskus für dieses Problem ist die Einschränkung oder bewusste Abweichung von Rechnungslegungsvorschriften nach HGB. So ist die Rückstellung für drohende Verluste aus schwebenden Geschäften Pflicht im handelsrechtlichen Jahresabschluss (§ 249 Abs. 1 Satz 1 HGB). Diese bedeutet: weniger Gewinn und damit Dividende für die Anteilseigner. In der steuerlichen Gewinnermittlung bleibt es jedoch bei der (höheren) ertragsteuerlichen Bemessungsgrundlage und damit einer höheren Steuerbelastung. Denn die Bildung einer Rückstellung für drohende Verluste aus schwebenden Geschäften ist steuerrechtlich nicht zulässig (§ 5 Abs. 4a Satz 1 EStG).

Daraus ergibt sich aber wieder ein handelsrechtliches Bilanzierungsproblem: die latenten Steuern. Um beim Beispiel der Drohverlustrückstellungen zu bleiben: zunächst bilanziert das Unternehmen eine zu hohe Steuerbelastung. Denn im handelsrechtlichen Jahresabschluss muss die Zuführung zur Drohverlustrückstellung erfolgswirksam gebildet werden. Tritt der drohende Verlust tatsächlich ein, wird die Rückstellung aufgelöst. Im handelsrechtlichen Jahresabschluss erfolgt damit ein Ausgleich zwischen den Aufwendungen und den Erträgen aus der Auflösung der Rückstellung. Bei der steuerlichen Gewinnermittlung wurde jedoch keine Rückstellung gebildet, das bedeutet, der Verlust mindert die steuerliche Bemessungsgrundlage und damit kehrt sich der Effekt aus den Vorjahren um. Diese handelsrechtliche Problematik wird durch latente Steuern gelöst. Dazu später mehr.

Zurück zur Konzeption der Ertragsbesteuerung nach deutschem Steuerrecht. Vor Inkrafttreten des BilMoG war der Zusammenhang zwischen handelsrechtlichem Jahresabschluss und steuerlicher Gewinnermittlung noch enger. Nach dem Maßgeblichkeitsprinzip mussten handelsrechtliche Wahlrechte in Übereinstimmung mit steuerrechtlichen ausgeübt werden. Nach dem ebenfalls gesetzlich verankerten Prinzip der umgekehrten Maßgeblichkeit durften auch steuerrechtliche Wahlrechte nur ausgeübt werden, wenn sie gleichermaßen im handelsrechtlichen Jahresabschluss ausgeübt wurden. Dadurch sollte vermieden werden, dass die Steuerbelastung minimiert und gleichzeitig Gewinnausschüttungen maximiert wurden. Inzwischen sind Maßgeblichkeits- und das Prinzip der umgekehrten Maßgeblichkeit aufgehoben. Aufgrund jahrzehntelanger Übung haben aber einige Anwender die Gesetzesänderung noch nicht mitbekommen.

Kreditvergabe auf Grundlage eines zu hohen Jahresergebnisses

Ein Unternehmen, das sich ohnehin in einer wirtschaftlich schwierigen Situation befindet, lässt seinen Jahresabschluss vom Steuerberater erstellen. Dieser weiß oder muss annehmen, dass das Unternehmen einige Verträge abgeschlossen hat, bei denen ein Verlust droht. Aber die Auslastung der vorhandenen Kapazitäten stand dabei im Vordergrund. Auch wenn eine Rückstellung für drohende Verluste in der steuerlichen Gewinnermittlung nicht gebildet werden darf, stellt diese Rückstellung trotzdem eine Pflicht für den handelsrechtlichen Jahresabschluss dar. Verzichtet das Unternehmen auf die Bildung einer Drohverlustrückstellung, ist der handelsrechtlichen Jahresabschluss nichtig, da Passiva unterbewertet sind. Der handelsrechtliche Jahresabschluss wiederum bildet die Grundlage für die Kreditvergabe.

In dieser Konstellation (wirtschaftliche Schwierigkeiten, keine Bildung von Drohverlustrückstellungen, Kreditantrag) ist es vorstellbar, dass das Kreditinstitut den Kredit auf Grundlage eines zu hohen Jahresergebnisses (Aufwand aus der Bildung der Drohverlustrückstellung fehlt) vergibt. Tritt der drohende Verlust ein und gefährdet möglicherweise den Fortbestand des Unternehmens, könnte es zum Insolvenzverfahren über das Vermögen des Unternehmens kommen. Dann könnte das Kreditinstitut argumentieren, ihm sei der falsche Jahresabschluss für die Kreditentscheidung vorgelegt worden. Es ist dann vorstellbar, dass der Darlehensvertrag angefochten wird. Auch ein Kreditbetrug liegt nicht außerhalb jeglicher Wahrscheinlichkeit.

Die Bilanzierung nach HGB wie der Betriebsvermögensvergleich setzen eine Bestandsaufnahme voraus. Um das Vermögen auf der Aktivseite richtig zu erfassen und bewerten zu können, ist es beispielsweise erforderlich, eine Inventur der Vorräte durchzuführen. Auch für die richtige Ermittlung der Passivposten bedarf es einer Inventur, konkret: einer Inventur der Risiken, um die Rückstellungen vollständig zu erfassen.

Jeder noch so kleine Landwirt müsste dann sein Vieh und seine Ernte jedes Jahr inventarisieren. Die gleiche Pflicht würde jeden Freiberufler treffen. Jeder Arzt müsste dann seine Verbandsmaterialien, jeder Steuerberater und jeder Rechtsanwalt die Bestände an Druckerpapier, Büromaterial, Forderungen und Verbindlichkeiten an jedem Jahresende zählen und bewerten.

Doch hier lässt der deutsche Fiskus vereinfachte Verfahren zur Gewinnermittlung zu.

Kleinere Landwirte können beispielsweise ihren Gewinn mittels Durchschnittssätzen gemäß § 13a EStG ermitteln. Anstatt einer Ermittlung von Erträgen und Aufwendungen ergibt sich dabei der Gewinn aus der Multiplikation von Wertfaktoren, beispielsweise der Anzahl der Vieheinheiten.

Freiberufler und andere Gewerbetreibende, die nicht zur doppelten Buchführung nach HGB verpflichtet sind, können ihren steuerlichen Gewinn durch eine Einnahmen-/Überschuss-Rechnung gemäß § 4

Abs. 3 EStG ermitteln. Diese Methode der Gewinnermittlung folgt im Wesentlichen dem eingangs dargestellten Prinzip der Liquiditätsbetrachtung. Für den steuerlichen Gewinn eines Arztes, eines Rechtsanwalts oder Steuerberaters zählen die Betriebseinnahmen erst dann, wenn der Kunde (Patient, Krankenkasse oder Mandant) bezahlt hat. Umgekehrt können Betriebsausgaben erst dann geltend gemacht werden, wenn sie bezahlt worden sind. Ausnahme von dieser Liquiditätsbetrachtung sind jedoch die Abschreibungen. Diese werden – wie bei der Bilanzierung – durch eine Verteilung der Anschaffungs-/Herstellungskosten auf die voraussichtliche Nutzungsdauer ermittelt.

Tonnagebesteuerung

Der Vollständigkeit halber sei in diesem Zusammenhang die so genannte Tonnagebesteuerung (§ 5a EStG) erwähnt. Wie bei der Besteuerung von Landwirten nach Durchschnittssätzen (§ 13a EStG) ergibt sich der Gewinn bei Handelsschiffen aus der Multiplikation der Tonnage mit einem Eurowert zwischen 23 und 92 Euro-Cent je 100 Nettotonnen.

Neben der Vereinfachung der Gewinnermittlung für steuerliche Zwecke führt diese Tonnagebesteuerung zu Steuervorteilen bei Anteilseigner mit einem hohen persönlichen Steuersatz.

5. IFRS

a) Vergleich IFRS – HGB

Lehrdiskussion am Buchhalter-Stammtisch

Treffen sich ein US-amerikanischer, ein britischer, eine deutsche und eine französische Buchhalterin. Ergreift der US-Amerikaner als erster das Wort: „Ihr Deutschen müsst doch immer alles im Gesetz regeln!“ „Warum“, so fragt er, „braucht es eine gesetzliche Regelung zur Rechnungslegung?“ Wer sein Unternehmen selbst finanziert, braucht keine Regelung zur Rechnungslegung. Wenn der Einzelunternehmer sein eigenes Kapital einsetzt, werde er schon darauf achten. Wer dagegen anderer Leute Kapital akquirieren wolle, beispielsweise an der Börse, werde sich schon freiwillig an Rechnungslegungsstandards halten. Wie anders könne er Investoren davon überzeugen, in ein Unternehmen zu investieren? Die Anwendung bestimmter Standards sei aber freiwillig, genauer: der

Markt werde es schon richten. Wer sich nicht an bestimmte Standards halte, werde nicht zur Börse zugelassen und müsse sehen, woher er sein Kapital bekomme.

Dem pflichtet der Brite bei: Gesetze seien mit langen Diskussionen verbunden. Auch sei nicht sichergestellt, dass die, die etwas von Wirtschaft verstehen, auch die sachgerechten Gesetze produzierten. Überhaupt seien die Gesetze zur Rechnungslegung vom Kontinent auf der anderen Seite des Ärmelkanals nur von kurzer Geltungsdauer gewesen. Bereits 2002 hätte „die Rache der Briten" auch in Brüssel gewirkt. Die noch stark durch die deutsche Tradition des HGB geprägte IV. EG-Richtlinie zur Rechnungslegung wäre durch die IAS-Verordnung gekippt worden. Die dann zumindest für die kapitalmarktorientierten Unternehmen maßgeblichen internationalen Standards zur Rechnungslegung würden in London gemacht. Die Deutschen hätten zwar die europäische Zentralbank bekommen, aber die von der EU-Kommission durchgesetzten IAS/IFRS kämen vom Ufer der Themse.

Zustimmung bekommt die deutsche Buchhalterin in einem Punkt: Gesetze sind gut für die steuerliche Gewinnermittlung. Da, so widersprechen die beiden Englisch sprechenden Buchhalter, sei der Fiskus aber frei zu regeln, was er wolle. Schließlich seien es auch seine Steuereinnahmen, die er über die Bemessungsgrundlage steuern könne. Das deutsche HGB und die Regelungen zur steuerlichen Gewinnermittlung hätten jahrzehntelang zusammengespannt, was nicht zusammen gehöre. Denn bei der Aufstellung der Steuerbilanz denke der Unternehmer natürlich darüber nach, wie er den Gewinn möglichst niedrig halte. Denn ein niedriger Gewinn bedeutet weniger Steuern – und welches Unternehmen zahle schon gerne viel Steuern? Um Investoren anzuwerben, brauche es aber einen zukunftsorientierten Gewinnausweis. Der Fiskus wolle den in der abgelaufenen Periode erwirtschafteten Gewinn besteuern. Den Investor interessiert die Vergangenheit aber nur insoweit, als sie einen Anhaltspunkt für die Zukunft bietet. Vielmehr ist der Investor jedoch daran interessiert, aus dem Jahresabschluss zukünftige Cashflows für künftige Gewinnausschüttungen.

Da kann die französische Buchhalterin nur charmant lächeln. Ohne das französische Recht gäbe es keine Regelung der Rechnungslegung.

In der Tat steht am Beginn der modernen Rechnungslegung das französische Modell. 1673 verpflichtete die französische Regierung jedes Unternehmen zu einer Vermögensaufstellung. Traditionell gilt in Frankreich die Überzeugung, die Wirtschaft könne und müsse durch den Staat reguliert werden. Im Fall der Vorschriften zur Rechnungslegung standen im 17. Jahrhundert zahlreiche Konkurse Pate für eine gesetzliche Regelung. Konkurse lassen die Investoren nicht mehr Geld verdienen, sie beeinträchtigen auch das Vertrauen in den Markt generell. Wenn es den Kapitalgebern gelingt, auf Basis der Rechnungslegung von Unternehmen Investitionen in konkursreife Unternehmen zu vermeiden, haben sie Vertrauen in das Funktionieren der Kapitalmärkte. Die französischen Vorschriften zur Rechnungslegung verbreiteten sich rasch über den europäischen Kontinent – sicherlich verstärkt durch die militärischen Erfolge der Armee Napoleons.

Wie bereits an anderer Stelle diskutiert (3. Kapitel, VI.), ist die Weltsicht der Buchhalter geteilt. Aus deutscher Perspektive gibt es da zunächst einmal die Tradition des HGB und der steuerlichen Gewinnermittlung, zutiefst auf das Vorsichtsprinzip aufgebaut. Der (deutsche) Kaufmann solle sich nicht reicher rechnen können, als er ist, besser ausgedrückt: er solle nicht zu viel Dividende ausschütten, um seine Verbindlichkeiten bedienen zu können. Ganz in der Tradition des kodifizierten römischen Rechts sind die Regelungen zur Rechnungslegung allgemein gehalten und sollen mit wenigen Paragrafen eine Vielzahl von Fällen regeln. In der anglo-amerikanischen Tradition des Präzidenzfalls (‚case law') werden auch bei den Rechnungslegungsstandards detaillierte Regelungen für Einzelfälle getroffen.

Auch unterscheidet sich die Finanzierung von Unternehmen. Sichtbarstes Zeichen ist die Tatsache, dass die weltweit größte Börse ihren Sitz in New York hat. In Deutschland im Besonderen ist der Eigenkapitalmarkt schwach entwickelt, bei den Aktiengesellschaften gibt es wenig Streubesitz. Unternehmen in Deutschland (soweit sie nicht zu den wenigen großen börsennotierten gehören) finanzieren sich im Wesentlichen über ihre Hausbank. Daraus folgt für die Rechnungslegung, dass der Gläubigerschutz das wichtigste Ziel der Rechnungslegung ist. Konkret bedeutet das, dass das Vorsichtsprinzip bei der Bewertung eine wichtige Rolle spielt. Wenn Vermögensgegenstände tendenziell niedriger bewertet werden, ergibt sich unter dem Strich ein tendenziell niedriger Gewinn und damit weniger zum Ausschütten als Dividende. Die Zinsen für das Fremdkapital hingegen müssen immer bezahlt werden. Fremdkapitalgeber, Kreditinstitute im

Besonderen, mögen daher Dividendenausschüttungen nicht. Denn jeder Euro, der an die Anteilseigner ausgeschüttet wurde, steht im Insolvenzfall zu Befriedigung der Fremdkapitalgeber nicht mehr zur Verfügung.

b) Die Entwicklung internationaler Rechnungslegungsstandards

Vertreter aus neun Ländern gründeten zu Beginn der 1970er Jahre das *International Accounting Standards Committee* (IASC) mit dem Anspruch, weltweit gültige Standards für die Rechnungslegung zu schaffen. Die Globalisierung zeigte schon damals den Trend, dass Investoren ihr Kapital nicht nur im heimischen Kapitalmarkt investierten, sondern weltweit. Hierfür bedarf es aber internationaler Standards zur Rechnungslegung. Wie sonst sollte sich beispielsweise ein US-amerikanischer Investor über die Vermögens-, Ertrags- und Finanzlage eines deutschen Unternehmens informieren? Die Sprache ist dabei weniger ein Problem, da die einzelnen Positionen des Jahresabschlusses sich automatisiert übersetzen lassen. Die Übertragung der Werte von einem Rechnungslegungssystem auf das nächste ist die Herausforderung. Wenn beispielsweise selbst erstellte immaterielle Vermögensgegenstände nach deutschem HGB nicht aktiviert werden müssen, ist dieser Jahresabschluss mit einem nach anderen Standards aufgestellten nicht vergleichbar.

Im IASC trafen die gerade geschilderten großen Traditionen zur Regelung der Rechnungslegung aufeinander. Da sahen sich die vorsichtig orientierten Kontinentaleuropäer mit den anglo-amerikanischen Vorstellungen einer kapitalmarktorientierten Rechnungslegung konfrontiert. Die Durchsetzungsstärke der anglo-amerikanischen Tradition zeigt sich nicht nur darin, dass deren Vertreter die Mehrheit der Stimmen übernahm, sondern auch den Sitz in London wählte. Böse Zungen behaupten, diese Sitzverlegung sei die „Rache der Briten", weil deren Vertreter nicht mit zu den ersten Gründungsmitgliedern gehörten.

Die ursprünglich als privatrechtlicher Verein geführte Organisation wurde in 2001 in eine Stiftung des privaten Rechts überführt. Auch hier ein Treppenwitz der Geschichte: die US-Amerikaner beteiligen sich nicht aktiv an dieser Organisation zur weltweiten Standardisierung der Rechnungslegung. Deren Fachorganisationen haben immer noch nur beobachtenden Status. Denn die schiere Größe des amerikanischen Kapitalmarkts zwingt im Grundsatz zur Anwendung des US-GAAP. Der seit 2010 in *IFRS Foundation* umbenannte Rechtsträger für die Schaffung internationaler Rechnungslegungsstandards ist eine nach dem Recht des US-Bundestaats Delaware gegründete Stiftung. Inzwischen hat diese über 150 Mitgliedsorganisationen aus über 120 Ländern.

Wichtigste Organisationseinheit der IFRS Foundation ist das *International Accounting Standards Board* (IASB) mit Sitz in London. Das IASB verabschiedet die Standards und Interpretationen der internationalen Rechnungslegungsstandards. Das IASB ist kein Gesetzgeber. Anstelle eines Gesetzgebungsverfahrens kommen die Standards im Rahmen eines ‚*due process*' zu Stande. Kern dieses offenen Verfahrens ist die Möglichkeit der Teilnahme an dem Verfahren durch Kommentierung der vom IASB vorgestellten Entwürfe (‚*exposure drafts*').

Die Standards wurden früher als ‚International Accounting Standards' (IAS) bezeichnet, inzwischen werden die neuen Standards unter dem Titel ‚International Financial Reporting Standards (IFRS) veröffentlicht. Die alten IAS bleiben aber solange gültig, bis sie durch neuere IFRS ersetzt werden.

c) Anwendung und Aufbau der IFRS und ihrer Interpretationen

Eine Stiftung nach dem Recht von Delaware – kein Gesetzgebungsverfahren, sondern Standards – da stellt sich die Frage nach der Verbindlichkeit der IFRS. Gesetze, so lernt der Jurist am Anfang seiner Ausbildung, sind von allen anzuwenden, die einer bestimmten Jurisdiktion unterliegen. Die von einer privaten Organisation aufgestellten Regeln bedürfen der Durchsetzung, englisch ‚*enforcement*'. Einige Länder haben keine eigenen Regeln für die Rechnungslegung aufgestellt, sondern verwenden die IFRS. Innerhalb der Europäischen Union gelten die IFRS seit dem 1.1.2005 verpflichtend für die Konzernabschlüsse kapitalmarktorientierter Unternehmen (EU-Verordnung Nr. 1606/2002). Für alle übrigen Abschlüsse (Einzelabschluss eines Unternehmens sowie Konzernabschlüsse nicht kapitalmarktorientierte Unternehmen) haben die Mitgliedstaaten ein Wahlrecht, anstelle nationaler Regelungen die IFRS zu übernehmen. Für Deutschland bleibt es bei der Pflicht zum Jahresabschluss und Konzernabschluss. Ein (ggfs. freiwillig aufgestellter) Konzernabschluss nach IFRS wirkt jedoch befreiend von der Pflicht, einen Konzernabschluss nach HGB aufzustellen.

Full-IFRS vs. EU-IFRS

Damit ist es aber noch nicht vorbei mit der europäischen Vielfalt. Denn die EU-Kommission übernimmt nicht alle vom IASB verabschiedeten Standards und Interpretationen. Vielmehr wurde eine Expertengruppe, die *European Financial Reporting Advisory Group (EFRAG)*, mit der Auswahl und ggfs. Kürzung von Standards und Interpretationen beauftragt. Deren Vorschläge gehen wiederum an das *Accounting Regulatory Committee (ARC)* zur Verabschiedung.

Verpflichtend für Konzernabschlüsse kapitalmarktorientierter Unternehmen sind damit innerhalb der EU nur bestimmte, ausgewählte Standards und Interpretationen, die sog. ‚EU-IFRS' (im Gegensatz zu den *‚full-IFRS'* des IASB).

Bei der Anwendung der IFRS gilt auch der Grundsatz der Anwendung der möglichst spezifischen Regelung (*‚lex specialis derogat legi generali'*).

Wenn es eine solche gibt, muss die Interpretation (englisch: *‚interpretation'*) angewendet werden. Denn diese, vom Standing Interpretations Committee (SIC) verabschiedeten Verlautbarungen sollen Spezialfälle, unklare oder fehlende Bereiche (Regelungslücken) schließen. Ebenfalls direkt verbindlich sind die Standards. Mit diesen beiden Verlautbarungen sollten – so die Konzeption – alle Fälle abgedeckt werden.

Im deutschen Bilanzrecht braucht es Kommentare. Das HGB formuliert allgemeine Regeln, die vom Anwender, im Streitfall von den Gerichten, ausgelegt werden müssen. Bei den IFRS fügt das IASB die detaillierteren Anwendungsregeln (*‚implementation guidance'*) gleich zum Standard hinzu. Im Gegensatz zum deutschen Recht braucht es für die Auslegung einer strittigen Formulierung keine Suche nach der Gesetzesbegründung. Das IASB gibt die tragenden Gründe für die getroffenen Regelungen (*‚basis for conclusions'*) in einem Anhang zum Standard bei.
Wenn diese vier Quellen (direkt verbindlich: Standards und Interpretationen; erste Stufe der Verbindlichkeit ‚implementation guidance' und ‚basis for conclusions') zu keinem sachgerechten Ergebnis führen, kann der Anwender auf vergleichbare Regelungen zurückgreifen. Hilfsweise hat das IASB seine grundlegende Konzeption und die Definition von Grundbegriffen im Rahmenkonzept (*‚[Conceptual] Framework'*) zusammengestellt. Diese stehen auf der zweiten Stufe der Verbindlichkeit zur Verfügung.

Erst wenn diese Auslegungshilfen erschöpft sind, kann der Anwender auf ergänzende Quellen zurückgreifen. Greift der deutsche Rechtsanwender gleich nach dem Gesetz zum Kommentar, um das Gesetz zu verstehen und auszulegen, stehen Kommentare, Lehrbücher und andere Literatur erst am Ende der Anwendungskette.

English as the accountants' lingua franca

Nach dem Selbstverständnis des IASB ist nur die von ihm verabschiedete englische Fassung einer Regelung maßgeblich. Für bestimmte Sprachen gibt es inzwischen auch autorisierte Übersetzungen. Aber es gibt sie eben nicht für die Amtssprachen der Europäischen Union. Da für die Konzernabschlüsse kapitalmarktorientierter Unternehmen verpflichtend, stellt sich in Zweifelsfällen die Frage, welche Sprachfassung maßgeblich ist.

Das mag sich auf den ersten Blick nach einer Wittgenstein'schen Frage der Sprachphilosophie anhören, kann aber materiell-rechtliche Konsequenzen haben.

Zwei Beispiele dazu:

- Die Vermischung von Eigentum und Besitz outet den Anwender als juristischen Laien. Die Übersetzung von ‚Eigentum' mit ‚*occupation*' ist falsch, da der richtige Fachbegriff ‚*ownership*' ist (zumindest bei den Juristen im Vereinigten Königreich). Die richtige Begrifflichkeit ist dabei kein Sprachspiel, sondern es knüpfen unterschiedliche Rechtsfolgen daran an. So trifft die Verkehrssicherungspflicht nach dem *Occupiers' Liability Act 1984* den Besitzer, nicht den Eigentümer.
- Zur Abzinsung von Rückstellungen heißt es in IAS 37.46: „Because of the time value of the money, provisions are … discounted …" – übersetzt mit den in Deutschland verwendeten Fachbegriffen: ‚Rückstellungen werden aufgrund des Zeitwertes von Zahlungsströmen abdiskontiert'. Gemeint ist damit die ökonomische Überlegung, dass eine Auszahlung in der Zukunft heute weniger wert ist als der Nominalwert. Bedeutendstes Anwendungsbeispiel hierfür sind die Pensionsrückstellungen, bei denen zu den vorausgehenden Stichtagen nicht der Nominalbetrag passiviert wird, sondern der Barwert. Die amtliche europäische Übersetzung lautet aber: „Auf Grund des Zinseffekts". Bei einer wörtlichen Auslegung dieser Formulierung könnte die Überle-

gung auftauchen, nur verzinsliche Verpflichtungen oder solche, die einen Zinsanteil enthalten, müssten abdiskontiert werden. In Zahlen: bei einer Gewährleistungsverpflichtung mit einem gleichmäßigen Aufwand von GE 100,00 pro Jahr beträgt der Nominalbetrag GE 300,00, der Zeitwert bei einem Zinssatz von 1,0 % GE 294,10, also GE 5,90, also knapp 2,0 % weniger.

Glücklicherweise, so mag hinzugefügt werden, sind die Anwender in der Regel ökonomisch vorgebildet und reizen den Wortlaut des Standards nicht so weit aus, wie ein juristisch vorgebildeter Präsident, der erklärte, er habe den Joint zwar geraucht, aber nicht inhaliert. Auch gilt in der Rechnungslegung der Grundsatz ‚*substance over form*', d.h. für die Erfassung und Darstellung kommt es auf den wirtschaftlichen Gehalt und nicht auf die (juristische) Gestaltung an.

Jetzt lassen wir aber einmal ein Unternehmen an die Börse gehen. Da mehr Eigenkapital besser ist als weniger, reizt der Vorstand die deutsche Übersetzung aus. Ein Investor fühlt sich getäuscht. Wie wird das deutsche Gericht entscheiden? Gilt der Grundsatz ‚Amtssprache ist Deutsch'? Wer trägt das Risiko der evtl. unscharfen Übersetzung? Kann das Ausreizen des Wortlauts durch eine Anhangsangabe ausgeglichen werden (die im Zweifel der Investor nicht gelesen hat, aber hätte lesen müssen)? Wir werden es wissen, wenn sich die Richter in Karlsruhe als Linguisten betätigt haben.

Das Hauptwerkzeug für die Arbeit in der internationalen Rechnungslegung sind die Standards. Diese sind in der Regel wie folgt aufgebaut (hier am Beispiel des IAS 38 *Intangible assets/Immaterielle Vermögenswerte* erläutert):

- Am Anfang eines Standards erläutert das Board die Zielsetzung (*Objective*) des Standards
- Dann folgt der sachliche Anwendungsbereich (*Scope*) des Standards, insbesondere die Abgrenzung zu anderen Standards. So sind Abbaurechte, etwa für Öl oder Gas, ebenfalls immateriell, aber durch einen eigenen Standard geregelt (hier: *IFRS 6 Exploration for and evaluation of mineral resources/Exploration und Evaluierung von Bodenschätzen*). Ein zweites Beispiel: Auch ein Leasingverhältnis führt zu einem Anspruch, dieser ist jedoch ebenfalls in einem eigenen Standard, *IAS 17 Leases/Leasingverhältnisse*, geregelt.

- Erster wichtiger materiell-rechtlicher Abschnitt sind die Definitionen. Nach dem gerade geschilderten Grundsatz, dass auf das *(Conceptual) Framework/Rahmenkonzept* nur zurückgegriffen werden darf, wenn es keinen (speziellen) Standard oder eine Interpretation gibt, wiederholt jeder Standard die für ihn einschlägigen Definitionen. Für *intangible assets*/immaterielle Vermögenswerte ist es beispielsweise wichtig, wann überhaupt ein Vermögenswert vorliegt. Natürlich sind ein guter Standort und qualifizierte Mitarbeiter für ein Unternehmen wichtig, aber IAS 38.8 definiert einen *asset*/Vermögenswert als eine Ressource, die aufgrund von Ereignissen der Vergangenheit von einem Unternehmen beherrscht wird und von der erwartet wird, dass dem Unternehmen dadurch ein künftiger wirtschaftlicher Nutzen zufließt. Damit scheidet die Aktivierung von Standortvorteilen grundsätzlich aus, da eine gute Verkehrsanbindung und/oder die Marktnähe eines Standorts nicht vom Unternehmen selbst beherrscht werden. Auch die Qualität der Arbeit von Mitarbeitern spiegelt sich erst in der Bilanz wieder, wenn sich deren Arbeit in Know-how konkretisiert hat, vorzugsweise zu Patenten, Warenzeichen oder ähnlichen Schutzrechten geführt hat.
- Sozusagen im Hauptteil regelt der Standard den Ansatz und die Bewertung von – je nach Standard – Vermögenswerten, Schulden oder stellt die Anforderungen an Rechnungslegungsinstrumente dar. Bei *intangible assets*/immaterielle Vermögenswerten werden beispielsweise die Anforderungen an die Konkretisierung definiert. Auch lässt der IAS 38 neben der Bewertung zu fortgeführten Anschaffungskosten/Herstellungskosten die Bewertung mit dem Zeitwert zu. Kann nach deutschem HGB ein Patent beispielsweise nur mit den vergleichsweise geringen Entwicklungskosten im Jahresabschluss gezeigt werden, besteht nach IAS 38.72 ein Wahlrechte zwischen dieser Bewertung und der Bewertung mit dem beizulegenden Zeitwert. Durch diese höhere Bewertung entsteht zwar kein zusätzlich ausschüttbarer Gewinn, aber Investoren können beim Blick in die Bilanz erkennen, welche Erfolgspotenziale das Unternehmen hat. Dieses Beispiel zeigt gleichzeitig die Herausforderung bei der Interpretation von Jahresabschlüssen nach IFRS. Nach deutschem HGB gibt es auch ein Aktivierungswahlrecht für immaterielle Vermögensgegenstände (§ 248 Abs. 2 HGB), bewertet werden dürfen diese aber nur mit den Entwicklungskosten (§ 255 Abs. 2a HGB) und es besteht ein Ausschüttungsverbot in Höhe der aktivierten Aufwendungen (§ 268 Abs. 8 HGB). Diese drei Absätze hat jeder Bilanzleser im Hinterkopf und hat daher eine Vorstellung, wie er bestimmte Zahlen interpretieren muss. Im Zweifel nimmt er an,

dass über die in der HGB-Bilanz dargestellten Werte stille Reserven vorhanden sind. Der Anspruch der IFRS ist aber ein anderer: die Jahresabschlüsse sollen entscheidungsrelevante Informationen für Investoren vermitteln. Diesen nützt es nichts, wenn der Vorstand einer Aktiengesellschaft deren Innovationskraft und die zahlreichen Neuentwicklungen im Rahmen der Bilanzpräsentation preist. Analysten möchten eine Einschätzung, wie hoch der konkrete Wert dieser immateriellen Werte ist. Aus diesem Anspruch der Vermittlung entscheidungsrelevanter Informationen folgt der nächste große Regelungsbereich in einem Standard:

- Die zusätzlichen Angaben. Die IFRS verlangen von den Bilanzerstellern wesentlich mehr zusätzliche Informationen als der deutsche Gesetzgeber. Im Fall der Posten *intangible assets*/immaterielle Vermögenswerte sind es zehn Textziffern, die Anhangsangaben fordern. Zum Vergleich: Nach § 285 Nr. 22 HGB ist nur der Gesamtbetrag der Forschung- und Entwicklungskosten des Geschäftsjahres anzugeben – und auch das nur, wenn Entwicklungskosten aktiviert worden sind.
- Im letzten Abschnitt eine Standards werden die Übergangsregelungen und der Zeitpunkt des Inkrafttretens festgelegt.

Der Vorteil von IFRS ist, dass die Standards kompakt und in sich abgeschlossen sind. Der Vergleich mit dem HGB zeigt, dass der deutschen Bilanzersteller in drei verschiedene Paragrafen sehen muss. Auch sind die Regelungen in den IFRS wesentlich konkreter als im HGB. Ein Beispiel: Zu der Regelung in IAS 38.65 wird mit einem Zahlenbeispiel genau dargestellt, wie aktivierungsfähige Aufwendungen abzugrenzen sind. § 255 Abs. 2a Satz 4 HGB formuliert nur allgemein: „Können Forschung und Entwicklung nicht verlässlich voneinander unterschieden werden, ist eine Aktivierung ausgeschlossen.“. Der Preis für die größere Detailtreue und die konkrete Regelung im jeweiligen Standard sind Wiederholungen und der größere Umfang der Regelungen. Während das HGB in § 255 HGB mit vier Absätzen die Bewertung abhandelt, enthält jeder Standard (s)eine Definition von Bewertungsmaßstäben, auch wenn diese identisch mit der Regelung für andere Posten sind. Dieser höheren Grad an Detaillierung, verbunden mit dem Informationsanspruch, führt darüber hinaus zu zusätzlichem Erläuterungsbedarf. Für sich genommen ist die Anwendung der Bilanzierungsregeln nach IFRS nicht schwierig. Die Herausforderung liegt zum einen darin, die relevante Spezialregelung zu finden, zum anderen die Informationspflichten vollumfänglich zu erfüllen. Ausweislich der Beanstandungen der

Deutschen Prüfstelle für Rechnungslegung (DPR) bei der Durchsicht von IFRS-Abschlüssen sind es meist nicht Bilanzierungsfragen als solche, sondern das Fehlen von Anhangsangaben.

d) Exkurs: IPSAS und die Rechnungslegung der öffentlichen Hand

Die IFRS richten sich explizit an kapitalmarktorientierte Unternehmen. Investoren stellen Kapital zur Verfügung und fordern daher Rechenschaft, wie ihr Kapital eingesetzt wurde. Ganz marktwirtschaftlich orientiert, sollen Abschlüsse nach IFRS Unternehmen vergleichbar machen. Denn, so der Gedankengang, wenn der Investor zu der Überzeugung kommt, dass die Geschäftsführung von Unternehmen A nicht gut mit dem eingesetzten Kapital umgegangen ist, zieht er sein Kapital ab und investiert es in Unternehmen B.

Bei der öffentlichen Hand taucht das Problem der Rechenschaft in anderer Form auf. Die Bürger zahlen Steuern und haben – so die Grundkonzeption – daher einen Anspruch auf Mitsprache. *„No taxation without representation"* hieß das im Amerikanischen Unabhängigkeitskrieg, Haushaltsrecht des Parlaments heißt es heute und schlägt sich allein beim Bundeshalt jährlich in 2.500 Seiten nieder.

Die praktische Frage der Buchführung und der Rechnungslegung ist aber im Grundsatz die gleiche: nach welchen Prinzipien stellt die Exekutive den Haushalt auf? Eine große Tradition hat nicht nur in Deutschland die Kameralistik. Im Grundsatz ist die Kameralrechnung (der Haushalt) eine Geldverkehrsrechnung mit integriertem Soll-Ist-Vergleich. Sie folgt damit dem als Liquiditätsbetrachtung dargestellten Prinzip der Erfassung (siehe im 2. Kapitel unter II.). In einen Haushaltsposten wird ein bestimmter Geldbetrag eingestellt (Haushaltsansatz oder Haushalts-Soll). Gegen diesen Bestand werden die Zahlungen (Haushalts-Ist) so lange gebucht, wie der Betrag reicht. Wenn gegen Jahresende noch ein Soll-Bestand vorhanden ist, ist – wie bereits angesprochen – die Versuchung des sog. „Dezember-Fiebers" groß, d.h. ‚schnell noch Geld ausgeben, sonst ist der Haushaltsposten weg'. Reicht der Haushaltsansatz nicht aus, beginnt der ‚Verschiebebahnhof' zwischen Haushaltstiteln, ‚Übertragbarkeit' oder ‚Deckungsfähigkeit' genannt.

Sind Beamte oder Angestellte im Öffentlichen Dienst preiswerter?

Die Wahl der Buchführung und Rechnungslegung hat Auswirkungen bis in den Stellenplan. Aus den Kommunen sind Fälle bekannt, in denen Stellen lieber mit Beamten als mit Angestellten besetzt wurden. Denn für die aktiven Beamten müssen keine Arbeitgeberbeiträge zur gesetzlichen Sozialversicherung geleistet werden. Sie sind damit rund 20 % ‚billiger'. Die Ruhestandsbezüge fallen zum einen erst weit nach der aktuellen Wahlperiode an, zum anderen werden diese aus anderen Haushaltstiteln gespeist. Bei der Erfassung nach dem Prinzip der erfolgswirtschaftlichen Betrachtung werden zukünftige Belastungen durch Rückstellungen berücksichtigt.

Diese Erfassung von Aufwendungen und Erträgen nach kaufmännischen Prinzipien wird im Zusammenhang mit der Rechnungslegung der öffentlichen Hand auch unter dem Stichwort ‚Doppik' diskutiert. Der Vorteil dieser Methode ist die größere Transparenz und die geringere Möglichkeit der Steuerung durch das Verschieben von Zahlungszeitpunkten. Das betrifft nicht nur die Pflicht zur Rückstellung für Pensionen, sondern auch die Möglichkeit bestimmte Zahlungen vorzuziehen, um sie noch ins alte Haushaltsjahr zu bringen. Der Nachteil der Doppik liegt in den Besonderheiten der öffentlichen Hand begründet. Das beginnt bei der Bewertung von öffentlichen Gütern. Wie sollen die Anschaffungskosten eines Teilstücks der Autobahn ermittelt werden? Wie schreibt man die Sammlungen in den Museen ab? Das betrifft aber auch die Interpretation der Jahresergebnisse. Bei einem erwerbswirtschaftlichen Unternehmen ist ein höherer Gewinn besser als ein niedriger. Was aber heißt ein Jahresüberschuss oder ein Jahresfehlbetrag für eine Kommune, eine Kirchengemeinde, ein Land oder den Bund?

Die eigentliche Herausforderung ist jedoch das Beharrungsvermögen der Mitarbeiterinnen und Mitarbeiter im öffentlichen Dienst. Die Kameralistik wird seit dem Ende des Dreißigjährigen Krieges in deutschen Amtsstuben praktiziert – da fällt es naturgemäß schwer, von Zahlungsströmen auf die wirtschaftliche Betrachtungsweise umzustellen.

Das ist vermutlich der Grund, dass die internationalen Standards zur Rechnungslegung der Öffentlichen Hand, die *International Public Sector Accounting Standards* (IPSAS), in anderen Ländern, darunter viele in Afrika und Lateinamerika, bei internationalen Organisationen wie der OECD, der NATO oder der UNO, oder der EU-Kommission eine größere Verbreitung gefunden haben als in Deutschland.

6. US-GAAP

a) Bedeutung

Die Schaffung und Durchsetzung von Normen hat etwas mit Macht und Einfluss auf der einen und im Rechtsstaat auf der anderen Seite mit der Vorstellung von der Gesellschaft zu tun. Das gilt für das Eherecht genauso wie für das Strafrecht genauso wie für die Regelung der Rechnungslegung. Wenn die Rechtsordnung die Bewertung von Aktiva mit dem (höheren) beizulegenden Zeitwert vorsieht, steigt der Buchwert des Eigenkapitals beispielsweise von Banken bei steigenden Börsenkursen. Bei Kreditinstituten kommt es sogar zu einem Multiplikatoreffekt. Sie müssen einen bestimmten Prozentsatz ihrer risikobehafteten Aktiva mindestens als Eigenkapital ausweisen (‚Eigenkapitalhinterlegung'). Wenn also das Eigenkapital steigt, können sie mehr investieren, zum Beispiel mehr Darlehen ausreichen – oder: mehr Anleihen und Aktien kaufen, kurz: mehr Risiken eingehen. Das steigert dann die Börsenkurse wiederum, sei es direkt, weil mehr Nachfrage an der Börse die Kurse steigen lässt, sei es indirekt, weil mehr Kredite die Wirtschaft befeuern und damit die Ertragsaussichten von (börsennotierten) Unternehmen steigen und damit die Börsenkurse steigen. Lässt dann der Optimismus (plötzlich) nach, weil beispielsweise die Hypothekenkredite doch nicht so sicher waren wie gedacht, geht die Spirale in die andere Richtung: Die Banken müssen ihre Kredite auf den niedrigeren beizulegenden Wert berichtigen, dadurch sinkt das Eigenkapital. Fast zwangsweise sinken dann die Börsenkurse bei den Bankaktien. Da diese regelmäßig ein starkes Gewicht an Indizes haben, vermindert sich dieser. Das führt dann in der Regel zu niedrigeren Aktienkursen insgesamt. Dies wiederum hat Auswirkungen auf die Bankbilanzen. Die Kreditinstitute müssen ihre Wertpapierbestände ebenfalls abwerten, d.h. weniger Gewinn, weniger Eigenkapital, geringerer Börsenkurs, und so weiter und so fort. Volkswirtschaftlich spricht man von einer Finanzmarktkrise – und da kann man nun trefflich darüber streiten, ob die Rechnungslegungsvorschriften der Auslöser der letzten Krise waren oder nur den Vertrauensverlust in der Rechnungslegung nachvollzogen.

Auf dem größten Kapitalmarkt der Welt, konkret: in den USA, noch konkreter: an der Wall Street in New York, setzten die Behörden schon immer auf die eigenen Regeln zur Rechnungslegung, den US-GAAP für *US-Generally Accepted Accounting Principles/Practice*. Der Deal war einfach: wer den größten Kapitalmarkt in Anspruch nehmen wollte, um Kapital aufzunehmen, musste Jahresabschlüsse nach US-GAAP vorlegen.

Das bedeutete für die größten deutschen Unternehmen viel Mehrarbeit. Sie mussten aufstellen:

1. Einen Jahresabschluss (Einzelabschluss) nach deutschem HGB, zum einen als Basis für die Dividendenberechnung, zum anderen war dieser maßgeblich für die steuerliche Gewinnermittlung;
2. Eine steuerliche Gewinnermittlung (Betriebsvermögensvergleich) für das deutsche Finanzamt;
3. Einen Konzernabschluss nach deutschem HGB, weil das das deutsche Gesetz so vorsah, und die Aktionäre den Erfolg des Unternehmenskreises sehen wollten;
4. Einen IFRS-Konzernabschluss, weil kapitalmarktorientierte Unternehmen EU-weit dazu verpflichtet sind; und (*last but not least*)
5. Einen US-GAAP-Abschluss, wenn sie an der New Stock Exchange (NYSE, Wall Street) Kapital aufgenommen hatten.

Hinzu kamen noch Quartalsabschlüsse und Prüfungspflichten der Rechnungslegung.

Doch inzwischen begnügt sich die US-amerikanische Börsenaufsicht, die Securities and Exchange Commission (SEC) in den meisten Fällen mit einer Überleitungsrechnung von einem IFRS-Abschluss. Außerdem versuchen die beiden Standardsetter ihre Rechnungslegungsnormen weitgehend aneinander anzugleichen – *„progress has been very slow“*, der Fortschritt ist sehr langsam, heißt es aus den jeweiligen Zentralen.

Warum die US-amerikanischen Aufsichtsbehörden so auf ihren Rechnungslegungsnormen bestehen, erklärt sich teilweise aus der geschichtlichen Entwicklung. Daher zunächst ein kurzer Ausflug in die Geschichte des US-GAAP:

b) Geschichte und Zielsetzung der US-GAAP

Am Anfang standen die Abschlussprüfer und deren Rolle begann mit der Krise. Buchrevisoren und Prüfer gab es schon immer. Im Zuge der Weltwirtschaftskrise der 1930er stellte sich die Frage einer regelmäßigen Abschlussprüfung drängend. Einige Vorstände börsennotierter Gesellschaften hatten wohl ihre Jahresabschlüsse günstiger dargestellt als die wirtschaftlichen Verhältnisse tatsächlich waren. Als die Investoren das realisierten, stürzten die Börsenkurse – die Folgen des „Schwarzen Freitags" 1929 sind bekannt. Die Antwort auf die Notwendigkeit einer verpflichtenden Jahresabschlussprüfung für Deutschlands Aktiengesellschaften war typisch deutsch: der Reichspräsident erließ eine Verordnung, dass die Jahresabschlüsse von Aktiengesellschaften verpflichtend durch einen externen Jahresabschlussprüfer zu prüfen seien. Das rechtliche Instrument war das gleiche wie das, das einen Reichskanzler Adolf Hitler an die Macht brachte. In den USA formierte sich der Berufsstand der Abschlussprüfer eher nach marktwirtschaftlichen Prinzipien. Gesellschaften, deren Anteile an einer US-amerikanischen Börse notiert werden sollten oder notiert sind, sollten ihren Jahresabschluss durch einen unabhängigen Jahresabschlussprüfer prüfen lassen. Die Börsenaufsicht legte das Prinzip fest, überließ aber die Ausgestaltung weitgehend dem Berufsstand der Abschlussprüfer, der sich im *American Institute of Certified Public Accountants* (AICPA) organisierte. Das AICPA schuf 1939 den ersten Standardsetter, das *Committee on Accounting Procedure*, das 1959 durch das *Accounting Principles Board* ersetzt wurde. 1973 wurde die Schaffung von US-amerikanischen Rechnungslegungsnormen grundlegend umgestaltet: das damals geschaffene *Financial Accounting Standards Board* (FASB) wurde nicht mehr dem Berufsstand der Wirtschaftsprüfer angegliedert, sondern ist Bestandteil einer Stiftung, der *Financial Accounting Foundation*. Zusätzlich zum Standardsetter, dem FASB, gibt es einen *Financial Accounting Standards Advisory Council* mit beratender Funktion. Neben der weiterhin bestehenden Organisation der Wirtschaftsprüfer (AICPA) sprechen in Sachen Rechnungslegung auch noch das *Governmental Accounting Standards Board* (GASB), gegründet 1984, und das *Public Company Accounting Oversight Board* (PCAOB) mit.

Für deutsche Spezialisten klingt das nach einem Wirrwarr von Kompetenzen und Meinungen – und war es wahrscheinlich auch. Angehende Wirtschaftsprüfer und Anwender müssen eine Vielzahl von Normen und Ansichten lernen, die nicht nur aus didaktischen Gründen im sog. „House of US-GAAP" dargestellt werden:

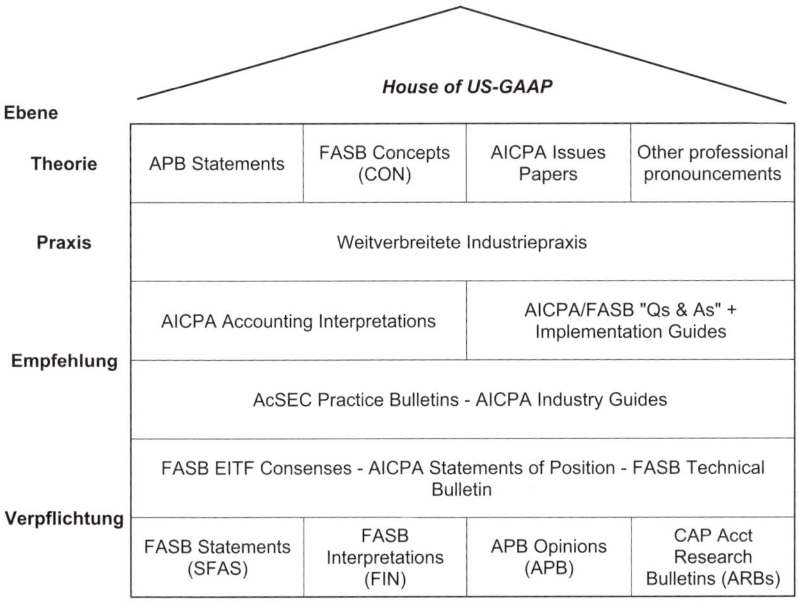

Abbildung: „House of US-GAAP“

‚Hochnäsigkeit‘ angesichts des kompakten HGB ist jedoch auch hier fehl am Platz. Die Paragrafen im Dritten Buch sind zwar kurz und kompakt. Wer aber drei Kommentare dazu nebeneinander legt, wird erkennen: Es gilt der Grundsatz ‚drei Juristen fünf Meinungen‘ auch für die Spezialfälle in der Rechnungslegung.

Zurück in die USA: Dort ordnete das FASB 2008 die wohl in die Tausende gehenden Stellungnahmen und Regelungen in rund 90 Bereiche der Rechnungslegung. Die *FASB Accounting Standards Codification* sollte für Ordnung im ‚Haus‘ sorgen.

Im gleichen gab es eine grundlegende Neuorientierung beim wichtigsten Spieler beim Thema Rechnungslegung in den USA, der Securities and Exchange Commission (SEC). Die Börsenaufsicht veröffentlichte eine vorläufige *„roadmap“* mit dem Ziel, die internationalen Rechnungslegungstandards IFRS auch für in den USA börsennotierte Gesellschaften für verbindlich zu erklären.

Aber das Problem ist das gleiche wie in Europa: Rechnungslegungsstandards haben etwas mit Macht, Verteilungsgerechtigkeit und der Stabilität des Finanzsystems zu tun. Wenn bestimmte Ausnahmen bei der Bilanzierung zugelassen werden, hat das Auswirkungen auf die Darstellung im Jahresabschluss und das hat wiederum Auswirkungen auf Börsenkurse.

Wie bereits angemerkt: *„progress has been very slow“*.

Hilfreich für den deutschen Gesetzgeber wäre aber der Anspruch der amerikanischen Standardsetter. Ihre Rechnungslegungsstandards sollen finanzielle Informationen mit folgenden Zielsetzungen vermitteln:

- Zukünftige Eigen- wie Fremdkapitalgeber sollen rationale Investitions- und Kreditentscheidungen treffen können.
- Zukünftige Eigen- wie Fremdkapitalgeber und andere Interessenten sollen Höhe, Zeitpunkt und Wahrscheinlichkeit künftiger Kapitalflüsse und deren Verwendung abschätzen können.
- Unterstützung von Finanzentscheidungen, vor allem auf lange Sicht.
- Unterstützung bei der Verbesserung der Geschäftsprozesse.

US-GAAP und deutsches HGB

Warum, so fragen sich insbesondere die juristisch vorgebildeten Leser vielleicht, sind diese selbst gesetzten Ziele für Rechnungslegungsnormen wichtig? Rechnungslegungsnormen schaffen Voraussetzungen auf dem Markt. Der Markt schafft, um an die Prinzipien der Sozialen Marktwirtschaft anzuknüpfen, keine Gerechtigkeit. Rechnungslegungsnormen beeinflussen aber die Verteilungsgerechtigkeit.

Um es nochmals deutlich zu sagen: Wenn – so die Konzeption des deutschen HGB – das Vorsichtsprinzip einen hohen Stellenwert hat, dann bevorzugt das die Fremdkapitalgeber. Wenn tendenziell auf dem niedrigeren beizulegenden Wert abgewertet werden muss, steht *ceteris paribus* weniger für Ausschüttungen zur Verfügung. Zins und Tilgung an die Fremdkapitalgeber muss dagegen immer geleistet werden.

Wenn der Anspruch von Rechnungslegungsnormen – wie beim US-GAAP – die gleichberechtigte Information von Eigen- und Fremdkapitalgebern ist, spielt das Vorsichtsprinzip auch, aber nicht die entscheidende Rolle. Zur Prognose künftiger Cashflows ist es dagegen erforderlich, den Realisationszeitpunkt für Forderungen relativ früh anzusetzen – früher als nach dem Vorsichtsprinzip.

Das hat tendenziell einen höheren Gewinnausweis zur Folge, dieser wiederum einen höheren Börsenkurs. Damit werden die gegenwärtigen Eigenkapitalgeber, *vulgo*: Aktionäre, bevorzugt. Denn sie können die von ihnen gehaltenen Papiere zu einem höheren Preis verkaufen.

c) Grundlegende Annahmen

Eine Verfassung lebt von Voraussetzungen, die sie selbst nicht schaffen kann, heißt es in der Vorlesung „Öffentliches Recht". Rechnungslegungsnormen definieren ihre grundlegenden Annahmen selbst. Wenn diese im Zusammenhang mit den US-amerikanischen Normen besprochen werden, dann, weil diese dort explizit definiert sind – obwohl diese auch in anderen Jurisdiktionen gelten.

Bei der Rechnungslegung gilt:

- Betrachtung der wirtschaftlichen Einheit:
  - Bei der Rechnungslegung bleiben privat veranlasste Sachverhalte außer Betracht.
  - Der Jahresabschluss wird bezogen auf die wirtschaftliche Einheit aufgestellt. Damit unterscheidet sich die Konzeption des US-GAAP von der auf die rechtliche Einheit fixierten Jahresabschlusserstellung nach dem deutschen HGB.
- *Going Concern:* Die Annahme der Unternehmensfortführung ist dagegen universell. Denn, gäbe es diese nicht, würde eine Bilanz keinen Sinn machen. Da die gegenteilige Annahme (die jederzeitige Liquidation) dazu führen würde, alle Vermögensgegenstände mit maximal 1 EUR zu bewerten.
- Rechnen in Geldeinheiten, nicht in Barwerten: Für die Bewertung einer Forderung macht es auch nach US-amerikanischen Prinzipien keinen Unterschied, wann eine Forderung bezahlt wird. Nur in Ausnahmefällen werden auch Forderungen abgezinst.
- Das Prinzip der Periodenabgrenzung: Wie bereits zu Beginn unter dem Stichwort Erfolgsmessung dargestellt, führen sowohl die Liquiditäts- wie die Gewinnbetrachtung über die Gesamtlaufzeit eines Unternehmens zum gleichen Ergebnis. Aber solange können und wollen Investoren und Fremdkapitalgeber nicht warten. Wie jede Gewinnermittlung wird daher die Gesamtlaufzeit eines Unternehmens künstlich in Perioden aufgeteilt.

Unterschiedliche Behandlung der Rechnungslegung nach HGB, IFRS, US-GAAP

Zwei Beispiele zu der unterschiedlichen Behandlung in der Rechnungslegung nach HGB, IFRS, US-GAAP:

- immaterielle Vermögensgegenstände, zum Beispiel Software oder Patente
  - HGB: Aktivierungswahlrecht, wenn selbst erstellt
  - IFRS: grundsätzlich Aktivierungsgebot, Bewertungswahlrechte mit den Anschaffungs-/Herstellungskosten oder nach der Neubewertungsmethode mit dem beizulegenden Zeitwert
  - US-GAAP: grundsätzlich Aktivierungsverbot, Ausnahmen: Software oder Webseiten, Bewertung dann immer mit den Anschaffungs-/Herstellungskosten
- Finanzinstrumente, zum Beispiel als Investment gehaltene Aktien oder Anleihen
  - HGB: Bewertung mit den historischen Anschaffungs-/Herstellungskosten, gegebenenfalls den niedrigeren beizulegenden Zeitwert
  - IFRS, US-GAAP: differenzierte Bewertung nach unterschiedlichen Kategorien; teilweise ist es sogar möglich über die ursprünglichen Anschaffungs-/Herstellungskosten hinauszugehen

7. Schlussbetrachtung: HGB vs. IFRS vs. US-GAAP

Bleiben zum Abschluss dieses Abschnitts nur mehr zwei Fragen:

Erstens, welches der drei vorgestellten Systeme ist das Beste? Dazu gibt es nur die Antwort, die Juristen gerne geben: es kommt darauf an. Wenn, wie es in Deutschland üblich ist, Unternehmen vor allem durch Fremdkapital finanziert werden, hat die Bilanzierung nach HGB ihre Vorteile. Denn der vorsichtige Wertansatz führt dazu, dass eher die Informationsbedürfnisse von Kreditinstituten befriedigt werden. Wenn die Aussage des Jahresabschlusses vor allem darauf zielt, dass ein bestimmtes Schuldendeckungspotenzial mindestens erreicht wird, ist das HGB ebenfalls die bessere Wahl.

Zweitens, wird es irgendwann einmal nunmehr ein Rechnungslegungssystem geben?
Aus der Evolutionstheorie kennen wir den Grundsatz des *„Survival of the Fittest“*. Dieser Grundsatz gilt augenscheinlich nicht nur in der Biologie, sondern beispielsweise auch für Sprachen (von denen einige bereits ausgestorben sind). Auch hier wird die Finanzierung von Unternehmen eine entscheidende Rolle spielen. Weltweit betrachtet sind die internationalen Rechnungslegungsstandards auf dem Vormarsch, da sich Unternehmen immer mehr global finanzieren. Solange es in Deutschland Unternehmen gibt, die sich ausschließlich über lokale oder regionale Banken finanzieren, wird es weiterhin HGB-Abschlüsse in Deutschland geben. Solange das deutsche Steuerrecht stark auf das HGB als Bemessungsgrundlage fixiert ist, wird sich eine Art Biotop für den nationalen Standard erhalten.

Was aber, wenn internationale Investoren in Deutschland immer mehr Unternehmen übernehmen oder finanzieren? Ein internationaler Investor wird wohl nicht bereit sein, sich mit den Feinheiten des deutschen HGB zu beschäftigen. Entweder das Unternehmen erstellt von sich aus einen Jahresabschluss nach internationalen Standards oder das international agierende Mutterunternehmen fordert dies von seinem Tochterunternehmen ein. Das müssen nicht unbedingt die kleinsten Unternehmen sein, Mittelständler werden von international agierenden Konzernen übernommen und müssen dann nach internationalen Normen Rechnung legen.

Auch hier fordert die Internationalisierung und Globalisierung ihren Tribut – vielleicht noch schneller als in anderen Bereichen. Denn das Kapital ist schneller als beispielsweise Personal. Wahrscheinlich wird es so sein wie beim Essen: In manchen Regionen wird es weiterhin Schweinsbraten mit Knödeln geben, während der Rest der Welt eine gewisse Standard-Internationale-Kost mit Pizza, Pasta und Burgern isst. Übertragen auf die Rechnungslegung: Vielleicht wird es für bestimmte Zwecke oder bestimmte Organisationen nationale Standards geben und für die allgemeine, die kapitalmarktorientierte Rechnungslegung weltweit einheitliche Standards.

VII. Rechnungslegung und Insolvenz

1. Insolvenztatbestände und deren Ermittlung

„Sind wir jetzt pleite?", fragte ein Unternehmer den Verfasser, als dieser eine außerordentliche Gesellschafterversammlung wegen des Verlustes des hälftigen Stammkapitals seines Unternehmens forderte. Nein, in diesem konkreten Fall musste nur dem Gesetz Genüge getan werden.

§§ 16 ff. Insolvenzordnung (InsO) nennen drei Gründe für die Eröffnung eines Insolvenzverfahrens:

1. die Zahlungsunfähigkeit (§ 17 InsO) als das voraussichtlich dauernde Unvermögen des Schuldners, seinen fälligen Zahlungspflichten nachzukommen;

2. die drohende Zahlungsunfähigkeit (§ 18 InsO), wenn der Schuldner einen Antrag auf Eröffnung des Insolvenzverfahrens stellt und absehen kann, besser: befürchten muss, seinen Zahlungspflichten nicht mehr nachkommen zu können; und

3. die Überschuldung (§ 19 InsO), wenn das Vermögen die Schulden nicht mehr deckt und eine negative Fortführungsprognose besteht.

Für die beiden erstgenannten Insolvenztatbestände ([drohende] Zahlungsunfähigkeit) kommt es auf das Verhältnis des Bestandes an flüssigen Mitteln zu fälligen Zahlungsverpflichtungen an. Wenn ein Unternehmen nichts bezahlen muss (keine fälligen Zahlungsverpflichtungen hat), müssen keine flüssigen Mittel vorhanden sein. Umgekehrt: Die flüssigen Mittel können noch so groß sein, wenn sie weniger sind als Gläubiger Zahlung begehren, liegt ebenfalls Zahlungsunfähigkeit vor.
Der Bestand an flüssigen Mitteln lässt sich durch einen einfachen Blick in die Bilanz erkennen. Sie sind auf der Aktivseite als letzte Position des Umlaufvermögens ausgewiesen. Diese Position ist die objektivste in der Bilanz, da Geld, Guthaben bei Kreditinstituten oder Schecks entweder vorhanden oder nicht vorhanden sind. Schwieriger wird dies regelmäßig bei den korrespondierenden Zahlungsverpflichtungen. Zwar werden auf der Passivseite sowohl ungewisse Verbindlichkeiten in den Rückstellungen als auch Zahlungsverpflichtungen mit bekanntem Betrag und Fälligkeitszeitpunkt in dem Posten ‚Verbindlichkeiten' erfasst. Wer aber einmal im ersten

Quartal des Folgejahres den Jahresabschluss für das vorangegangene Jahr fertig gestellt hat, wundert sich immer wieder, wie viele Rechnungen erst im April oder Mai noch eintrudeln. Selbst der beste Buchhalter ist da machtlos. Bei der Anmeldung zur Tabelle im Insolvenzverfahren bleibt zum einen mehr Zeit, zum anderen haben die Gläubiger einen entsprechenden Druck, sprich Eigeninteresse, ihre Forderungen gegenüber dem Gläubiger anzumelden. Nichtsdestotrotz: Die Insolvenzgründe der Zahlungsunfähigkeit lassen sich zumindest für eine erste Analyse leicht aus der Bilanz erkennen. Nimmt im Laufe der Zeit oder plötzlich der Bestand an flüssigen Mitteln (rapide) ab und/oder steigen die Schulden, liegt oft die Zahlungsunfähigkeit nicht mehr fern.

Bei der Überschuldung ist dies schwieriger: Zwar sind die Schulden (Rückstellungen und Verbindlichkeiten) mit ihren jeweiligen Zeitwerten auf der Passivseite erfasst. Dem gegenüber stehen jedoch die Aktiva mit ihren Buchwerten in der Bilanz. Buchwerte unterscheiden sich von den für die Überschuldung maßgeblichen Liquidationswerten zum einen durch die bereits genannte ‚*going concern*'-Prämisse im handelsrechtlichen Jahresabschluss. Es wird im Jahresabschluss grundsätzlich so bewertet, als ob das Unternehmen fortgeführt und gerade nicht liquidiert wird. Bei Vorliegen eines Insolvenztatbestandes ist die Fortführung des Unternehmens jedoch ernstlich zweifelhaft. Spätestens dann muss mit Liquidationswerten bewertet werden. Diese entsprechen dem Preis, den ein williger Käufer bei einer Liquidation zahlen würde, sprich: dem, was bei einer Versilberung erzielt wird. Dieser liegt in diesem Fall unter dem Buchwert. Denn für eine Maschine aus einer Insolvenzmasse wird ein Käufer regelmäßig weniger bezahlen als der Wert, den eine Maschine im Falle der Unternehmensfortführung für das Unternehmen hat. In einem anderen Fall kann der Liquidationswert auch über den Buchwert liegen. Denn der Liquidationswert deckt die stillen Reserven vollständig auf. Ein Grundstück wird beispielsweise zum Zeitwert versilbert, während es in den Büchern des Unternehmens mit den historischen Anschaffungs-/Herstellungskosten von *anno dazumal* bewertet wurde. Ebenfalls Abweichungen bei der Feststellung der Überschuldung gibt es beim Umfang der bilanzierten Vermögensgegenstände. So werden bei der Ermittlung der Überschuldung alle Vermögensgegenstände erfasst, die versilbert werden können. So besteht beispielsweise ein Wahlrecht für selbst erstellte immaterielle Vermögensgegenstände oder den selbst geschaffenen Geschäfts- oder Firmenwert. Gerade das nicht bilanzierte Patent oder das Know-how eines Unternehmens kann das Interesse eines Übernehmers im Insolvenzfall wecken.

Status

Die Überschuldung wird daher nicht mittels eines Jahresabschlusses, sondern durch einen Status festgestellt:

Status zum 15.12.2016

Vermögensgegenstände	**Schulden**
zum Liquidationswert	zum Liquidationswert (entspricht i.d.R. dem Wert in der Handelsbilanz)
Überschuldung	
Summe	Summe

Abbildung: Schema eines Status

Wesentlicher Unterschied zur Bilanz ist, dass die Vermögensgegenstände mit ihren beizulegenden Zeitwerten (Liquidationswerte) bewertet werden. Entscheidend für die Erfassung sind nicht die maßgeblichen Rechnungslegungsvorschriften, sondern die Frage, was die Vermögensgegenstände bei ihrer Versilberung bringen.

2. Verlust des hälftigen Stamm-/Gezeichneten Kapitals

Zurück zu dem eingangs geschilderten Fall des Gesellschafter-Geschäftsführers. § 92 Abs. 1 Aktiengesetz (AktG) verpflichtet den Vorstand einer Aktiengesellschaft, § 49 Abs. 3 GmbH-Gesetz (GmbHG) die Verantwortlichen in einer GmbH, unverzüglich eine außerordentliche Gesellschafterversammlung (außerordentliche Hauptversammlung) einzuberufen, wenn das gezeichnete Kapital zur Hälfte verloren ist. Damit sollen die Anteilseigner gewarnt werden, dass die Bilanzrelationen ins Ungleichgewicht gekommen sind. Es bleibt ihnen überlassen, welche Konsequenzen sie daraus ziehen. Sie könnten beispielsweise beschließen, dass Geschäftsführung oder Vorstand so weitermachen dürfen wie bisher.

Wie gerade gezeigt, bedeutet dies ‚nur' eine ungünstige Verschiebung der Bilanzrelationen, nicht das Vorliegen der Überschuldung.

3. Rechnungslegung und Insolvenzprognose

Natürlich bedeutet diese Verschiebung der Bilanzrelationen mehr als die bloße gesetzliche Pflicht, eine außerordentliche Gesellschafterversammlung einzuberufen. Denn der Jahresabschluss soll ja über die wirtschaftlichen Verhältnisse bei einem Unternehmen informieren. Selbstverständlich sind die Anteilseigner in erster Linie daran interessiert, aus dem Jahresabschluss zukünftige Gewinnerwartungen und Ausschüttungen prognostizieren zu können. Aber der Jahresabschluss, genauer: Veränderungen im Lauf der Zeit, wird auch eingesetzt, um die Insolvenzwahrscheinlichkeit eines Unternehmens zu prognostizieren. Insbesondere Kreditinstitute setzen ihr Instrumentarium dazu ein. Sie kennen ja die Jahresabschlüsse ihrer Kreditnehmer und können daraus Insolvenzwahrscheinlichkeiten ableiten. Wenn beispielsweise mehr als die Hälfte der Kreditnehmer, deren Jahresabschluss mehr als die Hälfte des gezeichneten Kapitals als verloren auswies, innerhalb von zwei Jahren Insolvenzantrag stellt, wird sich das Kreditinstitut überlegen, einem Unternehmer mit vergleichbaren Bilanzrelationen einen Kredit zu gewähren oder diesen zu verlängern.

Typische Kennzahlen bei der Insolvenzprognose sind:

- Prognose der (drohenden) Zahlungsunfähigkeit:
  - Verhältnis des Bestandes an flüssigen Mitteln zu kurzfristigen Verbindlichkeiten (Liquidität I. Grades): Wenn diese Kennzahl nahe 1 oder 100 % liegt, kann das Unternehmen seine fälligen Verpflichtungen bedienen. Steigt die Liquidität I. Grades über 100 %, deutet dies darauf hin, dass das Unternehmen mehr Liquidität hat, als es zur Befriedigung der Gläubiger benötigt. Das kann bei Aktionären Begehrlichkeiten wecken: Warum das Geld nicht ausschütten? Liegt die Kennzahl nahe 10 % bedeutet dies, dass jeder Gläubiger von sofort fälligen Zahlungen nur zehn Cent pro Euro Schulden bekommt. Eine derart niedrige Kennzahl kann, muss aber nicht auf finanzielle Schwierigkeiten hindeuten.
  - Verbindung von Bilanzkennzahlen mit der Kapitalflussrechnung: Oft wird auch der Cashflow aus laufender Geschäftstätigkeit ins Verhältnis zu den kurzfristigen Verbindlichkeiten gesetzt. Dahinter steht die Frage, ob die finanziellen Verpflichtungen aus dem laufenden Geschäft bedient werden können.
  - Sog. „Fristenkongruenz“ oder „Goldene Bilanzregel“: Langfristig gebundenes Vermögen (Anlagevermögen) sollte auch langfristig finanziert sein. Wenn ein Unternehmen die Investitionen in Maschinen und den Fuhrpark mit dem Kontokorrentkredit finanzieren möchte, wird es schnell zahlungsunfähig sein. Denn der kurzfristige Kredit muss schneller getilgt sein, als Cashflow mit dem Anlagevermögen erwirtschaftet werden kann. Wenn das

Anlagevermögen nicht aus dem Eigenkapital finanziert werden kann, müssen es langfristige Bankkredite sein.

- Wie schnell zahlen die Kunden ihre Rechnung? Das Unternehmen kann dieses Kundenziel aus der Buchhaltung erfahren. Der externe Analyst dividiert den durchschnittlichen Bestand an Forderungen durch die Umsatzerlöse. Das Ergebnis multipliziert mit 365 ergibt einen Näherungswert für die Anzahl der Tage zwischen Umsatz und Zahlung. Interessant für die Prognose der Zahlungsunfähigkeit ist bei dieser Kennzahl insbesondere die Entwicklung. Wenn das Kundenziel dramatisch ansteigt, wird die Zahlungsfähigkeit möglicherweise genauso dramatisch abnehmen. Insbesondere ist diese Kennzahl mit der folgenden zu verknüpfen:

- dem Lieferantenziel: Sie bietet eine Näherung für das in Anspruch genommene Zahlungsziel bei Lieferanten. Sinn macht diese Zahl jedoch ausschließlich bei Unternehmen, bei denen die Zulieferer eine wichtige wirtschaftliche Rolle spielen, beispielsweise im produzierenden Gewerbe. Bei Dienstleistungsunternehmen ist der Anteil der zugelieferten Materialien gering. Damit wird deren Liquidität vor allem über den Zahlungseingang gesteuert.
  Beim Lieferantenziel wird der durchschnittliche Bestand an Lieferantenverbindlichkeiten ins Verhältnis gesetzt zum Materialaufwand. Mal 365 ergibt sich die durchschnittliche Anzahl an Tagen bis zur Zahlung der Eingangsrechnungen.
  Auch hier ist vor allem die Entwicklung über die Jahre interessant. Nimmt das Lieferantenziel zu, deutet dies entweder auf eine starke Verhandlungsposition des Unternehmens hin. Es kann seine (langfristigen) Zahlungsbedingungen gegenüber den Lieferanten durchsetzen – oder, was wahrscheinlicher sein dürfte, Zahlungsschwierigkeiten.

▪ Prognose der Überschuldung:

- Eigenkapitalquote, Eigenkapitalquote und nochmals Eigenkapitalquote: Das Eigenkapital ist der ‚Puffer' zwischen dem Vermögen und dem Fremdkapital. Wenn der Wert des Vermögens absinkt, fängt dies zunächst das Eigenkapital auf. Denn im Insolvenzfall werden die Eigenkapital-Geber nachrangig befriedigt, will heißen: sie bekommen das, was bei der Liquidation übrig bleibt. Umgekehrt formuliert: je größer dieser Puffer ist, desto unwahrscheinlicher wird eine Überschuldung. Viele Kreditinstitute betrachten daher die Eigenkapitalquote als die entscheidende Kennzahl aus der Bilanz für die Insolvenzprognose.

- Vorhandensein stiller Reserven: Weil im Status die Vermögensgegenstände mit ihrem Liquidationswert (also mit stillen Reserven) erfasst werden, bedeuten diese ebenfalls einen Puffer gegen die Überschuldung. Wie der Name aber bereits sagt, sind die stillen Reserven für den externen Analysten nicht erkennbar und damit nicht für die Insolvenzprognose nutzbar.

Tipp für Vorstände, Geschäftsführer und Unternehmensinhaber

Bisher wurde die Insolvenzprognose aus der Perspektive des Investors oder Fremdkapitalgebers, insbesondere der Kreditinstitute betrachtet. Aber auch Vorstände und Geschäftsführer oder Unternehmensinhaber sollten auf die gerade geschilderten Warnhinweise aus dem Jahresabschluss achten. Wenn also die Liquiditätsgrade und/oder die Eigenkapitalquote sinken, sollten mit Liquiditätstatus und Vermögensstatus das mögliche Vorliegen von Insolvenzgründen geprüft werden.

Denn: …

4. Rechnungslegung und Insolvenzstrafrecht

… Die Eröffnung eines Insolvenzverfahrens ist nicht strafbar – ganz im Gegenteil: Sie kann die Strafbarkeit der im Unternehmen Verantwortlichen, namentlich Geschäftsführer und Vorstand, verhindern. Zahlungsunfähigkeit und/oder Überschuldung hat in der Regel nichts mit Schuld und Sühne zu tun. Wenn der größte Kunde nicht mehr zahlt, mag sich der Geschäftsführer oder Unternehmensinhaber vorwerfen, die falschen unternehmerischen Entscheidungen getroffen zu haben. Aber unternehmerische Entscheidungen sind immer mit einem Risiko (gleichzeitig aber auch Chancen) verbunden. Der Eintritt eines solchen Risikos ist aber nicht strafbar. Das mag beim Bankraub anders sein.

Strafbar ist jedoch, gesetzlich vorgeschriebene Bücher nicht oder nicht richtig zu führen. § 283b Strafgesetzbuch (StGB) stellt explizit die „Verletzung der Buchführungspflicht“ unter Strafe. Aber auch die Grundnorm, der Bankrott (§ 283 StGB), nennt als einen möglichen Tatbestand die Verletzung der Buchführungspflicht. Selbst die beiden anderen Strafvorschriften des Insolvenzstrafrechts (Gläubigerbegünstigung – § 283c StGB und Schuldnerbegünstigung – § 283d StGB) weisen indirekte Bezüge zur Rechnungslegung auf. Voraussetzung für die Strafbarkeit ist jeweils die „Kenntnis“ der eigenen oder fremder Zahlungsunfähigkeit. Wo lässt sich diese erkennen? Natürlich in der leeren Kasse bei gleichzeitig an der Tür klopfendem Gläubiger. Aber schon viel früher beim Blick in die Bücher und Bilanzen (siehe oben).

4. Kapitel

Rechnungslegungsinstrumente

4

I. Vermögens-, Finanz- und Ertragslage

Die Rechnungslegungsinstrumente Bilanz sowie Gewinn- und Verlustrechnung wurden bereits angesprochen. Ziel dieses Kapitels ist es, die bereits angesprochenen Rechnungslegungsinstrumente noch einmal vertieft darzustellen und weitere Instrumente der Berichterstattung einzuführen. Außerdem sollen die Zusammenhänge zwischen den Rechnungslegungsinstrumenten dargestellt werden. Die Rechnungslegung erhebt den Anspruch, wirtschaftliche Sachverhalte umfassend darzustellen. Das gelingt mit einem einzelnen Instrument nicht.

Die Informationen aus der Rechnungslegung lassen sich unter drei große Bereiche fassen:

- Darstellung der Vermögenslage:
  Unter dem Stichwort „Insolvenz“ war gerade die ‚Überschuldung‘ Thema. Die Darstellung der Vermögen soll – wie die Bezeichnung bereits andeutet – das ‚Netto-Reinvermögen‘ des Unternehmens zu einem Stichtag darstellen. Das betrifft zum einen das Schuldendeckungspotential, das die Vermögensgegenstände (die ‚Aktiva‘) haben. Dem werden die bereits eingegangenen Zahlungsverpflichtungen (Schulden: Rückstellungen und Verbindlichkeiten) gegenüber gestellt.
  Wichtigstes Informationsinstrument für die Vermögenslage ist die Bilanz.

- Darstellung der Finanzlage:
  Die Sicherstellung der jederzeitigen Zahlungsfähigkeit ist eines

der betriebswirtschaftlichen Hauptziele der Unternehmensleitung. Zahlungsunfähigkeit bedeutet Insolvenz (siehe oben). Die Zahlungsfähigkeit bestimmt sich – wie gerade ausgeführt – einerseits nach dem Bestand der verfügbaren flüssigen Mittel, andererseits nach den fälligen Verpflichtungen. Über beides gibt die Bilanz Auskunft. Entscheidend für die Finanzlage ist aber auch der Finanzmittelfluss (englisch: Cash Flow). Dieser kann aus der Kapitalflussrechnung ersehen werden.

- Darstellung der Ertragslage:
  Gewinnausschüttungen haben neben dem Vorhandensein ausreichender liquider Mittel (Finanzlage) einen (ausreichenden) Gewinn als Voraussetzung. Dieser ergibt sich im Wesentlichen aus der Gewinn- und Verlustrechnung. Um die zugrunde liegenden Erfolgsfaktoren jedoch genauer zu analysieren, muss auf die ergänzenden Informationen, z.B. aus dem Anhang zurückgegriffen werden.

Zu diesen drei ‚Basis-Informationen' der klassischen Rechnungslegungsinstrumente herum haben sich weitere Informationsbedürfnisse der Nutzer ergeben. So wollen die Investoren auch noch wissen, ob sich das Unternehmen rechtskonform verhalten hat (Stichwort ‚Compliance'), die Umweltschützer hätten gerne nähere Informationen, ob die Gewinne auch nachhaltig erwirtschaftet worden sind und ein Unternehmen sollte nicht nur seine Erfolgspotentiale zeigen, sondern auch sein soziales Engagement. Da sich diese nicht aus dem Jahresabschluss ergeben, legen insbesondere die großen und die börsennotierten Unternehmen weitere Berichte vor.

Beginnen wir mit den ‚klassischen' Rechnungslegungsinstrumenten:

II. Bilanz und Gewinn- und Verlustrechnung

1. Die Bilanz

Die Bilanz ist eine Bestandsrechnung auf einen bestimmten Stichtag. In ihr werden die Salden der Bestandskonten verdichtet. Die einfachste Beschreibung für die Aufstellung einer Bilanz enthält § 242 Abs. 1 HGB: „Der Kaufmann hat zu Beginn seines Handelsgewerbes und für den Schluß [sic!] eines jeden Geschäftsjahres einen das Verhältnis seines Vermögens und seiner Schulden darstellenden Abschluss (Eröffnungsbilanz, Bilanz) aufzustellen." Vereinfacht formuliert heißt der Arbeitsauftrag für den Kaufmann: ‚Gehe durch

Dein Unternehmen, schreibe auf, was Du hast und was Du schuldest und stelle das übersichtlich dar':

Eröffnungsbilanz zum 1. Juli 2016

Aktiva	EUR	Passiva	EUR
Anlagevermögen		Eigenkapital	
Umlaufvermögen		Schulden	
Rechnungsabgrenzungsposten		Rückstellungen	
		Verbindlichkeiten	
		Rechnungsabgrenzungsposten	
	Bilanzsumme		Bilanzsumme

Übersicht: Eine einfache Eröffnungsbilanz nach § 242 und § 247 Abs. 1 HGB

Für Einzelunternehmen und Personenhandelsgesellschaften sieht § 247 HGB nur eine Mindestgliederung in Anlage-, Umlaufvermögen, Schulden und Rechnungsabgrenzungsposten vor. Die detailliertere Bilanzgliederung in § 266 HGB gilt formal nur für Kapitalgesellschaften. Sie wird jedoch auch von den meisten Nicht-Kapitalgesellschaften verwendet.

Das Eigenkapital ergibt sich bei diesen als Differenzgröße zwischen dem Vermögen (genauer: der Bilanzsumme der Aktivseite) und den Schulden (genauer: abzüglich des passiven Rechnungsabgrenzungspostens). Das ist der Grund, warum es zwar Vorschriften zur Bewertung von Vermögen und Schulden gibt, aber nicht für das Eigenkapital. Denn eine Differenzgröße ergibt sich nicht durch eine Bewertung, sondern durch eine mathematische Operation.

Diese Aussage ist zwar theoretisch und mathematisch richtig, geht aber an der Buchhaltungspraxis vorbei. Denn eine Differenzgröße müsste eigentlich nicht gebucht werden. Tatsächlich werden die Veränderungen des Eigenkapitals ebenfalls buchhalterisch erfasst. Da gibt es zum einen die erfolgsneutralen Veränderungen des Eigenkapitals. Diese werden in der Buchhaltung nur über Bestandskonten erfasst. Im Rahmen der folgenden Ausführungen werden diese unter den Überschriften ‚Einlagen und Entnahmen' bei Nicht-Kapitalgesellschaften und als ‚Kapitalerhöhungen/-herabsetzungen' bei Kapitalgesellschaften dargestellt.

Aus der Eröffnungsbilanz werden zunächst die Bestandskonten abgeleitet, unterjährig zusammen mit den Erfolgskonten gebucht und zum Ende des Jahres mit ihren Salden zur Bilanz zusammengefasst.

Die Bilanzsumme gilt als ein Maßstab für die Größe eines Unternehmens. Je mehr Vermögen in der Bilanz ausgewiesen sind, desto größer der Geschäftsbetrieb.

Bilanzsumme

An die Bilanzsumme als Größenkriterium knüpfen zum einen Vorschriften für die Rechnungslegung selber an. So müssen kleine Gesellschaften ihren Jahresabschluss nicht prüfen lassen (vgl. § 316 HGB) oder können Erleichterungen bei der Aufstellung des Anhangs in Anspruch nehmen (§ 288 HGB).

In Großbritannien dagegen bemisst sich die Bankenangabe nach der Bilanzsumme.

2. Die Gewinn- und Verlustrechnung

Interessanter als die gerade beschriebenen erfolgsneutralen Veränderungen des Eigenkapitals sind jedoch dessen erfolgswirksamen Veränderungen, vorne als ‚reicher oder ärmer werden' oder mit den Fachbegriffen ‚Erträge und Aufwendungen' umschrieben. Eigentlich könnten diese vollständig über ein Unterkonto des Eigenkapitals als Quasi-Bestandskonto gebucht werden. Das hat sich im Laufe der Jahrhunderte aber als wenig übersichtlich herausgestellt. Daher führten die Kaufleute ein weiteres Rechnungslegungsinstrument, die Gewinn- und Verlustrechnung, ein. Denn für den Kaufmann selbst, aber auch Investoren oder die Fremdkapitalgeber ist es von Interesse, woher der Erfolg des Unternehmens kommt. Sind es die Erträge, die sich erhöht haben, oder sind es die Aufwendungen, die sich vermindert haben?
§ 242 Abs. 2 HGB definiert das sehr vereinfacht: Der Kaufmann „hat für den Schluss eines jeden Geschäftsjahres eine Gegenüberstellung der Aufwendungen und Erträgen des Geschäftsjahres (Gewinn- und Verlustrechnung) aufzustellen". Also einfach ‚*minus Aufwendungen plus Erträge ist gleich fertig*'. Das ist zwar einfach, aber nichtssagend. Daher:

Gewinn- und Verlustrechnung nach dem Gesamt- oder dem Umsatzkostenverfahren

Gelegenheit für den Blick ins Gesetz. § 275 Abs. 1 HGB lässt die Darstellung der erfolgswirksamen Veränderungen des Eigenkapitals in zwei Formaten zu:

- nach dem in Deutschland gebräuchlichen Gesamtkostenverfahren (§ 275 Abs. 2 HGB)
- nach dem international weiter verbreiteten Umsatzkostenverfahren (§ 275 Abs. 3 HGB)

Das Gesamtkostenverfahren ordnet die Aufwendungen und Erträge nach den Kostenarten, vereinfacht dargestellt:

	Umsatzerlöse
+/-	Erhöhung oder Verminderung des Bestands an fertigen und unfertigen Erzeugnissen
+	andere aktivierte Eigenleistungen
+	Sonstige betriebliche Erträge
-	Materialaufwand
-	Personalaufwand
-	Abschreibungen
-	sonstige betriebliche Aufwendungen
+/-	Finanzergebnis
-	Ergebnis nach Steuern
-	Sonstige Steuern
=	Jahresüberschuss/Jahresfehlbetrag

Übersicht: Die Gewinn- und Verlustrechnung nach dem Gesamtkostenverfahren (§ 275 Abs. 2 HGB)

Kennzeichnend für das Gesamtkostenverfahren ist die Bestandsveränderung bei den fertigen und unfertigen Erzeugnissen. Diese entsteht nach der Inventur und der Bewertung der Vorräte. Unterjährig hat der deutsche Buchhalter den Material- und den Personalaufwand erfasst. Durch die Buchung gegen die zweite Position in der Gewinn- und Verlustrechnung wird der Aufwand wieder korrigiert. Beim Gesamtkostenverfahren (siehe dazu die folgenden Ausführungen) hingegen wird die Beschaffung erfolgsneutral gegen die Bestände gebucht. Der Aufwand aus dem Verbrauch wird im Umsatzkostenverfahren gegen die Herstellungskosten gebucht.

Die anderen aktivierten Eigenleistungen beinhalten den Gegenposten für die vom Unternehmen selbst erstellten Anlagegüter, z.B. die selbst programmierte Software oder die selbst gebaute Fertigungsstraße.

Material- und Personalaufwand enthalten die größten Aufwandsposten für das Unternehmen. Unter die „Sonstigen betrieblichen Aufwendungen“ fallen alle Aufwendungen, die sich keinem spezielleren Posten zuordnen lassen.

Im Finanzergebnis (Details bitte in § 275 HGB nachlesen) finden sich die Zinserträge, in den Zinsaufwendungen die geleisteten Darlehenszinsen, die Erträge aus Beteiligungen oder die Abschreibungen auf Finanzanlagen.

Die „Steuern vom Einkommen und Ertrag“ beinhalten die Gewerbesteuer und bei Kapitalgesellschaften die Körperschaftsteuer zuzüglich Solidaritätszuschlag. Die Einkommensteuer der Anteilseigner dagegen gehört nicht in die Gewinn- und Verlustrechnung des Unternehmens. Auch bei Einzelunternehmen bleibt diese Ertragsteuer daher in der Buchhaltung unberücksichtigt.

Die „Sonstigen Steuern“ sind eher ein kleiner Posten. Bei Immobilienbesitz wird dort die Grundsteuer erfasst, bei einem Bewachungsunternehmen vielleicht noch die Hundesteuer für die Wachhunde. Der größte Teil der Umsatzsteuer fließt als durchlaufender Posten überhaupt nicht in die Gewinn- und Verlustrechnung ein. Erfolgswirksam ist nur die Umsatzsteuer auf den Eigenverbrauch.

Die wesentlichen Posten der Gewinn- und Verlustrechnung nach dem Umsatzkostenverfahren (§ 275 Abs. 3 HGB) sind:

	Umsatzerlöse
-	Herstellungskosten der zur Erzielung der Umsatzerlöse erbrachten Leistungen
=	Bruttoergebnis vom Umsatz
-	Vertriebskosten
-	Allgemeine Verwaltungskosten
+	Sonstige betriebliche Erträge
-	Sonstige betriebliche Aufwendungen
+/-	Finanzergebnis
-	Ergebnis nach Steuern
-	Sonstige Steuern
=	Jahresüberschuss/Jahresfehlbetrag

Übersicht: Die Gewinn- und Verlustrechnung nach dem Umsatzkostenverfahren (§ 275 Abs. 3 HGB)

Zwei Posten sind bei beiden Darstellungsformen gleich: der erste (Umsatzerlöse) und der letzte (Jahresüberschuss/-fehlbetrag). Der Unterschied zwischen den beiden Darstellungsformen liegt in den Posten ‚dazwischen'. Während beispielsweise der Personalaufwand nach dem Gesamtkostenverfahren in einer Position ausgewiesen wird, muss er für die Darstellung nach dem Umsatzkostenverfahren nach Kostenstellen aufgeteilt werden: Die Aufwendungen für die Mitarbeiter in der Produktion fließt in die „Herstellungskosten der zur Erzielung der Umsatzerlöse erbrachten Leistungen", die für Vertriebsmitarbeiter in die „Vertriebskosten" und die für die allgemeine Verwaltung in die Kosten für die „Allgemeine Verwaltung". Gleiches gilt für die Abschreibungen: Der Abschreibungsaufwand für die Produktionsmaschinen in die „Herstellungskosten" und der EDV-Aufwand für die Buchhaltung in die „Allgemeine Verwaltung".

Das Umsatzkostenverfahren bietet einige Vorteile für die Analyse. So zeigt das „Bruttoergebnis vom Umsatz" auf den ersten Blick, wie viel vom Umsatz nach Produktionskosten übrig bleibt. Je höher die so ermittelte Marge, so sehen es viele Analysten, desto eher sind die Aktien des Unternehmens ein ‚Kauf'. Das verführt manchen Buchhalter zur Umverteilung. Der Produktionsvorstand hat sowohl ‚produktive' Aufwendungen (daher „Herstellungskosten") als auch administrative Aufgaben („Allgemeine Verwaltung"). Je nach Schlüssel lässt sich die Marge zumindest in einem bestimmten Rahmen ‚steuern'. Sind die Verwaltungskosten dagegen ‚zu hoch', wird dies schnell als ‚Wasserkopf' interpretiert. Nur bei den ‚Vertriebskosten' lassen sich die Analysten und diesen folgend, die potentiellen Aktionäre, leichter begeistern: wer hätte denn schon etwas dagegen, dass mehr Vertriebsaufwand sich doch irgendwann einmal in mehr Umsatz umsetzen wird? Doch das Prinzip des Umschlagens von Quantität (Aufwand) in Qualität (mehr Umsatz und hoffentlich mehr Gewinn) ist eher ein marxistisches denn eine betriebswirtschaftliche Regel.

3. Der Jahresabschluss

§ 242 Abs. 3 HGB definiert den Jahresabschluss als Bilanz und Gewinn- und Verlustrechnung. In dieser Definition findet sich eines der Prinzipien der doppelten Buchführung wieder. Eine Buchung wird entweder auf zwei Bestandskonten erfasst und verändert damit die Bilanz. Oder: eine Buchung wird auf einem Bestandskonto und einem

Erfolgskonto erfasst. Dann verändert sich zunächst eine Seite der Bilanz – und, weil die Erfolgskonten nur Unterkonten des Eigenkapitals sind und zum Jahresüberschuss/-Fehlbetrag verdichtet werden, verändert sich das Eigenkapital korrespondierend. Nicht möglich sind daher Buchungen von einem Erfolgskonto auf das andere (sieht man einmal von Umbuchungen zur Korrektur ab). Denn dies würde bedeuten, dass in der Bilanz das Eigenkapital zunächst steigt und gleich wieder zurückgeht. Für Buchhalter eine unvorstellbare Situation!

Zweite Folge der Definition in § 242 Abs. 3 HGB: die Bilanz kommt nie allein, sondern die Gewinn- und Verlustrechnung gehört als Erfolgsrechnung immer mit dazu.

III. Unterstrichvermerke und Haftungsverhältnisse

Der Geschäftsbericht

Geschäftsberichte lassen sich unter mehreren Gesichtspunkten betrachten. Für Erstleser sind es besonders die schönen Bilder, die – je nach Branche – die Produkte oder die Kunden des Unternehmens zeigen. Hier sind die Hersteller von Konsumgütern klar im Vorteil. Softgetränke und Schokoriegel sind bunt und jeder kann sich etwas darunter vorstellen. Immer enthalten sind auch Fotos von Vorständen. Hier sind traditionell Bekleidungshersteller und Kreditinstitute im Vorteil.

Für die Hardcore- und andere erfahrene Leser von Geschäftsberichten sorgt die Suche nach ungewöhnlichen Posten für Abwechslung. Kreditinstitute weisen beispielsweise die Summe der zugesagten Kredite gesondert im Geschäftsbericht aus.

Welchen Nutzen hat das für den Investor?

Vergegenwärtigen wir uns noch einmal den Informationsbedarf eines Investors. Er möchte vor allem eines: Dividende ausgeschüttet bekommen. Das hat – wir erinnern uns – zwei Voraussetzungen: zum einen einen Bilanzgewinn, zum anderen ausreichend flüssige Mittel. Kreditzusagen haben noch nicht zu einem buchungspflichtigen Geschäftsvorfall geführt. Erst mit der Auszahlung entsteht die Forderung. Eine Kreditzusage beinhaltet (und das ist eine Besonderheit bei Banken) erstens, die Aussicht auf Erträge (Zinsen auf ausgereichten Darlehen) und zweitens führt ein Kredit zu einem Abfluss finanzieller Mittel. Für die Analyse des Erfolgspotenzials und der zukünftigen Ausschüttungsmöglichkeiten sind die Kreditzusagen daher eine interessante Information. Gehen die Kreditzusagen zurück, hat das nicht nur volkswirtschaftliche Folgen, sondern auch Auswirkungen auf die künftige Entwicklung eines Kreditinstituts.

Diesem Informationsbedürfnis nach der Angabe noch nicht gebuchter, aber möglicher Geschäftsvorfälle trägt das deutsche HGB besonders an drei Stellen Rechnung:

- Haftungsverhältnisse, auch als Unterstrichvermerke bezeichnet (§ 251 HGB):
  Wenn sie noch nicht zu buchungspflichtigen Geschäftsvorfällen geführt haben, müssen Verbindlichkeiten aus der Begebung und Übertragung von Wechseln, aus Bürgschaften, aus Gewährleistungsverträgen sowie Haftungsverhältnisse aus der Bestellung von Sicherheiten für fremde Verbindlichkeiten, unter der Bilanz angegeben werden.
  So ist beispielsweise der Warenbestand oder das Firmengebäude als Sicherheit uninteressant, wenn es bereits für das Darlehen des Tochterunternehmens als Sicherheit verwendet wurde.

- Angaben im Anhang zu nicht bilanzierten Geschäften (§ 285 Nr. 3 HGB):
  Wenn es diese Angabepflicht nicht gäbe, würden die betreffenden Geschäfte nicht aus dem Jahresabschluss erkennbar sein. Neben den Angaben zu Art und Zweck des Geschäftes müssen auch die Risiken und Vorteile dargestellt werden.
  Beispiele für solche Geschäfte und mögliche Gründe für diese:

  – Beim Factoring ‚verkauft' das Unternehmen seine Forderungen und erhält dafür sofort Liquidität. Dadurch verbessert sich die Finanzlage des Unternehmens, beim unechten Factoring verbleibt jedoch das Bonitätsrisiko beim Unternehmen. Es kann daher sein, dass die Gelder zurückgezahlt werden müssen.

  – Pensionsgeschäfte sind im Zusammenhang mit Wertpapiergeschäften und Dividendenausschüttungen in die Schlagzeilen gekommen. Kreditinstitute nahmen beispielsweise die Wertpapiere ausländischer Investoren kurz vor dem Dividendenstichtag in den eigenen Bestand (‚Pension'), erhielten dadurch die Kapitalertragsteuer (ggfs. im Anrechnungsverfahren) und teilten den dadurch gewonnenen Steuervorteil mit dem ansonsten nicht anrechnungsberechtigten ausländischen Investor. Die Hereinnahme in den eigenen Bestand wäre zu buchen, die bereits zu diesem Zeitpunkt bestehende Rückgabeverpflichtung wäre ohne Anhangsangabe nicht zu erkennen.

- Auslagerung von wirtschaftlichen Aktivitäten in Zweckgesellschaften:
  Die bekanntesten Zweckgesellschaften sind wohl die ‚bad banks'. Kreditinstitute lagern dabei Kredite mit hohem Ausfallrisiko in eine Zweckgesellschaft, manchmal in der Rechtsform der Stiftung, aus. Anstatt risikobehaftete Forderungen aus Krediten im eigenen Jahresabschluss wertberichtigen zu müssen, stehen damit entweder flüssige Mittel oder Forderungen gegen die Zweckgesellschaft in der Bankbilanz. Ohne entsprechende zusätzliche Angaben wäre diese Verbesserung der Vermögens-, Finanz- und Ertragslage für einen Analysten nicht erkennbar. Durch die Presse gingen auch die Zweckgesellschaften, die von einer großen Kanzlei in Panama errichtet wurden. Dieses Beispiel zeigt aber die Grenzen von Rechnungslegungsnormen. Gerade bei diesen Zweckgesellschaften (in Panama) wird wohl kaum ein Unternehmen die entsprechenden Angaben gemacht haben.

- *Sale-und-lease-back*-Transaktionen:
  Um die Bilanzrelationen bei einem kapitalintensiven Betrieb zu verbessern sind Sale-and-Lease-Back-Transaktionen eine Möglichkeit. Der Betreiber eines Offshore-Windparks, beispielsweise hat aufgrund des hohen Finanzierungsbedarfs und der langfristigen Bindung des Anlagevermögens Nachteile bei der Darstellung seiner Finanzlage. Um diese zu verbessern, könnte das Unternehmen den Windpark an eine Leasinggesellschaft oder einen Fonds verkaufen (‚sale'). Damit die Anlagen aber weiter betrieben werden können, mietet das Unternehmen diese gleich wieder zurück. Auch hier gilt: ohne entsprechende Anhangsangaben erkennt der Analyst die Veränderung zwischen den einzelnen Jahresabschlüssen nicht ohne Weiteres.

- Angabe der sonstigen finanziellen Verpflichtungen (§ 285 Nr. 3a HGB):
  Sonstige finanzielle Verpflichtungen sind dadurch gekennzeichnet, dass sie zu einem späteren Zeitpunkt zu einem Abfluss von finanziellen Mitteln führen, aber noch nicht buchungspflichtig sind.
  Ein Automobilhersteller verpflichtet sich beispielsweise aufgrund eines Rahmenvertrages, über einen bestimmten Zeitraum be-

stimmte Mengen und/oder einen bestimmten Wert von Lieferanten abzunehmen. Buchungspflichtig (und damit in der Summe im Jahresabschluss erkennbar) sind erst die abgenommenen und zu bezahlenden Mengen. Aus der entsprechenden Angabe der sonstigen finanziellen Verpflichtung kann der Analyst aber Abhängigkeiten und zukünftige Abflüsse finanzieller Mittel abschätzen.

IV. Kapitalflussrechnung

1. Konzeption

Im 2. Kapitel wurden die unterschiedlichen Methoden der Erfolgsermittlung vorgestellt. Der Erfolg eines Unternehmens kann entweder aus dem Überschuss der Einzahlungen abzüglich der Auszahlungen (Liquiditätsbetrachtung) oder als Gewinn (Erträge minus Aufwendungen) ermittelt werden. Wie bereits dort festgestellt, braucht ein Unternehmen beides: den finanzwirtschaftlichen und den erfolgswirtschaftlichen Erfolg. Investoren haben ein doppeltes Interesse daran, beide Größen zu beachten. Zum einen wird nur ein wirtschaftlich erfolgreiches Unternehmen Dividenden (im Falle der Eigenkapitalgeber) bzw. Zins und Tilgung (im Fall der Fremdkapitalgeber wie Banken) leisten können. Gleichzeitig muss für die Zahlungsströme an die Kapitalgeber ausreichend Liquidität für die Auszahlung zur Verfügung stehen. Denn keine Bank wird die Ausschüttung der Dividende über ein Darlehen vorfinanzieren. Denn die Aktionäre werden die Gewinnausschüttung gerne entgegennehmen – und dieses Geld steht für Zins und Tilgung nicht mehr zur Verfügung.

Es gibt zwei Möglichkeiten, den Kapitalfluss in einem Unternehmen für eine Periode zu ermitteln:

1. Die sog. ‚Direkte Methode' und

2. die sog. ‚Indirekte Methode'.

Das Ziel beider ist gleich: die Veränderung der Flüssigen Mittel (die ‚Kapitalflüsse') dem operativen, dem investiven und dem Finanzierungsbereich zuzuordnen. Auch die Aufnahme eines Darlehens führt beispielsweise zu einem Finanzmittelzufluss. Aber dieses Geld muss irgendwann einmal wieder zurückgezahlt sein, in der Regel zuzüglich Zinsen. Den Einzahlungsüberschuss aus dem operativen Geschäft dagegen kann das Unternehmen nach eigenem Gutdünken verwenden: zum Investieren, für künftige Investitionen – oder, was Aktionäre schätzen, für Gewinnausschüttungen!

Zu 1.:
Bei der ‚Direkten Methode' werden die Einzahlungen und Auszahlungen direkt ‚an der Quelle' erfasst und gemessen. Diese Methode kann für die laufende Geschäftstätigkeit nur vom Unternehmen selber aufgrund eigener Buchhaltungszahlen erstellt werden. Für den investiven und Finanzierungsbereich lassen sich die Zahlen aus anderen Rechnungslegungsinstrumenten (z.B. dem Anlagespiegel) ableiten.

Zu 2.:
Die Kapitalflussrechnung nach der ‚Indirekten Methode' wird dagegen aus dem Jahresabschluss abgeleitet. Nachdem dieser – zumindest bei den größeren Unternehmen – offen gelegt werden muss, kann diese Methode auch von externen Analysten verwendet werden. Da sie bereits aggregierte Zahlen verwendet, ist sie auch schneller und einfacher zu erstellen.

Beide Methoden betrachten die gleichen Zahlungsströme, müssen also zum gleichen Ergebnisse kommen.
Für die Direkte Methode liegt das Erfassungskriterium ‚auf der Hand': Jede Veränderung eines Bankkontos, eines Kassenbestandes sowie der sonstigen liquiden Mitteln führt zu einer zahlungswirksamen Veränderung des Bestandes an Flüssigen Mitteln.
Bei der Indirekten Methode ist eine Vorüberlegung nötig, um deren Konzeption zu verstehen:
Alle Veränderungen der Bilanz führen – früher oder später – zu einem Kapitalfluss. Die Aufgabe der Indirekten Methode ist daher, die noch nicht zahlungswirksamen Veränderungen der Bilanz bzw. die nicht erfolgswirksamen, aber zahlungswirksamen, zu korrigieren:

Korrektur zahlungsunwirksamer Vorgänge

Ein Unternehmen erbringe Dienstleistungen für 200 EUR, 125 EUR werden sofort bezahlt, für den Rest bekommt der Kunde eine Rechnung.

Da die Dienstleistung bereits erbracht ist, werden die vollen 200 EUR als Umsatz realisiert und in der Gewinn- und Verlustrechnung erfasst. Zahlungswirksam sind aber nur die 125 EUR aus der Barzahlung. Soll der Cash Flow aus dem Jahresabschluss abgeleitet werden, muss dieser nicht-zahlungswirksame Vorgang wieder korrigiert werden:

Geschäftsvorfall	Buchungssatz	Gewinnänderung	Cash Flow	Erläuterung
Dienstleistung gegen Barzahlung (125 EUR)	Per Flüssige Mittel 125 EUR (Soll) an Umsatzerlöse 125 EUR (Haben)	+ 125 EUR	+ 125 EUR	Erfolgs- und zahlungswirksamer Geschäftsvorfall; bei Erstellung der Kapitalflussrechnung nach der Indirekten Methode ist keine Korrektur erforderlich
Dienstleistung auf Rechnung (75 EUR)	Per Forderungen aus Lieferungen und Leistungen 75 EUR an Umsatzerlöse 75 EUR	+ 75 EUR	+/– 0 EUR	Bei Anwendung der Indirekten Methode muss dieser zahlungsunwirksame, aber erfolgswirksame Geschäftsvorfall wieder korrigiert werden.
Summen		+ 200 EUR	+ 125 EUR	

2. Interpretation der Kapitalflussrechnung

Zweite Aufgabe der Kapitalflussrechnung (unabhängig von der angewendeten Methode) ist die Zuordnung der Kapitalflüsse auf die drei Bereiche

- Laufende Geschäftstätigkeit,
- Investitionstätigkeit und
- Finanzierungstätigkeit.

Investoren und Fremdkapitalgeber sind zunächst am Cash Flow aus der laufenden Geschäftstätigkeit interessiert. Denn daraus speist sich das gesamte Unternehmen. Investitionen und die damit verbundenen Auszahlungen sind notwendig, um die Zukunftsfähigkeit des Unternehmens zu sichern. Die Finanzierungstätigkeit ist ebenfalls eine Unterstützungsfunktion. Sie gleicht – idealtypisch betrachtet – den Finanzbedarf aus Investitionen aus oder verteilt an die Kapitalgeber.

Kapitalflussrechnungen

Was halten Sie von folgenden drei beispielhaften Kapitalflussrechnungen?

	A	B	C
	GE	*GE*	*GE*
Anfangsbestand der Flüssigen Mittel	0	145	10
+/- Cash Flow aus laufender Geschäftstätigkeit	70	320	-40
-/+ Cash Flow aus Investitionstätigkeit	-150	-250	20
+/- Cash Flow aus Finanzierungstätigkeit	80	-95	
= Schlussbestand an Flüssigen Mitteln	0	120	

Beispiel (A) ist ein typischer Existenzgründer. Er hat am Anfang keine Flüssigen Mittel. Aus dem laufenden Geschäftsbetrieb erwirtschaftet er 70 Geldeinheiten (*GE*). Der Cash Flow aus laufender Geschäftstätigkeit ist zwar positiv, reicht aber nicht, um die – am Anfang immer – großen Investitionen zu bezahlen. In der Kapitalflussrechnung deutlich daran zu sehen, dass der Cash Flow aus Investitionstätigkeit größer ist als der Cash Flow aus laufender Geschäftstätigkeit. Die Differenz zwischen diesen beiden Cash Flows muss durch den Cash Flow aus Finanzierungstätigkeit gedeckt werden. Denn die Endsumme, der Schlussbestand an Flüssigen Mitteln, muss mindestens Null sein. Einen negativen Bestand an Flüssigen Mitteln kann es nicht geben, oder haben Sie schon einmal eine Kasse gesehen, aus der man mehr Geld herausnehmen kann, als darin ist? Die gewitzten Leser kommen an dieser Stelle sofort auf das Kontokorrentkonto, haben Bankkunden üblicherweise einen Überziehungskredit (‚Dispolimit‘). In der Kapitalflussrechnung würde die Inanspruchnahme eines Bankkredits zu einem Cash Flow aus Finanzierungstätigkeit führen. So wird es auch bei dem hier gezeigten Beispiel (A) gewesen sein: Investitionen werden in Deutschland zumindest typischerweise zunächst mit einem Bankkredit finanziert. Die 80 GE, die die Differenz zwischen Cash Flow aus laufender und Investitionstätigkeit ausgleichen, werden daher wahrscheinlich ein Bankkredit gewesen sein.

Fall (B) ist das typische ‚reife Unternehmen‘. ‚Reife Unternehmen‘ sind solche, die schon lange auf dem Markt sind, ausgereifte

Produkte haben, die sich gut verkaufen, bei denen wenig Entwicklung und damit Investitionen erforderlich sind.

Früher galten Energieversorger oder Brauereien als solche ‚reife Unternehmen'. Aber, zumindest mit Äpfeln ist es so: Reife Äpfel fallen vom Baum und überreife Früchte fangen das Faulen an.

Zurück zur Kapitalflussrechnung: Bei einem ‚reifen Unternehmen' ist (wie im Beispielfall 145 GE) ein relativ hoher Barbestand zu Beginn vorhanden. Der Cash Flow aus laufender Geschäftstätigkeit ist mit 320 GE hoch – zumindest im Vergleich zu den Auszahlungen in Investitionen. Es bleibt somit – im Beispielfall 320 GE – 250 GE = 70 GE – ‚übrig', die vom Unternehmen frei verwendet werden können. Dieser ‚free cash flow' (so der englische Fachbegriff) kann zur Finanzierung künftiger Investitionen verwendet werden. Die braucht es aber bei Unternehmen im Reifestadium in der Regel nicht, oder sie können aus künftigen, laufenden Cash Flows auch in Zukunft finanziert werden. Also gibt das Management den Begehrlichkeiten der Anteilseigner nach und schüttet Dividenden aus. Ein negativer Cash Flow aus Finanzierungstätigkeit heißt entweder Rückzahlung von Darlehen oder Ausschüttungen an Anteilseigner. Da – wie gerade ausgeführt – die Investitionen aus dem laufenden Cash Flow bezahlt werden können, ist es unwahrscheinlich, dass in den „– 95 GE" des Cash Flows aus Finanzierungstätigkeit viel Rückzahlung von Darlehen enthalten ist. Der größte Teil dürften Ausschüttungen an Anteilseigner sein.

Fall (C) ist beispielhaft die Kapitalflussrechnung für das insolvenzreife, eigentlich bereits zahlungsunfähige Unternehmen. Der Bestand an Flüssigen Mitteln ist mit 10 GE gering. Kennzeichnend ist aber der negative Cash Flow aus laufender Geschäftstätigkeit (–40 GE). Ein negativer Cash Flow aus laufender Geschäftstätigkeit heißt: In seinem Kerngeschäft gibt das Unternehmen mehr Geld aus, als es einnimmt. In der Börsenkommentaren wird gelegentlich vom „Geld verbrennen" gesprochen, die anglo-amerikanischen Analysten sprechen manchmal auch von der ‚burn-rate' – was eher nach ‚Häuser anzünden' klingt. Aber es ist dieses: Auf Dauer kann kein Unternehmen in seinem operativen Geschäft nicht mehr Geld ausgeben, als es einnimmt. Kennzeichnend für ‚sterbende Unternehmen' ist auch ein positiver Cash Flow aus Investitionstätigkeit. Dahinter stehen sog. ‚Desinvestitionen', also die Einzahlungen aus dem Verkauf von Anlagevermögen. Wenn ein Unternehmen schon seine eigenen Produktionsmittel verkaufen muss, um den negativen Cash Flow aus dem laufenden Geschäft zu decken, sollten die Alarmglocken ‚schrillen'. So ist es dann auch: Wer mitgerechnet hat (+10 – 40 + 20 = –10), erinnert sich, dass der Schlussbestand an Flüssigen Mitteln nicht negativ sein kann. Damit aber eine Null erreicht wird, müsste mathematisch in der Zeile „Cash Flow aus Finanzierungstätigkeit" mindestens „+10 GE" stehen. Ökonomisch gibt es zwei Alternativen: (a) zur Bank gehen und ein Darlehen aufnehmen – eher unrealistisch. Welche Bank ‚wirft verbranntem Geld noch weiteres hinterher'? (b) Die Eigenkapitalgeber müssen das Defizit ausgleichen. Beim Einzelunternehmer mag das noch funktionieren, dass die Eigentümer Geld nachschießen, wo der rationale Investor so überlegt wie die Bank (‚verbranntem Geld frisches Geld hinterherwerfen'). Auf dem Kapitalmarkt bedarf es aber schon viel Überzeugungskraft oder einer guten Story oder eines besonders naiven Investors, um das Eigenkapital einzuwerben.

An dieser Stelle ist der Verfasser immer fasziniert, wie viele Informationen sich aus ein paar Zahlen herauslesen lassen – und wie wenig diese Informationen beachtet werden. Zugegeben, die Zahlen in den Beispielen A – B – C sind vereinfacht und überzeichnet. Aber die gleichen Informationen stecken in jeder Kapitalflussrechnung – man muss sie nur lesen (können). Rechnungslegung ist nicht langweilig und die eigene Lektüre von Geschäftsberichten bewahrt vor finanziellen Fehlentscheidungen.

3. Aufstellungspflicht

Wie gerade gezeigt, ist die Kapitalflussrechnung ein wichtiges Rechnungslegungsinstrument. Gute Steuerberater fügen es dem von ihnen erstellten Jahresabschluss bei, bei Wirtschaftsprüfern zählt die Erstellung zum Standard. Nach IFRS gehört die Kapitalflussrechnung (*Cash Flow Statement*) ebenso zum Pflichtbestandteil wie für Konzernabschlüsse nach HGB (§ 297 Abs. 1 HGB).

Für die Kapitalflussrechnung im Konzernabschluss gibt es ein verpflichtendes Schema: den Deutschen Rechnungslegungs Standard Nr. 21 (DRS 21) – Kapitalflussrechnung.

Die Deutschen Rechnungslegungs Standards

i

Für die Konzernrechnungslegung gibt es neben dem Gesetz, also dem HGB, eine weitere Rechtsnorm: die Deutschen Rechnungslegungs Standards. Diese Standards eines privaten Rechnungslegungsgremium, dem Deutschen Rechnungslegungs Standards Committee, erlangen durch Bekanntmachung des Bundesministerium der Justiz und für Verbraucherschutz den Status „Grundsätze ordnungmäßiger Buchführung/Bilanzierung“ (§ 342 Abs. 2 HGB) und sind damit den HGB-Normen (fast) gleich gestellt.

Für die Regelung zur Kapitalflussrechnung (DRS 21) gilt dies seit der Bekanntmachung am 8.4.2014. Der Einfluss dieses Standards geht aber über den Konzernabschluss hinaus. Das Schema wird auch für die Kapitalflussrechnung in Einzelabschlüssen angewendet.

Die Darstellung im Folgenden legt daher den DRS 21 zugrunde.

Nach DRS 21 kann der Cash Flow aus der laufenden Geschäftstätigkeit entweder nach der Direkten oder Indirekten Methode ermittelt werden. Die Cash Flows aus Investitions- und Finanzierungstätigkeit müssen dagegen immer direkt ermittelt werden (DRS 21.24).

4. Kapitalflussrechnung nach der Direkten Methode

Bei der direkten Ermittlung des Cash Flows aus der laufenden Geschäftstätigkeit werden die Einzahlungen und Auszahlungen unsaldiert angegeben (DRS 21.38).

Ermittlung des Cash Flows nach der Direkten Methode

Für die Direkte Methode gilt folgendes Gliederungsschema (Darstellung in Anlehnung an DRS 21.39):

Zeile		
(1)		Einzahlungen von Kunden für den Verkauf von Erzeugnissen, Waren und Dienstleistungen
(2)	-	Auszahlungen an Lieferanten und Beschäftigte
(3)	+	Sonstige Einzahlungen, die nicht der Investitions- oder der Finanzierungstätigkeit zuzurechnen sind
(4)	-	Sonstige Auszahlungen, die nicht der Investitions- oder der Finanzierungstätigkeit zuzuordnen sind
(5)	+	Einzahlungen aus außerordentlichen Posten
(6)	-	Auszahlungen aus außerordentlichen Posten
(7)	-/+	Ertragsteuerzahlungen
(8)=∑ [(1):(7)]	=	**Cash Flow aus der laufenden Geschäftstätigkeit**

Schema: Ermittlung des Cash Flows aus laufender Geschäftstätigkeit nach der Direkten Methode (DRS 21.39)

Für die Ermittlung der Cash Flows aus Investitions- und Finanzierungstätigkeit gelten die gleichen Schemata wie für die Indirekte Methode.

5. Kapitalflussrechnung nach der Indirekten Methode

Bei der Indirekten Methode wird der Cash Flow für den operativen Bereich aus dem Jahresabschluss abgeleitet.

Ermittlung der Cash Flows nach der Indirekten Methode

DRS 21 gibt dabei folgendes Schema vor (Darstellung in Anlehnung an DRS 21.40 ff. unter Berücksichtigung wesentlicher Posten):

Zeile			Spalte (a) EUR	Spalte (b) EUR
(1)		Periodenergebnis		
(2)	+/-	Abschreibungen/Zuschreibungen auf Gegenstände des Anlagevermögens		
(3)	+/-	Zunahme/Abnahme der Rückstellungen		
(4)	+/-	Sonstige zahlungsunwirksame Aufwendungen/Erträge		
(5)	=	**Cash Flow im engeren Sinne**		
(6)	-/+	Zunahme/Abnahme der Vorräte, der Forderungen aus Lieferungen und Leistungen sowie anderer Aktiva, die nicht der Investitions- oder Finanzierungstätigkeit zuzuordnen sind		
(7)	+/-	Zunahme/Abnahme der Verbindlichkeiten aus Lieferungen und Leistungen sowie anderer Passiva, die nicht der Investitions- oder Finanzierungstätigkeit zuzuordnen sind		
(8)	-/+	Gewinn/Verlust aus dem Abgang von Gegenständen des Anlagevermögens		
(9)	+/-	Zinsaufwendungen/-erträge		
(10)	-	Sonstige Beteiligungserträge		
(11)	+/-	Aufwendungen/Erträge aus außerordentlichen Posten		
(12)	+/-	Ertragsteueraufwand/-ertrag		
(13)	-/+	Ertragsteuerzahlungen		
(14)=∑ [(1):(13)]	=	**Cash Flow aus der laufenden Geschäftstätigkeit**		

Zeile			Spalte (a) EUR	Spalte (b) EUR
(15)		Einzahlungen aus Desinvestitionen		
(16)	-	Auszahlungen für Investitionen		
(17)	+	Erhaltene Zinsen		
(18)	+	Erhaltene Dividenden		
(19)=∑[(15):(18)]	=	**Cash Flow aus der Investitionstätigkeit**		

Zeile			Spalte (a) EUR	Spalte (b) EUR
(20)		Einzahlungen aus Kapitalerhöhungen		
(21)	-	Auszahlungen aus Kapitalherabsetzungen		
(22)	+	Einzahlungen aus der Begebung von Anleihen und der Aufnahme von (Finanz-)Krediten		
(23)	-	Auszahlungen aus der Tilgung von Fremdkapital		
(24)	+	Einzahlungen aus erhaltenen Zuschüssen/Zuwendungen		
(25)	-	Gezahlte Zinsen		
(26)	-	Dividendenzahlungen		
(27)=∑ [(20):(26)]	=	**Cash Flow aus der Finanzierungstätigkeit**		

Schema: Schema zur Ermittlung der Cash Flows mit der Ermittlung des Cash Flows aus laufender Geschäftstätigkeit nach der Indirekten Methode (DRS 21.40)

Ausgangspunkt der Ermittlung des Cash Flow nach der indirekten Methode ist das Periodenergebnis. Durch die folgenden Zurechnungen kann es durchaus sein, dass ein Unternehmen zwar einen Jahresfehlbetrag ausweist, insgesamt aber einen positiven Cash Flow aus der laufenden Geschäftstätigkeit aufweist. Die Betriebswirte bezeichnen das als Innenfinanzierung. Denn Steuern und Ausschüttungen bemessen sich nach dem Bilanzgewinn (dem

Jahresergebnis laut Bilanz). Liegt also ein Verlust vor, darf das Unternehmen die erwirtschafteten liquiden Mittel für eigene Zwecke einsetzen (Innenfinanzierung) und muss sie nicht an den Fiskus in Form von Ertragsteuern oder an die Aktionäre in Form von Dividenden ausschütten. Die beiden wichtigsten Größen für die Innenfinanzierung sind in der Kapitalflussrechnung gleich in den Zeilen 2 und 3 ersichtlich: Sowohl die Abschreibungen als auch die Zunahme der Rückstellungen sind erfolgswirksam, sie mindern das Jahresergebnis, sind aber nicht zahlungswirksam. Daher werden sie hinzuaddiert. Kehrt sich der Innenfinanzierungseffekt insbesondere bei der Abnahme der Rückstellungen um, müssen die jetzt zahlungswirksamen Veränderungen der Rückstellungen wieder abgezogen werden.

Die Zwischensumme in Zeile 5, der Cash Flow im engeren Sinne, ist im DRS 21 nicht vorgesehen. Diese betriebswirtschaftliche Größe ist aber in der Praxis weit verbreitet, da sie die kleinste Definition des Cash Flow beinhaltet: Mit den Abschreibungen und den Veränderungen der Rückstellungen hat der Analyst die wichtigsten erfolgswirksamen, aber nicht zahlungswirksamen Veränderungen der Bilanz erfasst.

In den Zeilen 6 und 7 werden weitere Veränderungen aus der Bilanz korrigiert. Wie oben gezeigt, bedeutet der Verkauf auf Ziel (im Beispiel war es die Erbringung von Dienstleistungen gegen Rechnung) zwar grundsätzlich eine Erhöhung des Jahresergebnisses, aber gerade keine Erhöhung des Bestandes an flüssigen Mitteln. Eine Zunahme der Forderungen führt daher zu einem Minus. Spiegelbildlich dazu: Bezahlt der Kunde seine Rechnung (Abnahme der Forderungen), führt dies zu einem positiven Kapitalfluss. Bei der Veränderung auf der Aktivseite dreht sich das Vorzeichen um. Die Zunahme von Posten auf der Aktivseite wird mit einem Minus korrigiert. Bei Veränderungen von Posten auf der Passivseite bleibt das Vorzeichen gleich.
Nehmen die Verbindlichkeiten zu, so die Überlegung, musste das Unternehmen für den Zugang an Materialien und Dienstleistungen (zunächst) kein Geld bezahlen. Dieser fehlende Abfluss von liquiden Mitteln wird in der Kapitalflussrechnung mit einem Plus beim Cash Flow berücksichtigt. Umgekehrt: Muss das Unternehmen seine Lieferanten bezahlen, führt dies zu einem negativen Kapitalfluss, in der Kapitalflussrechnung ein Minus.

Gewinne und Verluste aus dem Abgang von Gegenständen des Anlagevermögens sind ebenfalls reine Buchgewinne/-verluste. Sie müssen daher mit umgekehrtem Vorzeichen zu ihrer jeweiligen Auswirkung im Periodenergebnis korrigiert werden.

Die ertragsteuerlichen Buchungen werden unterschiedlich erfasst. Die Buchung von Aufwand und Ertrag bei den Ertragsteuern ist zunächst einmal nicht zahlungswirksam. Zu denken ist hier beispielsweise an die Zuführung zur Steuerrückstellung. Der damit verbundene Aufwand wird mit einem Plus korrigiert. Die Auszahlung für Ertragsteuern wird hingegen mit einem Minus in der Kapitalflussrechnung berücksichtigt. Wichtigster Posten hier sind die Steuervorauszahlungen.

Das hier wiedergegebene Schema zur Ermittlung des Cash Flow aus der Investitionstätigkeit ist stark verkürzt. Denn der DRS 21 differenziert jeweils nach dem Abgang (hier als Desinvestitionen bezeichnet) von immateriellen Vermögensgegenständen, Sachanlagen und Finanzanlagen. Bei einem Unternehmen in einer ökonomischen Standardsituation sind die Auszahlungen für Investitionen üblicherweise die größte Position im Cash Flow aus Investitionstätigkeit. Selbst bei einem nicht mehr stark wachsenden Unternehmen müssen Ersatzinvestitionen getätigt werden. Typischerweise führt der große negative Betrag bei den Auszahlungen für Investitionen zu einem insgesamt negativen Cash Flow aus Investitionstätigkeit. Wie im oben angeführten Beispiel (C) verdeutlicht, haben nur Unternehmen, die aus dem Markt ausscheiden wollen oder werden einen positiven Cash Flow aus der Investitionstätigkeit. Denn bei diesen sind die Einzahlungen aus dem Verkauf von Anlagegütern (Desinvestitionen) größer als die Auszahlungen für Investitionen.

Der gewöhnlich negative Cash Flow aus Investitionstätigkeit wird aus zwei Quellen bedient: Erstens deckt der typischerweise positive Cash Flow aus der laufenden Geschäftstätigkeit (Stichwort: Innenfinanzierung) einen Teil der Auszahlungen für Investitionen. Soweit dieser Finanzbedarf nicht aus eigenen Mitteln gedeckt wird, muss das Unternehmen Außenfinanzierung betreiben. Diese Außenfinanzierung ist im Cash Flow aus der Finanzierungstätigkeit ersichtlich. Dabei gibt es zwei Möglichkeiten, Finanzierung von außen zu bekommen: Von den Eigenkapitalgeber, insbesondere durch Kapitalerhöhungen, sei es durch Fremdkapitalgeber über die Börse (Anleihen) oder über Darlehensverträge, in der Regel von Banken.

Die Summe der drei Cash Flows bildet die gesamte zahlungswirksame Veränderung des vom DRS 21 als Finanzmittelfonds bezeichneten Bestandes an Flüssigen Mitteln ab. Addiert man den Anfangsbestand dazu, ergibt sich der Endbestand:

Zeile		Spalte (a)	Spalte (b)
		EUR	EUR
(i)	**Anfangsbestand des Finanzmittelfonds**		
(ii)=(14)	+/- Cash Flow aus der laufenden Geschäftstätigkeit		
(iii)=(19)	-/+ Cash Flow aus der Investitionstätigkeit		
(iv)=(27)	+/- Cash Flow aus der Finanzierungstätigkeit		
(v)=∑ [(ii):(iv))]	= **Zahlungswirksame Veränderungen des Finanzmittelfonds**		
(vi)=(i)+(v)	= **Endbestand des Finanzmittelfonds**		

Schema 5.3 Überleitung der drei Cash Flows auf den Endbestand des Finanzmittelfonds (in Anlehnung an DRS 21)

DRS 21.9 definiert den Finanzmittelfonds als „Bestand an Zahlungsmitteln und Zahlungsmitteläquivalenten". Üblicherweise haben Unternehmen davon Sichtguthaben bei Kreditinstituten und Kassenbestände. Schwierigkeiten bei der Abgrenzung machen regelmäßig geldnahe Finanzinstrumente. So kann man sich darüber streiten, ob in Geldmarktfonds angelegte, kurzfristig nicht benötigte flüssige Mittel zu den Zahlungsmitteläquivalenten gehören. Laienhaft ist dabei die Vorstellung, es sei im Grunde gleich, wo die Veränderung dieser Finanzinstrumente ausgewiesen wird. Denn – und da sei auf die Ausführungen zur Insolvenzprognose verwiesen – je liquider die Situation eines Unternehmens eingeschätzt wird, desto leichter bekommt es Kredit und desto leichter bekommt es Eigenkapital-Investoren. Wer hat, dem wird gegeben, ist die eine Ausdrucksform. Dahinter steckt aber die Überlegung der Banken, dass ein Unternehmen Zins und Tilgung leisten können muss. Auch Eigenkapitalgeber (zum Beispiel Aktionäre) wollen nicht nur einen Gewinn in der Bilanz sehen, sondern diesen gerne auch als Dividende ausgezahlt bekommen.

V. Anhang

1. Zielsetzung

Nachdem es jetzt viel um Geld ging, ist es an der Zeit, sich mit Informationen mit hohem ‚Neidfaktor' zu beschäftigen. Es gibt wohl kaum jemanden, zumindest in Deutschland, der sich nicht dafür interessiert, was die Großen in der Wirtschaft verdienen.

Anhangsangaben zu Vorstandsbezügen

Wer wissen will, was beispielsweise die Vorstände von DAX-Unternehmen verdienen, muss sich nur, wahlweise im elektronischen Bundesanzeiger oder im Geschäftsbericht, den Anhang herunterladen. In diesen Rechnungslegungsinstruments sind gemäß § 285 Nr. 9 HGB Angaben zur Vergütung, ja sogar zu Pensionszusagen zu machen.

Bei der GmbH des Nachbarn nebenan funktioniert es wahrscheinlich aber nicht ganz so einfach, sich über dessen Gehalt zu informieren. Denn gemäß § 286 Abs. 4 HGB brauchen diese Angaben bei nicht-börsennotierten Aktiengesellschaften nicht gemacht zu werden, wenn sich anhand dieser Angaben die Bezüge eines Geschäftsführers oder Vorstands feststellen lassen. Auch können individualisierte Angaben der Gesamtbezüge des Vorstandes unterbleiben, wenn dies die Hauptversammlung beschlossen hat (§ 286 Abs. 5 HGB). Bekannt für die Inanspruchnahme dieser Ausnahmeregelung wurde ein inzwischen börsennotierter Autovermieter. Dessen Werbung ist auf Aufmerksamkeit aus. Die Vorstandsbezüge im Einzelnen sollten aber keine Aufmerksamkeit erregen.

Zwar ist die Offenlegung der Vorstandsbezüge international verbreitet. Angesichts der in Deutschland oft geführten Neiddebatte ist der Nutzen dieser möglicherweise geringer als der Schaden. Es wird die Auffassung vertreten, dass die Diskussion der Vorstandsvergütung auf der Hauptversammlung ausreichend ist. Die Anhangsangaben zu den Vorstandsbezügen mögen zwar einen hohen Aufmerksamkeitswert haben, sagen sie aber etwas über die Vermögens-, Ertrags- und Finanzlage des Unternehmens aus?

Denn die Aufgabe des Anhangs ist eine andere: Dieses deskriptiv ausgelegte Rechnungslegungsinstrument soll die anderen Instrumente erläutern, teilweise zusätzliche Angaben für das Verständnis des Jahresabschlusses machen.

Angabe der Anzahl der durchschnittlich beschäftigten Arbeitnehmer

Ein Lehrbuchbeispiel hierfür ist die Angabe der Anzahl der durchschnittlich beschäftigten Arbeitnehmer, getrennt nach Gruppen (§ 285 Nr. 7 HGB). Erstens ist die Anzahl der Beschäftigten neben der Bilanzsumme und den Umsatzerlösen ein guter Indikator für die Größe des Unternehmens. Zweitens lassen sich damit leicht aussagekräftige Kennzahlen bilden. Dividiert man beispielsweise den Personalaufwand laut Gewinn- und Verlustrechnung durch die Anzahl der durchschnittlich Beschäftigten, erhält man den durchschnittlichen Personalaufwand je Mitarbeiter. Verglichen mit anderen Unternehmen, insbesondere der gleichen Branche, lässt sich dadurch schnell einen Überblick über das Gehaltsniveau des betreffenden Unternehmens gewinnen. Beispielsweise für ein Vorstellungsgespräch ist das eine interessante Information zur Vorbereitung.

Wer tiefer in die Analyse eines Jahresabschlusses einsteigen möchte, beginnt nicht (vorne) mit der Bilanz, sondern (hinten) mit dem Anhang. Gemäß § 284 Abs. 2 Nr. 1 HGB sind die auf dem Posten der Bilanz und der Gewinn- und Verlustrechnung angewandten Bilanzierungs- und Bewertungsmethoden anzugeben. In dieser Rubrik ist beispielsweise anzugeben, ob die Vorräte mit Voll- oder zu Teilkosten bewertet werden. Wenn Unternehmen A mit Vollkosten bewertet, Unternehmen B jedoch mit Teilkosten, relativiert das ein möglicherweise besseres Jahresergebnis bei A (im Vergleich zu B). Diese Information (Voll- oder Teilkosten) steht nicht in der Bilanz, sondern nur im Anhang.

2. Aufstellungspflicht

Gemäß § 264 Abs. 1 Satz 1 HGB müssen alle Kapitalgesellschaften und die ihnen gleichgestellten Kapital & Co.-Gesellschaften (GmbH & Co. KG) ihren Jahresabschluss um einen Anhang erweitern. Ausnahme 1 sind die Tochtergesellschaften, die gemäß § 264 Abs. 3, Abs. 4 oder § 264b HGB von der Aufstellung eines Anhangs befreit sind. Ausnahme 2 sind die Kleinstgesellschaften, die auf die Aufstellung eines Anhangs verzichten können, wenn sie bestimmte Angaben unter der Bilanz machen (§ 264 Abs. 1 Satz 5 HGB).

Kleine (§ 267 Abs. 1 HGB) und mittelgroße (§ 267 Abs. 2 HGB) Kapitalgesellschaften und die ihnen gleichgestellten Kapital & Co.-Gesellschaften (GmbH & Co. KG) können bestimmte Angaben weglassen (§ § 274a, 288 HGB). Kreditinstitute und Versicherungsunternehmen müssen – unabhängig von ihrer Größe – einen Anhang wie große Kapitalgesellschaften aufstellen (§ 340a Abs. 1 bzw. § 341a Abs. 1 HGB).

3. Inhalt des Anhangs

Wer sich gerne mit Checklisten beschäftigt, für den ist der Inhalt des Anhangs eine wunderbare Beschäftigungsmöglichkeit. Es gibt keine Checkliste für den Anhang nach HGB unter zehn Seiten, für den Anhang nach IFRS kommt die Checkliste in der Regel auf CD-ROM/DVD oder Download, damit das Papier eingespart werden kann.

Im Rahmen dieser Darstellung daher nur eine subjektive Auswahl von interessanten Positionen des Anhangs nach HGB mit Erläuterungen – ohne den Anspruch auf Vollständigkeit erheben zu wollen und zu können:

- Angaben zur Bilanzierung- und Bewertungsmethoden, Währungsumrechnung
  Dieser Abschnitt ist besonders für die Analyse des Jahresabschlusses interessant. Hier muss angegeben werden, inwieweit Wahlrechte bei der Bewertung ausgeübt wurden. Ein wichtiges Beispiel hierfür wären Angaben zur Einbeziehung von Fremdkapital-Zinsen. So besteht ein Bewertungswahlrecht, ob die auf die Produktion entfallenden Finanzierungskosten aktiviert wurden. Wer dabei an Bauträger denkt, hat bereits einen praxisrelevanten Fall im Kopf. Ebenfalls interessant sind Angaben zu Veränderungen im Ausweis und Anpassungen gegenüber dem Vorjahresabschluss.
- Angaben zum Jahresabschluss: Bilanz
  Während im gerade genannten Abschnitt allgemeine Angaben zu den Bilanzierungs- und Bewertungsmethoden gefragt sind, müssen hier die einzelnen Posten, soweit wesentlich, erläutert werden; dazu gehören beispielsweise:
  - Eine Darstellung der Entwicklung des Anlagevermögens im Anlagespiegel (Anlagegitter). Darin ist dargestellt, wie hoch die ursprünglichen Anschaffung- und Herstellungskosten waren. Ist der Quotient aus dem aktuellen Buchwert des Anlagevermögens zu den Anschaffungs- und Herstellungskosten niedrig, deutet dies darauf hin, dass das weitgehend abgeschriebene Anlagevermögen nicht regelmäßig erneuert wurde oder sehr alt ist.

  - Im sog. Verbindlichkeitenspiegel muss aufgegliedert werden, welcher Gesamtbetrag der Verbindlichkeiten eine Restlaufzeit von mehr als fünf Jahren hat, und welche Verbindlichkeiten durch Pfand- oder ähnliche Rechte gesichert sind. Dies ist insbesondere für eine Analyse der Finanzlage von Interesse. Verbindlichkeiten, die erst in mehr als fünf Jahren fällig werden, können aktuell keine Zahlungsunfähigkeit auslösen.
  - Aufgliederung der sonstigen Rückstellungen. Sind die Rückstellungen für Urlaub und Überstunden hoch, deutet das darauf hin, dass entweder die Personaldecke dünn ist oder/und zukünftig Personalbedarf im Unternehmen besteht. Auch die Rückstellungen für Prozesskosten und Prozessrisiken sagen etwas über die künftige Entwicklung des Unternehmens aus.
- Angaben zum Jahresabschluss: Gewinn- und Verlustrechnung
  - Zu erläutern sind außerordentliche (betriebsfremde), aber auch periodenfremde Aufwendungen und Erträge. Wurde beispielsweise eine Beteiligung mit einem Buchgewinn verkauft, erhöht das den Jahresüberschuss, ist aber ein Einmaleffekt. Dauerhaft können darauf keine Dividendenerwartungen aufbauen.
  - Von besonderem Interesse ist die Aufgliederung der Umsatzerlöse nach Tätigkeitsbereichen sowie nach geographisch bestimmten Märkten. Hier lässt sich erkennen, wo das Unternehmen sein Geschäft macht.
- Sonstige Angaben
  - Auf die Haftungsverhältnisse und die sonstigen finanziellen Verpflichtungen wurde bereits eingegangen.
  - Beziehungen zu verbundenen Unternehmen: im Anhang sind die Konzernstrukturen offen zu legen.
  - Auch die Angaben zu den Vergütungen und Vorteilen für Organmitglieder (Geschäftsführer, Vorstand, Aufsichtsrat oder Beirat) wurden bereits erwähnt
  - Interessant für eine Einschätzung der Größe ist die durchschnittliche Zahl der während des Geschäftsjahres beschäftigten Arbeitnehmer, getrennt nach Gruppen (siehe oben).
  - Erklärung zum Corporate Governance Kodex: gemäß § 161 AktG müssen Vorstand und Aufsichtsrat einer börsennotierten Gesell-

schaft erklären, dass sie den Regelungen des Corporate Governance Kodex gefolgt sind. Diese Erklärung ist auf der Internetseite der Gesellschaft abzugeben (§ 161 Abs. 2 AktG). Im Anhang ist zusätzlich zu erklären, dass diese Erklärung abgegeben wurde und wo diese im Internet zu finden ist.

- Angaben zum Honorar des Abschlussprüfers, um dessen Unabhängigkeit überprüfen zu können.
- Angaben zur Wertermittlung von Finanzinstrumenten, immateriellen Vermögensgegenständen, Bewertungseinheiten und Pensionsrückstellungen.
- Ebenfalls im Anhang haben Aktiengesellschaften ihre Rücklagenentwicklung und Ergebnisverwendung darzustellen.

Angesichts dieser Vielzahl von Detailangaben und Erläuterungen verwundert es nicht, dass der Umfang des Anhangs über dem von Bilanz samt Gewinn- und Verlustrechnung liegt.

Gemeinsam ist diesen drei Rechnungslegungsinstrumenten (Anhang, Bilanz, Gewinn- und Verlustrechnung), dass diese sich wie die Kapitalflussrechnung auf das abgelaufene Geschäftsjahr beziehen. Der nun dargestellte Lagebericht hat einen anderen Schwerpunkt der Darstellung.

VI. Lagebericht

1. Zweck und Inhalt

Duplex libelli dos est: quod risum movet/
Et quod prudentis vitam consilio monet.
(Doppelt ist der Zweck dieses Büchlein:
etwas zum Lachen und etwas,
was zum klugen Leben mahnet)

dichtet der römische Fabeldichter Aesop zu Zeiten des Kaiser Augustus. Der Lagebericht (§ 289 HGB), englisch: *Management Discussion & Analysis* (MD&A), erhebt weder literarischen Anspruch, noch sollen Fabeln erzählt werden. Aber der Lagebericht gibt der Unternehmensleitung die Möglichkeit, ‚ihre' Sicht der wirtschaftlichen Lage des Unternehmens darzustellen.

Das Gesetz gibt in § 289 Abs. 1 HGB eine zweigeteilte Grundstruktur für den Lagebericht vor:

1. Die Kommentierung und Analyse des Geschäftsverlaufs im abgelaufenen Geschäftsjahr (§ 289 Abs. 1 Sätze 1 bis 3 HGB); insoweit knüpft die verbale Erläuterung an die Rechnungslegungsinstrumente Jahresabschluss, Kapitalflussrechung und Anhang an.

2. Die Einschätzung des Managements über die voraussichtliche Entwicklung des Unternehmens mit ihren Chancen und Risiken; insoweit ist der Lagebericht zukunftsorientiert und geht über die Darstellung des abgelaufenen Geschäftsjahres hinaus.

Die Darstellung im Lagebericht kann, ja muss sogar subjektiv sein. Die Zahlen im Jahresabschluss müssen zumindest objektivierbar sein. Wer etwas erläutert oder zukünftige Risiken einschätzt, gibt seine Meinung wieder. Die Ausführungen des Managements finden aber nicht im ‚luftleeren' Raum statt. Daher müssen sich die Einschätzungen und Kommentierungen der Unternehmensleitung in den Angaben der anderen Rechnungslegungsinstrumente widerspiegeln bzw. durch Prognoserechnung gestützt werden – oder, um es mit den Worten des § 317 HGB zur Abschlussprüfung auszudrücken: der Lagebericht muss mit dem Jahresabschluss „in Einklang stehen" und „insgesamt eine zutreffende Vorstellung von der Lage des Unternehmens … und … von der Lage des Konzerns" vermitteln (§ 317 Abs. 2 Satz 1 HGB).

Besonderheiten des Lageberichts

Insbesondere bei nachteiligen Entwicklungen sind da die richtigen Formulierungen gefragt. Einerseits sollen die Risiken zutreffend dargestellt werden, andererseits soll eine sich andeutende Krise nicht durch nachteilige Formulierungen weiter verschärft werden. Hier sind dann doch wieder die Meister der Formulierung gefragt – ohne ins Fabelhafte abzugleiten.

Ein guter Lagebericht ist daher manchmal schwieriger zu erstellen als Bilanz, Gewinn- und Verlustrechnung, Kapitalflussrechnung und der Anhang. Denn es gibt kein Schema und keine vorgegebenen Formulierungen.

Für die Lektüre ist der Lagebericht aber (fast noch) interessanter als die übrigen Rechnungslegungsinstrumente, weil hier das Management seine Einschätzung abgibt – und wer kann die künftige Entwicklung besser einschätzen als die Geschäftsleitung.

Zwar besteht der Lagebericht vor allem aus den Ausführungen der Unternehmensleitung. Ein vollständiger Lagebericht kommt allerdings nicht ohne Übersichten zur Vermögens-, Finanz- und Ertragslage aus.

Im dritten Teil des Lageberichts (§ 289 Abs. 2 HGB) soll auf Sachverhalte eingegangen werden, die nur teilweise ihren Niederschlag im Jahresabschluss gefunden haben:

- Ausführung zu Risiken und dem Risikomanagementsystem (§ 289 Abs. 2 Nr. 1 HGB); dazu wird auf nachfolgendes Beispiel verwiesen.
- Forschung und Entwicklung (§ 289 Abs. 2 Nr. 2 HGB). Innovationen zeigen sich im Jahresabschluss erst dann, wenn sich die Erfolgspotenziale entweder als Vermögensgegenstand in der Bilanz materialisiert haben oder die entsprechenden Umsätze in der Gewinn- und Verlustrechnung realisiert werden können. Die Darstellung der Forschung und Entwicklung im Lagebericht ist daher die Möglichkeit für die Geschäftsleitung, die zukünftigen Erfolgspotenziale positiv darzustellen.
- Zweigniederlassungen (§ 289 Abs. 2 Nr. 4 HGB). Diese Information steht zwar auch im jeweiligen Handelsregister, soll aber auch im Lagebericht aufgeführt werden.
- Vergütungssystem für Organmitglieder börsennotierte Aktiengesellschaften (§ 289 Abs. 2 Nr. 4 HGB). Zusätzlich zu der Anhangsangabe müssen börsennotierte Aktiengesellschaften im Lagebericht die Grundzüge des Vergütungssystems der Gesellschaft darstellen. Die Anhangsangabe kann aber auch mit der Darstellung im Lagebericht kombiniert werden. So ist beispielsweise zwischen erfolgsunabhängigen und erfolgsbezogenen Vergütungsanteilen mit langfristiger Anreizwirkung zu differenzieren. Ebenfalls zu erwähnen sind mögliche Abfindungen.

Für große Kapitalgesellschaften ist die Berichterstattungspflicht damit noch nicht am Ende. Gemäß § 289 Abs. 3 HGB müssen sie ihre Berichterstattung über nicht finanzielle Leistungsindikatoren wie Informationen über Umwelt- und Arbeitnehmerbelange ergänzen. Man mag sich die Frage stellen, ob diese Informationen wirklich relevant für Investitionsentscheidungen sind. Aber für die Unternehmensleitung bietet dies die Möglichkeit, ihre Aktivitäten für Umwelt und Mitarbeiter darzustellen.

**Ereignisse nach dem Bilanzstichtag:
Der Versicherungsbetrug des Wiener Zuckerbäcker**

Legendär geworden ist der Versuch eines ehemaligen Wiener Zuckerbäckers, sich finanziell durch Versicherungsbetrug zu sanieren. Er charterte ein Schiff, brachte auf dem hohen Ozean einen Container zur Explosion und wollte die Versicherungsprämie kassieren.

Bilanziell gilt:

- Ist das Schiff vor dem 31.12. untergegangen, muss der Restbuchwert auf Null abgeschrieben werden. Für eine mögliche Bergung muss in der Bilanz zum 31.12. eine Rückstellung erfolgswirksam gebildet werden.
- Geht das Schiff aber erst nach dem 31.12. unter, steht es mit dem vollen Restbuchwert in der Bilanz. Im Lagebericht muss jedoch auf dieses Ereignis nach dem Stichtag eingegangen werden.

2. Aufstellungspflicht

Verpflichtend ist die Aufstellung eines Lageberichts insbesondere für die mittelgroßen und großen Gesellschaften. Ebenfalls einen Lagebericht für den Konzern müssen Mutterunternehmen aufstellen, die zur Konzernrechnungslegung verpflichtet sind. Hier beziehen sich die Angaben des Konzern-Lageberichts auf den gesamten Konzern.

Die freiwillige Aufstellung eines Lageberichts ist zulässig. Hier wird in der Literatur vertreten, dass dann nicht alle Teile der Berichterstattung nach § 289 HGB dargestellt werden müssen.

Der Vorteil und gleichzeitig die Herausforderung dieses Rechnungslegungsinstruments ist die Freiheit der Unternehmensleitung in der Darstellung. Auf der einen Seite besteht die Möglichkeit, die eigene Sicht und Interpretation des Jahresabschlusses sowie der künftigen Entwicklung darzustellen. Des Weiteren besteht die Möglichkeit, Sachverhalte und Entwicklungen, die ihren Niederschlag noch nicht in den Zahlen des Jahresabschlusses gefunden haben, (positiv) zu erwähnen. Die Herausforderung besteht darin, dass es keine Standardformulierungen gibt, sich also jemand im Unternehmen mit der zutreffenden Darstellung beschäftigen muss.

VII. Weitere Berichtsinstrumente

1. Der Geschäftsbericht

Bilanz, Gewinn- und Verlustrechnung, Anlagespiegel, Kapitalflussrechnung sowie Anhang, dazu noch der Lagebericht mit möglichen Anlagen – alleine das Pflichtprogramm füllt Seiten. Insbesondere börsenorientierte Unternehmen sind daher dazu übergegangen, das Pflichtprogramm und freiwillig gemachte Angaben in einem Geschäftsbericht zusammenzufassen. Während das Pflichtprogramm im elektronischen Bundesanzeiger nur in schwarz/weiß, vielleicht noch mit Logo angezeigt wird, haben sich viele Geschäftsberichte zum Werbeprospekt für das Unternehmen insgesamt entwickelt. Pflichtbestandteil einer solchen Broschüre, meist nur als Download auf der Website des Unternehmens verfügbar, scheinen Bilder von Vorstand, Aufsichtsrat und möglicherweise weiteren leitenden Mitarbeitern zu sein. Der Verfasser fragt sich dann immer wieder, welche Aussagekraft diese Bilder haben, aber vielleicht gilt auch hier der Grundsatz: ‚ein Bild sagt mehr als tausend Worte'.

2. Eigenkapitalspiegel

Ein Pflichtbestandteil für den Konzernabschluss ist neben Konzernbilanz, der Konzern-Gewinn- und Verlustrechnung, dem Konzernanhang und der Kapitalflussrechnung der Eigenkapitalspiegel (§ 297 Abs. 1 Satz 1 Alt. 5 HGB, DRS 7).

Im Einzelabschluss für das einzelne Unternehmen ergeben sich das Eigenkapital und dessen Entwicklung aus der Bilanz und dem Anhang. Im Konzernabschluss stecken Konsolidierungsmaßnahmen und die Anteile Dritter, die sich aus den anderen Rechnungslegungsinstrumente nicht unmittelbar ergeben.

3. Segmentberichterstattung

Ebenfalls für den Konzernabschluss kann eine Segmentberichterstattung (vgl. § 297 Abs. 1 Satz 2 HGB) zum besseren Verständnis des Konzernergebnisses beitragen.

In Erweiterung der Aufgliederung der Umsatzerlöse im Anhang werden in der Segmentberichterstattung auch die Ergebnisse des Konzerns auf die einzelnen Sparten oder Regionen heruntergebrochen. Gerade bei Konglomeraten mit dem Mutterunternehmen als

Holding und/oder dem Kerngeschäft und einer Vielzahl von anderen Aktivitäten, z.B. einer Leasingtochter oder einem Kreditinstitut, im Konzern ist es für (potentielle) Investoren wichtig zu erkennen, wo das Ergebnis des Konzerns ‚herkommt'.

Segmentberichterstattung: „Die Bank mit angeschlossenem Elektroladen"

Die Siemens AG war jahrzehntelang als „Die Bank mit angeschlossenem Elektroladen" ‚verschrien'. Angeblich machte der Konzern seinen Gewinn im Wesentlichen mit Finanzanlagen und nicht mit dem operativen Geschäft. Wahr ist jedoch, dass das Unternehmen in einer Vielzahl von Sparten tätig war. Durch die Segmentberichterstattung kann der Investor sich einen entsprechenden Überblick verschaffen.

4. Wertschöpfungsrechnung

Die Wertschöpfungsrechnung versucht, die wirtschaftliche Entwicklung unabhängig von Rechnungslegungsvorschriften und differenziert nach einzelnen betriebswirtschaftlichen Funktionen darzustellen. Sie stellt daher ein (externes) Rechenwerk mit zahlreichen Bezügen zum internen Rechnungswesen, der Kosten- und Leistungsrechnung dar.

Wertschöpfungsrechnung im Industriebetrieb: die Produktion

Bei der Wertschöpfungsrechnung (englisch: *Value Added Reports*) eines Industriebetriebs wird augenscheinlich der größte Mehrwert in der Produktion geschafft. Die Wertschöpfung berechnet sich aus der Differenz zwischen dem Wert der hergestellten Produkte abzüglich der Kosten für die bezogenen Roh-, Hilfs- und Betriebsstoffe.

Spätestens an dieser Stelle braucht es aber wieder Konventionen, wie der Wert der hergestellten Produkte zu ermitteln ist. Soweit die Produkte bereits abgesetzt worden sind, ist das der Verkaufspreis. Was aber ist mit den auf Lager liegenden Produkten? Wie lässt sich die Wertschöpfung bei länger laufenden Projekten (z.B. dem Bauträgergeschäft) periodengerecht ermitteln?

Man mag den Rechnungslegungsvorschriften, sei es das deutsche HGB, die IFRS oder den US-GAAP vorwerfen, dass sie nicht jeden ökonomischen Sachverhalt optimal abbilden (können). Aber – wie alle Normen – verschaffen sie zumindest Rechtssicherheit. Für die Rechnungslegung lässt sich Rechtssicherheit als Vergleichbarkeit übersetzen.

5. Umweltberichte und Corporate Social Responsibility (CSR) Reports

„Unternehmen machen nicht Geld, sondern Schuhe", lautet eines der Bonmots des Management-Gurus Peter F. Drucker. In Fortführung dieses Arguments empfehlen Consultants, die Berichterstattung nicht nur auf die Finanzkennzahlen zu beschränken, sondern freiwillig eigene Umweltberichte oder Sozialberichte (Corporate Social Responsibility Reports (CSR)) aufzustellen. Teilweise sind diese Angaben bereits im Lagebericht enthalten, sollen aber das Engagement des Unternehmens für die Umwelt und die Gesellschaft darstellen.

Der Umweltbericht, zuweilen auch als Nachhaltigkeitsbericht gestaltet, teilweise mit einer Umwelterklärung, berichtet über die ökologischen Aktivitäten und die Maßnahmen zum Umweltschutz eines Unternehmens.

Im CSR Report wird dargestellt, wie das Unternehmen über die gesetzlichen Anforderungen hinaus gesellschaftliche Verantwortung übernimmt. Zu denken ist dabei an Kindergartenplätze, Spenden und Zuschüsse an gemeinnützige Organisationen oder freiwillige Aktivitäten der Mitarbeiter in sozialen Einrichtungen.

Richtig an solchen zusätzlichen Berichten ist die Überlegung, dass Umweltschutzmaßnahmen und gesellschaftliches Engagement zunächst einmal Kosten verursachen, die im Jahresabschluss zu einem niedrigeren Jahresergebnis führen. Durch solche zusätzlichen, freiwilligen Berichte kann gezeigt werden, dass für das Unternehmen nachhaltiges und soziales Wirtschaften ein Thema ist.

‚Der Schuss kann aber auch nach hinten losgehen':

Schlechte Presse bei ‚guter' Berichterstattung

Nachdem die meisten Unternehmen den 31.12. als Bilanzstichtag haben, finden die meisten Hauptversammlungen zu Beginn des zweiten Quartals statt. Diese auch als ‚Berichtssaison' bezeichnete Zeit nahm eine große Tageszeitung aus Bayern zum Anlass, einzelne Sachverhalte aus Umweltberichten und CSR-Berichten mit angeblich anderen wirtschaftlichen Aktivitäten des Unternehmens zu kontrastieren. So habe beispielsweise eine große Deutsche Bank in ihrem Umweltbericht auf die Dienst-Fahrräder für die Mitarbeiter hingewiesen. Gleichzeitig finanziere sie aber die Exploration von Ölfeldern, die potenziell zu Umweltschäden führen könne.

Da mag sich der Buchhalter fragen, ob solche zusätzlichen Berichte Sinn machen. Denn die schlechten Arbeitsbedingungen, beispielsweise in der Textilindustrie in Entwicklungsländern, werden sich nach der Überzeugung des Verfassers nicht grundlegend und umfassend dadurch ändern, dass in einem CSR-Report Verbesserungsmaßnahmen beschrieben werden. Sie werden sich erst dann ändern, wenn die Verbraucher bereit sind, einen fairen Preis für Textilien zu bezahlen.

Ein weiteres gutes Beispiel ist der Umweltschutz. Natürlich hat eine positive Berichterstattung über Umweltschutzmaßnahmen einen gewissen Einfluss auf das Verhalten. Wirksamer sind nach hier vertretener Einschätzung Aussagen von Investmentfonds, nicht mehr in umweltschädliche Technologien zu investieren. Auch haben Nachhaltigkeitsfonds tendenziell bessere Renditen als konventionell investierende Fonds. Das lässt sich aber nicht im Nachhaltigkeitsbericht nachlesen, sondern steht im Jahresabschluss.

VIII. Konzernrechnungslegung

1. Bedeutung

Notwendigkeit der Konzernrechnungslegung: Das Tochterunternehmen auf der Insel

Nehmen wir an, ein vollkommen fiktives Unternehmen aus Nordamerika wolle in Europa viel Kaffee verkaufen, aber seine Steuerlast in Deutschland minimieren. Ein beliebtes Modell ist es laut Zeitungsberichten, die Markenrechte in ein Tochterunternehmen in einem Land mit niedrigerer Steuerbelastung für Lizenzgebühren auszulagern. Dadurch entsteht der Gewinn aus den Lizenzgebühren mit einer niedrigeren Steuerbelastung, als wenn die Lizenz direkt vom Mutterunternehmen vermarktet werden würde.

Wirtschaftlich betrachtet hat sich aber nichts geändert. Wenn das Mutterunternehmen die Mehrheit der Stimmrechte an dem Tochterunternehmen in Europa hat, vielleicht sogar 100 %, wird die Geschäftsführung des Tochterunternehmens nur das tun, was die Konzernleitung sagt.

Weil Mutter- und Tochterunternehmen gleichsam ‚eins' sind, lautet die Antwort der Rechnungslegungsspezialisten: die Jahresabschlüsse von Mutter- und Tochterunternehmen werden zusammengefasst, konsolidiert. Im Folgenden wird gezeigt, wie das geht.

Randbemerkung: Die Antwort der europäischen Finanzminister, wie das Steuermodell gelöst werden soll, steht noch aus. Diskutiert wird der Vorschlag, dass international tätige Unternehmen angeben müssen, in welchem Land sie wie viel Steuern bezahlen müssen. Den Bilanzspezialisten stellt sich hier die Frage, ob diese Information nicht bereits in der Segmentberichterstattung enthalten ist (siehe oben) und man nur in die Konzernabschlüsse schauen müsste.

Zentrale Idee der Konzernrechnungslegung: die Unternehmen mögen rechtlich selbstständig und in mehreren Ländern beheimatet sein, wirtschaftlich betrachtet sind sie aber als eine wirtschaftliche Einheit zu betrachten. Denn es kann – ökonomisch betrachtet – keinen Unterschied machen, ob ein Unternehmen zwei Betriebsstätten hat oder eine Betriebsstätte als selbstständige GmbH hat. Bei einer

Mehrheitsbeteiligung kann auch eine GmbH wie eine rechtlich nicht selbständige Betriebsstätte geführt werden.

2. Konsolidierungskreis

Die Pflicht zur Konzernrechnungslegung entsteht nach § 290 HGB, wenn

- eine Kapitalgesellschaft (als „Mutterunternehmen" bezeichnet),
- mindestens ein Tochterunternehmen, gleich welcher Rechtsform, gleich des Sitzes, gleich der Tätigkeit, hat.

Ein Tochterunternehmen liegt vor, wenn das Mutterunternehmen auf dieses mittel- oder unmittelbar einen „beherrschenden Einfluss" ausüben kann (§ 290 Abs. 1 HGB). Weil ein solcher unbestimmter Rechtsbegriff zu Auslegungsschwierigkeiten führen kann, definiert das deutsche HGB in § 290 Abs. 2 HGB dann auch Fälle, in denen ein beherrschender Einfluss vorliegt:

- Mehrheit der Stimmrechte (50 % plus eine Aktie),
- das Mutterunternehmen Gesellschafter ist und das Recht hat, die Mehrheit der Mitglieder des Verwaltungs-, Leitungs- oder Aufsichtsorgans zu bestimmen,
- das Mutterunternehmen aufgrund vertraglicher Vereinbarungen die Finanz- und Geschäftspolitik bestimmen kann, oder
- es bei Zweckgesellschaft „bei wirtschaftlicher Betrachtung die Mehrheit der Risiken und Chancen trägt".

Bei den ersten drei genannten Sachverhalten kommt es also auf die gesellschaftsrechtliche Verflechtung an. Bei der Zweckgesellschaft ist die wirtschaftliche Betrachtungsweise entscheidend.

Konzernrechnungslegungspflicht bei Vereinen

Ein Verein möchte sich aufspalten:

- die wirtschaftlichen Aktivitäten sollen in eine Kapitalgesellschaft (100 % Tochter) ausgliedert werden
- Teile der gemeinnützigen Aktivitäten sollen in eine Stiftung ausgegliedert werden und

- der Rest der gemeinnützigen Aktivitäten und die Mitgliederverwaltung sollen beim eingetragenen Verein verbleiben.

Zwar wären damit einige Voraussetzungen für die Konzernrechnungslegungspflicht erfüllt:

- Bei der 100 %igen Tochter besteht ein beherrschender Einfluss;
- Die Stiftung ist hat als verselbständigtes Vermögen zwar keine Anteilseigner, ist aber eine Zweckgesellschaft im Sinne des § 290 Abs. 2 Nr. 4 HGB und wäre damit ebenfalls konsolidierungspflichtig.

Aber: An der Spitze steht ein Verein und keine Kapitalgesellschaft. Damit entsteht die Pflicht zur Konzernrechnungslegung nur, wenn die sehr hohen Größengrenzen des Publizitätsgesetzes überstiegen werden – und selbst dann ist fraglich, ob ein Verein ein „Unternehmen“ ist, das den Vorschriften des Publizitätsgesetzes unterfällt?

Konsequenz: Die Vermögensverschiebungen müssen nicht nach außen erkennbar in einem Konzernabschluss transparent gemacht werden. Insbesondere haben die Mitglieder des beherrschenden Vereines keine Möglichkeit, sich über die wirtschaftlichen Verhältnisse bei der Tochter-GmbH zu informieren. Denn im Jahresabschluss des e.V. wird allenfalls ein Beteiligungsbuchwert und die Erträge aus Gewinnabführungen zu sehen sein. Die Stiftung muss mangels Beteiligungsverhältnis überhaupt nicht bilanziert werden.

Legal? Ja, entschied das Landgericht München I (Entscheidung vom v. 30.8.2001 – 17 HK T 23689/00). Ein Idealverein sei kein Unternehmen und unterliegt daher nicht den Rechnungslegungsvorschriften nach dem Publizitätsgesetz.

Der Verein, an den der Verfasser denkt, hat nach eigenen Angaben inzwischen mehr als 19 Millionen Mitglieder.

Es gilt der Grundsatz, dass der am weitesten reichende Einfluss des Mutterunternehmens den Konzernkreis bestellt. Das nennen die Spezialisten „Weltabschlussprinzip“. Nach dem sog. „Tannenbaumprinzip“ können auf unteren Ebenen wieder Teilkonzerne entstehen. Denn ein Tochterunternehmen auf der zweiten Ebene kann zum Beispiel selbst Tochterunterunternehmen haben. Hier besteht aber die Möglichkeit, dass der aufgestellte Konzernabschluss auf der oberen

Ebene befreiende Wirkung für alle darunter liegenden Konzernabschlüsse haben kann. Nach deutschem Recht gilt das beispielsweise für alle Konzernabschlüsse innerhalb der Europäischen Union bzw. des Europäischen Wirtschaftsraums.

Außerdem greifen größenabhängige Befreiungen nach § 293 HGB. Eine freiwillige Aufstellung eines Konzernabschlusses (ohne die Pflicht, diesen dann auch zu veröffentlichen und/oder einen Konzernlagebericht aufzustellen) ist möglich.

Freiwillige Aufstellung von Konzernabschlüssen

Die freiwillige Aufstellung von Konzernabschlüssen bietet sich insbesondere in zwei Fällen an:

- Um die Übersicht im eigenen Konglomerat zu behalten.
  Insbesondere größere mittelständische Unternehmen gliedern ihr Geschäft aus Haftungsgründen in eine Vielzahl von GmbHs aus. Natürlich stehen diese in regem Leistungsaustausch. Um zu erkennen, welche Umsätze nun mit Dritten realisiert worden sind, bietet sich die Aufstellung eines (kleinen) Konzernabschlusses an. Denn die Umsätze zwischen den Tochterunternehmen haben ihren Grund in erster Linie im Konzernverhältnis, nicht notwendigerweise in der Umsatzrealisation nach objektiven Maßstäben.
- Weil die Bank es verlangt.
  Durch Konzernstrukturen können Gewinne bzw. Verluste und/oder Umsätze in Tochtergesellschaften verlagert werden. Denn die Geschäftsführung einer 100 %igen Tochter wird immer die Bedingungen der Mutter akzeptieren. Wenn dann die Mutter den Kredit aufnimmt, kann es für den Kreditgeber eine interessante Information sein, ob die Gewinne im Jahresabschluss der Mutter aus Umsätzen mit fremden Dritten oder nur innerhalb des Konzerns entstanden sind.

3. Konsolidierungsmaßnahmen

Konsolidierung im Konzernabschluss heißt: Alle konzerninternen Buchungen ‚zurückdrehen', d.h. den Konzernabschluss so darzustellen, als ob die einbezogenen Unternehmen nur ein Unternehmen wären. Anders herum formuliert: Transaktionen zwischen Mutter- und Tochterunternehmen sollen so in den Büchern stehen bleiben, als ob es sich um Geschäftsvorfälle zwischen Betriebsstätten handelt.

Beispiel 1 für Konsolidierungsmaßnahmen: Zwischenergebniseliminierung

Ein Konzernunternehmen produziert Vorräte für insgesamt 300 Geldeinheiten (*GE*). Ein Drittel verkauft es mit 20 % Gewinnaufschlag an einen fremden Dritten. Den Rest verkauft es mit 50 % Gewinnaufschlag an ein anderes Konzernunternehmen.

Diese Transaktion wirkt sich im Einzelabschluss des ersten Konzernunternehmens wie folgt aus:

		GE	*GE*
Umsatzerlöse:	Mit Dritten	100	
	zzgl. Gewinnaufschlag 20%	20	
			120
	Konzernintern	200	
	zzgl. Gewinnaufschlag 50%	100	
			300
			420
abzüglich	**Herstellungskosten**		-300
Ergebniserhöhung			**120**

Aus Konzernsicht ist aber nur der Umsatz mit dem fremden Dritten realisiert. Die Transaktion zwischen den beiden Konzernunternehmen ist vergleichbar der Umlagerung von Vorräten von einer Betriebsstätte in die andere. Dabei entstehen weder Erträge noch Aufwendungen. Es ist (aus Konzernsicht) ein erfolgsneutraler Geschäftsvorfall.

Die Rechnung in der Konzern-Gewinn- und Verlustrechnung lautet daher wie folgt:

		GE
Umsatzerlöse:	Mit Dritten	120
		120
abzüglich	**Herstellungskosten**	-100
Ergebniserhöhung		**20**

Im Rahmen der sog. Zwischenergebniseliminierung (§ 304 HGB) werden die 100 GE ‚zu viel' an Gewinn eliminiert (der Fachbegriff: konsolidiert).

Ausblick auf das Steuerrecht:
Auch der Fiskus interessiert sich für die konzerninternen Transaktionen. Wie das Beispiel andeutet, kann es durch solche Transaktionen zu Gewinnverschiebungen kommen. Interessant ist das vor allem dann, wenn ein Tochterunternehmen in einem, das andere im anderen Land seinen Sitz hat. Durch entsprechende Konzernverrechnungspreise lassen sich dadurch Gewinne in das Land verschieben, in dem der niedrigste Steuersatz herrscht (englisches Stichwort: *transfer pricing*). Anders als in der Konzernrechnungslegung werden diese Zwischenergebnisse aber nicht konsolidiert, sondern in der Regel als verdeckte Gewinnausschüttung behandelt.

Beispiel 2 für Konsolidierungsmaßnahmen: Schuldenkonsolidierung

Im Rahmen der Erstellung des Konzernabschlusses werden aber auch konzerninterne, aber nicht erfolgswirksame Maßnahmen konsolidiert.

Beispiel: Das Mutterunternehmen nimmt ein Darlehen bei einem Kreditinstitut in Höhe von 500 GE und einem Zinssatz von 1,80 % auf. Diese Liquidität reicht das Mutterunternehmen an die ausländische Tochter weiter.

Im Einzelabschluss des Mutterunternehmens besteht damit eine Verbindlichkeit gegenüber dem Kreditinstitut und eine langfristige Forderung gegen das Tochterunternehmen in gleicher Höhe. Das Tochterunternehmen wiederum bucht korrespondierend eine Verbindlichkeit gegen das Mutterunternehmen.

Aus Konzernsicht besteht aber nur die Verbindlichkeit gegenüber dem (externen) Kreditinstitut. Im Rahmen der Konsolidierung werden Forderung und Verbindlichkeit gegeneinander verrechnet. Im Konzernabschluss steht damit nur die Verbindlichkeit gegenüber Kreditinstituten in Höhe von 500 GE.

Beispiel 3 für Konsolidierungsmaßnahmen: Aufwands- und Ertragskonsolidierung

Angenommen, das Mutterunternehmen belastet das Tochterunternehmen mit einem Aufschlag für das Ausfallrisiko und Verwaltungskosten für das gerade genannte Darlehen, verlange also 2,20 % für das Darlehen. Dieses halbe Prozent Zinsaufschlag gibt es innerhalb des Konzernkreises nicht. Schließlich ist es auch nicht üblich, dass Eltern ihren Kindern Zinsen in Rechnung stellen (es sei denn, dies führt zu einer Steuerersparnis).

Im Konzernkreis muss daher wie folgt gerechnet werden:

	Mutter-unternehmen	Tochter-unternehmen	Summe	Konsolidierung	Konzern-Gewinn- und Verlust-rechnung
	GE	GE	GE	GE	
Zinsertrag					
davon von verbundenen Unternehmen	11		11	-11	
Zinsaufwand	-9		-9		-9
davon von verbundenen Unternehmen		-11	-11	11	
Ergebnisveränderung	2	-11	-9		-9

Das Mutterunternehmen zeigt in seiner Gewinn- und Verlustrechnung eine positive Ergebnisveränderung von 2 GE, weil es seinen (möglichen) Zinsvorteil im Geschäft mit dem Tochterunternehmen realisiert. Das Tochterunternehmen weist – aus Konzernsicht – einen zu hohen Zinsaufwand aus. Im Rahmen der Aufwands- und Ertragskonsolidierung (§ 305 HGB) werden Zinsertrag und Aufwand von/gegenüber verbundenen Unternehmen miteinander verrechnet (konsolidiert). In der Konzern-Gewinn- und Verlustrechnung bleibt der richtige Zinsaufwand in Höhe von –9 GE stehen.

Ausblick auf das Steuerrecht:
Auch bei diesem Fall taucht die Problematik der Verrechnungspreise auf: Wenn, wie in Deutschland, Ertragsteuern auf Basis der Einzelabschlüsse berechnet werden, versteuert das Mutterunternehmen die 2 GE in seinem Sitzland. Die Tochter dagegen mindert ihr zu versteuerndes Einkommen um –11 GE, zahlt also entsprechend weniger Ertragsteuern.
Im Unterschied zum Beispiel 1 jedoch gibt es einen sachlichen Grund für einen höheren Zinssatz aus diesem SWAP-Geschäft. Denn das Mutterunternehmen übernimmt gegenüber dem Kreditinstitut das Ausfallrisiko aus dem an die Tochter weitergeleiteten Kredit. Auch muss sich das Mutterunternehmen mit der Kreditabwicklung beschäftigen. Die dadurch entstehenden Verwaltungskosten rechtfertigen ebenfalls einen Aufschlag.
An dieser Stelle beginnen dann die Diskussionen mit den Finanzbehörden und zwar gleich in zwei Ländern: der eine Fiskus (der für das Mutterunternehmen zuständig ist) sieht den Aufschlag als zu gering an und damit seinen Steuerertrag als zu niedrig; der Fiskus im Land des Tochterunternehmens dagegen möchte möglichst wenig Zinsaufwand zum Abzug zulassen.

IX. Steuerliche Gewinnermittlung

1. Betriebsvermögensvergleich (Steuerbilanz)

Damit sind wir gleich beim Thema: wie ermitteln sich die Ertragsteuern? Im Grundsatz ist die Höhe der Steuern ganz einfach: Einkommensteuer/Gewerbesteuer/Körperschaftsteuer = Bemessungsgrundlage mal Steuersatz

Die einfachere Komponente an dieser Multiplikation ist der Steuersatz. Denn der steht im Gesetz.

Der arbeitsaufwendige Teil der Formel ist die Bemessungsgrundlage, im deutschen Steuerrecht als „zu versteuerndes Einkommen" (Einkommensteuer/Körperschaftsteuer) bzw. „Gewerbeertrag" (Gewerbesteuer) bezeichnet.

In unserem Zusammenhang ist nur ein Bestandteil dieser Bemessungsgrundlage von Interesse: die Einkünfte aus Gewerbetrieb, in § 2 Abs. 2 Nr. 1 Einkommensteuergesetz (EStG) als „Gewinn" bezeichnet. Nicht ganz zufällig verwendet das Steuergesetz damit einen ähnlichen wie den im Bilanzrecht verwendeten Begriff („Bilanzgewinn"). Das deutsche Ertragssteuerrecht lässt aber unterschiedliche Methoden der Gewinnermittlung zu, die in unserem Zusammenhang interessant sind:

1. der Betriebsvermögensvergleich, § 4 Abs. 1 Satz 1 EStG, ggfs. § 5 EStG, auch als Steuerbilanz bezeichnet, oder

2. die Gewinnermittlung nach § 4 Abs. 3 EStG, auch als Einnahmen-Überschuss-Rechnung bezeichnet.

Mit diesen beiden unterschiedlichen Gewinnermittlungsmethoden enthält das Einkommensteuergesetz zwei Paradebeispiele für die zu Beginn dieses Buches beschriebene Erfolgsermittlung für Unternehmen. Der Betriebsvermögensvergleich hat als grundlegendes Erfassungskriterium die erfolgswirtschaftliche Betrachtung, während die Gewinnermittlung nach § 4 Abs. 3 EStG weitgehend der Liquiditätsbetrachtung folgt.

Die Grundnorm, § 4 Abs. 1 Satz 1 EStG definiert den Gewinn wie folgt:

	Wert des Betriebsvermögens am Schluss des Wirtschaftsjahres
-	Wert des Betriebsvermögens am Schluss des vorangegangenen Wirtschaftsjahres
+	Entnahmen
-	Einlagen
=	Gewinn

Damit definiert das Einkommensteuergesetz im Grunde nichts anderes als das, was in unserem Zusammenhang als die erfolgswirksame Veränderung des Eigenkapitals beschrieben wurde. Abgesehen von den großen Unternehmen wird in Deutschland daher üblicherweise der Jahresabschluss nach Handelsrecht (vereinfacht auch als ‚Handelsbilanz' bezeichnet) aufgestellt und dann im Rahmen einer Überleitungsrechnung nach § 60 Abs. 2 Einkommensteuerdurchführungsverordnung (EStDV) auf das steuerliche Ergebnis übergeleitet.

Denn der Fiskus möchte in einigen Punkten eine andere Bemessungsgrundlage für die Ertragsbesteuerung haben, als dies das HGB zulässt, beispielsweise:

- Selbsterstellte immaterielle Wirtschaftsgüter wie die selbst entwickelte Patente oder Software, aber auch die durch ein Unternehmen selbst programmierte Website oder die Entwicklungskosten von Arzneimitteln in der forschenden Pharmazeutischen Industrie:
  - Steuerliche Gewinnermittlung: Aktivierungsverbot, d.h. die Aufwendungen hierfür sind sofort abziehbare Betriebsausgaben, mindern also die Steuerlast im Jahr ihres Anfalls.
  - Jahresabschluss: grundsätzlich Aktivierungswahlrecht (Ausnahme: selbst geschaffene Marken, Drucktitel, Verlagsrechte und Kundenlisten u.Ä.).
  - Konsequenzen: Diese Abweichung ist von Vorteil für innovative Unternehmen. Sie können ihre Entwicklungskosten aktivieren, dadurch ein höheres Eigenkapital ausweisen und so *ceteris paribus* leichter Finanzierung bekommen, ohne ihre steuerliche Bemessungsgrundlage zu erhöhen.
- Bewertung der Vorräte: Herstellungskosten
  - Jahresabschluss: Mehr Bewertungswahlrechte, dadurch kann ein niedrigerer oder höherer Wert gewählt werden.
  - Steuerliche Gewinnermittlung: Die Wertuntergrenze im Betriebsvermögensvergleich ist höher, da verpflichtend bestimmte Gemeinkostenanteile einbezogen werden.

  - Konsequenzen: Die in den Vorräten vorhandenen stillen Reserven werden nach Steuerrecht in früheren Perioden versteuert. Denn der Effekt aus den unterschiedlichen Wertansätzen löst sich beim Verkauf der Vorräte auf.

- Bewertung der Vorräte: Verbrauchsfolgeverfahren; dabei wird eine bestimmte Verbrauchsfolge unterstellt, sodass – je nach Wertentwicklung – stille Reserven in der Bilanz gelegt werden (können).
  - Steuerliche Gewinnermittlung: nur Festwertverfahren, Durchschnittsbewertung und LIFO (*Last In – First Out*) zulässig.
  - Jahresabschluss: grundsätzlich jedes Verfahren zulässig, soweit es den Grundsätzen ordnungsmäßiger Buchführung entspricht.
  - Konsequenzen: Es hängt von der Wertentwicklung im Lauf des Jahres ab. Steigen die Preise, werden durch die Annahme, dass die zuletzt angeschafften Vorräte zuerst verbraucht werden (LIFO), stille Reserven gelegt.
- Bewertung der Rückstellungen
  - Jahresabschluss: Bewertung mit dem Erfüllungsbetrag unter Berücksichtigung künftiger Preissteigerungen und Abzinsung von Rückstellungen mit einer Restlaufzeit von mehr als einem Jahr mit dem Marktzinssatz.
  - Steuerliche Gewinnermittlung: Bewertung zu den Wertverhältnissen am Bilanzstichtag ohne Berücksichtigung künftiger Preissteigerungen und Abzinsung mit einem aktuell höheren Zinssatz (5,5 %) als dem Markzinssatz.
  - Konsequenz: Die Rückstellungen in der Steuerbilanz sind niedriger als im handelsrechtlichen Jahresabschluss. Damit ist der steuerliche Gewinn und damit die Steuerlast höher.
  - Beispiel: Die Rückstellung für Urlaub und Überstunden muss in der (Handels-)Bilanz die tariflichen Gehaltssteigerungen bereits berücksichtigen. Steuerlich dürfen aber nur die niedrigeren aktuellen Lohnkosten zugrunde gelegt werden.
- Ansatz der Rückstellung für drohende Verluste aus schwebenden Geschäften
  - Jahresabschluss: Pflicht zur (erfolgswirksamen) Passivierung einer Rückstellung, wenn aus einem schwebenden Geschäft ein Verlust droht (§ 249 Abs. 1 HGB).

– Steuerliche Gewinnermittlung: Passivierungsverbot (§ 5 Abs. 4a EStG)

– Konsequenz: Die Differenz im Jahresergebnis ist nur temporär, da sich diese auflöst, wenn der Verlust eintritt.
Bei dieser Position besteht aber das Risiko eines Kreditbetrugs, wenn nur eine sog. „Einheitsbilanz“ (für Bank und Finanzamt) aufgestellt wird. Denn Grundlage für die Kreditentscheidung ist immer der (handelsrechtliche) Jahresabschluss. Wenn in der Einheitsbilanz die Rückstellung für drohende Verluste aus schwebenden Geschäften nicht passiviert wird, ist die Vermögens- und Ertragslage zu positiv dargestellt. Wird auf dieser Grundlage ein Kredit ausgereicht, wird die Bank argumentieren können, sie hätte den Kredit nicht ausgereicht, hätte sie die drohenden Verluste im Jahresabschluss erkennen können.

- Ansatz der Rückstellung für Patentrechtsverletzungen: verletzt ein Unternehmen die Schutzrechte anderer, muss es hierfür eine Rückstellung bilden – auch, wenn der Rechteinhaber die Verletzung noch nicht kennt.

  – Jahresabschluss: Pflicht, solange der Rechteinhaber den Anspruch geltend machen könnte (vgl. § 249 Abs. 1 HGB).

  – Steuerliche Gewinnermittlung: Auflösung nach drei Jahren, wenn nicht geltend gemacht wurde.

  – Konsequenzen hängen davon ab, wann und ob der Rechteinhaber die Verletzung geltend macht. Wenn der Schadensersatz innerhalb von drei Jahren geltend gemacht wird, gibt es keine Unterschiede. Wenn die Verletzung nie geltend gemacht wird, gab es stille Reserven und damit Innenfinanzierung im handelsrechtlichen Jahresabschluss. Wenn die Ansprüche nach drei Jahren geltend gemacht wurden, gibt es in der steuerlichen Gewinnermittlung zwar keine Rückstellung (mehr), die Aufwendungen sind aber Betriebsausgaben und mindern daher den Gewinn entsprechend der geltend gemachten Forderungen.

- Personalbezogene Rückstellungen wie Rückstellungen für Pensionen und Jubiläumszahlungen

  – Jahresabschluss: Im handelsrechtlichen Jahresabschluss gilt das Vorsichtsprinzip, d.h. die Rückstellungen müssen in voller Höhe nach versicherungsmathematischen Grundsätzen passiviert werden.

- Steuerliche Gewinnermittlung: Rückstellungen dürfen nur unter engen Voraussetzungen gebildet werden und müssen mit einem höheren als dem aktuellen Marktzinssatz von 6,0 % berechnet werden.
- Konsequenz: Die Rückstellungen für Pensionen und Jubiläumszahlungen sind in der steuerlichen Gewinnermittlung niedriger als im handelsrechtlichen Jahresabschluss. Dieser Unterschied hebt sich ebenfalls im Laufe der Zahlung auf. Gerade bei der Betriebsrente liegen aber lange Zeiträume zwischen der Bildung und Inanspruchnahme. Dadurch wird das Innenfinanzierungspotential aus Pensionszusagen in erheblichem Umfang gemindert.

- Veranschaulichen lässt sich der Grund für eine abweichende Regelung in der Steuerbilanz an dem Passivierungsverbot in § 5 Abs. 4b Satz 2 EStG. Darin ist ein Passivierungsverbot für die Entsorgung von Atommüll geregelt. Die Betreiber von Atomkraftwerken hatten jahrzehntelang Rückstellungen für die Wiederaufbereitung radioaktiver Abfälle gebildet und dadurch ihre Steuerlast vermindert. Dann kam bezeichnenderweise die damalige rot-grüne Bundesregierung darauf, dass der Fiskus damit den Energieversorgern ein Darlehen mit 0 % Zinsen gewährt hatte. Denn auch bei dieser Rückstellung dreht sich der Steuerspar-Effekt um, sobald die entsprechenden Aufwendungen ausgezahlt werden müssen. Das ist ja gerade der Sinn einer Rückstellung, dass durch die erfolgswirksamen Bildung Mittel im Unternehmen gebunden werden, weil der Gewinn dadurch niedriger ist und deshalb weniger Steuern bezahlt werden müssen bzw. Gewinne ausgeschüttet werden können. Im Jahresabschluss bleibt es dagegen bei der Passivierungspflicht, so dass die Energieversorger Rückstellungen bilden mussten. Deren Höhe ist im Übrigen genau das, was zum Zeitpunkt der Manuskripterstellung in der politischen Diskussion war. Denn gerade bei der Entsorgung von Kernkraftwerken lässt sich die Höhe der künftigen Ausgaben nur schwer schätzen.

2. Einnahmen-Überschussrechnung nach § 4 Abs. 3 EStG

Die Einnahmen-Überschussrechnung nach § 4 Abs. 3 EStG folgt im Grundsatz einem anderen Erfassungsprinzip als der Betriebsvermögensvergleich nach § 4 Abs. 1, § 5 EStG. Hier kommt es grundsätzlich auf den Zu- oder Abfluss an.

Einnahmen-Überschussrechnung und Verminderung der steuerlichen Bemessungsgrundlage

So führt erst der Verbrauch von Roh-, Hilfs- und Betriebsstoffen zu einer Verminderung der steuerlichen Bemessungsgrundlage beim Betriebsvermögensvergleich, wenn diese verbraucht werden. Regelmäßig wird dieser Verbrauch im Rahmen der Inventur ermittelt. Bei der Einnahmen-Überschussrechnung nach § 4 Abs. 3 EStG hingegen führt bereits die Bezahlung von Rechnungen zu einer Verminderung der steuerlichen Bemessungsgrundlage. Eine Inventur ist zumindest aus steuerlicher Sicht nicht erforderlich.

Gleiches gilt für die Betriebseinnahmen. Bei bilanzierenden Unternehmen führt bereits die Einbuchung der Forderung zum Umsatzerlös und damit zu einer Erhöhung des Jahresergebnisses. Bei der Überschussrechnung wirken sich die Betriebseinnahmen erst bei Zahlung aus.

Der Steuervorteil aus dieser Methode der Gewinnermittlung liegt darin, dass sich das Jahresergebnis leichter steuern lässt. Denn den Zahlungszeitpunkt einer Lieferantenrechnung kann der Steuerpflichtige weitgehend selbst bestimmen. Auch bei den Betriebseinnahmen kann das steuerliche Ergebnis durch den Verzicht auf das Schreiben von Rechnungen vermindert werden.

Auf der anderen Seite gibt es bei der Einnahmen-Überschussrechnung nach § 4 Abs. 3 EStG keine Rückstellungen. Das bedeutet: Ungewisse Verbindlichkeiten, z.B. Gewährleistungsrückstellungen, können nicht bereits dann berücksichtigt werden, wenn sie wirtschaftlich verursacht sind (nämlich durch den Umsatz), sondern erst dann, wenn die Betriebsausgaben anfallen.

Das Einkommensteuergesetz lässt diese Methode der Gewinnermittlung nur bei kleineren Gewerbetreibenden und – das dürften die Hauptanwender sein – bei Freiberuflern wie Ärzten, Journalisten oder Steuerberatern zu.

5. Kapitel

5

Elemente des Jahresabschlusses

I. Ansatz – Ausweis – Bewertung – zusätzliche Angaben

1. Überblick

‚Tatbestandsmäßigkeit – Rechtswidrigkeit – Schuld' deklinieren die Strafrechtler die Voraussetzungen für die Strafbarkeit nach dem Strafgesetzbuch durch. Im Bilanzrecht gibt es einen ähnlichen Dreiklang, besser: Vierklang. Ansatz – Ausweis – Bewertung sind das Prüfungsschema für die Erfassung im Jahresabschluss. Als ergänzende Frage stellt sich dann der vierte Schritt: welche zusätzlichen Angaben müssen gemacht werden.

Prüfungsreihenfolge: Ansatz – Ausweis – Bewertung – zusätzliche Angaben

Grob falsch wäre es bei Bilanzierungsfragen zunächst mit der Bewertung zu beginnen. Denn als Erstes muss ein Vermögensgegenstand/Schuld/Aufwand/Ertrag vorliegen (also die Ansatzfrage geklärt sein), bevor man sich Gedanken über die Bewertung machen kann.

Vergleichbar ist dies mit der logischen Prüfungsreihenfolge bei der Stellvertretung oder der Geschäftsfähigkeit im Zivilrecht. Dort muss logischerweise zunächst eine Willenserklärung vorliegen, bevor der gute Jurist über Fragen der Stellvertretung oder der Geschäftsfähigkeit nachdenkt. Denn beim Realakt sind diese Fragestellungen irrelevant.

2. Ansatz

Wie kommen die Sachverhalte nun in den Jahresabschluss? Andersherum formuliert: Was sind die Kriterien, anhand derer die Sachverhalte erfasst werden? Wie bereits in den grundsätzlichen Ausführungen am Anfang dargestellt, herrscht bei der Bilanzierung der Grundsatz der wirtschaftlichen Betrachtungsweise. Deshalb scheiden privat veranlasste Sachverhalte von vorneherein aus.

Transportgewerbe

Der Inhaber des Transportgewerbes kauft für seine Privatfahrzeuge Sommer- und Winterreifen. Da er ansonsten nur Lkw im Betriebsvermögen hat, scheidet eine Erfassung in der Buchhaltung (und später in der Bilanz) seines Fuhrunternehmens aus. Wenn er beispielsweise die Rechnung über sein Firmen-Bankkonto bezahlen lässt, muss eine Privatentnahme gebucht werden. Das Jahresergebnis für sein Unternehmen ändert sich dadurch nicht.

An der Richtigkeit der Nicht-Erfassung in der Buchführung ändert sich auch nichts durch folgende Gestaltung: Der Reifenhändler schreibt auf die Rechnung: „Lkw-Reifen“. Diese Umetikettierung und konsequenterweise die Verbuchung als Betriebsausgaben ist als Steuerhinterziehung strafbar.

Im Grundsatz nichts Anderes gilt, wenn das Unternehmen als juristische Person geführt wird. Es werden grundsätzlich nur betrieblich veranlasste Vorgänge verbucht – mit dem wesentlichen Unterschied, dass eine GmbH, eine Aktiengesellschaft, aber auch eine Genossenschaft oder ein Verein keine ‚Privatsphäre‘ haben. Dies hat insbesondere im Bilanzsteuerrecht Konsequenzen. Um das gerade genannte Beispiel des Reifenkaufs fortzuführen: Der alleinige Gesellschafter, gleichzeitig Geschäftsführer, kauft für seinen Privatwagen Reifen. Weil die GmbH günstigere Konditionen hat, bezahlt diese die Reifen. Alternativ könnte die GmbH – wie bei fremden Dritten – die Reifen an ihren Geschäftsführer verkaufen. Konkret: Die GmbH schreibt eine Rechnung mit Umsatzsteuer und angemessenen Gewinnaufschlag über die Lieferung von Reifen. Konsequenz ist, wie bei allen Transaktionen, es erhöht sich der Gewinn der GmbH und die Umsatzsteuer muss an das Finanzamt abgeführt werden. Gelegentlich in der Praxis vorzufinden ist der Verzicht auf eine Rechnungsschreibung. Da es sich bei der Montage der Reifen auf dem Privatfahrzeug um eine Verwendung für Zwecke außerhalb des Unternehmens handelt, liegt ertragssteuerlich eine (verdeckte) Gewinnausschüttung und umsatzsteuerlich eine so genannte ‚unentgeltliche Wertabgabe' vor. Die steuerliche Bemessungsgrundlage ändert sich gegenüber der ersten Alternative nur in der Art der Darstellung. Zum einen wird die verdeckte Gewinnausschüttung nicht vor dem Jahresergebnis in der Gewinn- und Verlustrechnung gezeigt, sondern danach. In der Umsatzsteuererklärung findet sich dieser ‚fiktive Verkauf' auch nicht in der Zeile „Umsätze", sondern in der Zeile „unentgeltliche Wertabgaben". Unter dem Strich bleibt es beim gleichen Zahlbetrag. Auch die Folgen von Manipulationen sind im Prinzip die gleichen wie beim Einzelunternehmer. Wird die Rechnung vorsätzlich auf Lkw-Reifen ausgestellt und die Rechnung gewinnmindernd und ohne Umsatzsteuer abzuführen, gebucht, liegt im Zweifel eine strafbare Steuerhinterziehung vor.

Der Grundsatz lautet also: Nur betrieblich veranlasste Sachverhalte sind Geschäftsvorfälle. In der Buchhaltung werden auch nur Geschäftsvorfälle verbucht.

Nach diesem Selektionskriterium erfolgt die Erfassung in drei Stufen. In Anlehnung an die Begrifflichkeit des Deutschen Handelsgesetzbuches lassen sich unterscheiden:

- die Frage des Ansatzes,
- die Frage der Bewertung,
- die Frage des Ausweises

und sozusagen als Extrapunkt, wenn die vorgenannten drei Kriterien erfüllt sind, die Frage nach

- dem Erfordernis zusätzlicher Angaben.

Diese drei Stufen bauen systematisch aufeinander auf. Wenn das Kriterium/die Kriterien der ersten Stufe nicht erfüllt sind, stellt sich die Frage der nächsten Stufe nicht.

Beispiel Schadensersatz

Ein Parallelbeispiel aus dem Bereich des Zivilrechts: Bei der Frage des Schadensersatzes wegen Nichterfüllung eines Vertrages beginnt nur der Laie mit der Frage, wie hoch denn der Schadensersatz sei. Der gut ausgebildete Jurist beginnt mit der Frage „ob überhaupt ein Vertrag (wirksam) zu Stande gekommen ist bzw.

noch besteht. Auch im Bilanzrecht gibt es Schemata. Erst, wenn das eine erfüllt ist, ist zu prüfen, ob das nächste erfüllt ist.

Dem Verfasser ist es daher ein Rätsel, warum Studierende bei Forschungs- und Entwicklungskosten gleich die Abgrenzung der Forschungs- von der Entwicklungsphase prüfen. Die erste Frage steht aber im Gesetz selber: „Herstellungskosten eines selbst geschaffenen immateriellen Vermögensgegenstands des Anlagevermögens sind ..." (§ 255 Abs. 2a Satz 1 HGB). Begriffslogisch setzt die Beschäftigung mit den „Herstellungskosten" (sind dann gleich die Entwicklungskosten) das Vorliegen eines „Vermögensgegenstands" voraus. Ohne „Vermögensgegenstand" keine „Herstellungskosten" (sondern: Aufwand der Periode) – oder um im Thema dieses Kapitels zu bleiben: Erst den ‚Ansatz' prüfen, dann über die ‚Bewertung' Gedanken machen.

Unter dem Stichwort ‚Ansatz' wird im Jahresabschluss nach deutschem Recht überprüft, ob ein bilanzierungsfähiger bzw. bilanzierungspflichtiger Vermögensgegenstand, Rechnungsabgrenzungsposten oder eine Schuld (Verbindlichkeit oder Rückstellung) vorliegt, oder, ob der Sachverhalt als Aufwand oder Ertrag erfolgswirksam in der entsprechenden Periode erfasst werden kann oder muss? Bei der steuerlichen Gewinnermittlung bleibt diese Grundsatzfrage die gleiche, nur, dass das Ergebnis das Vorliegen eines (aktiven oder passiven) Wirtschaftsgutes, Betriebseinnahme und Betriebsausgabe ist. Auch in der internationalen Rechnungslegung geht es um nichts Anderes – nur, dass hier die Rede von *assets* (Vermögenswerte), *liabilities* (Schulden/Verbindlichkeiten), *provisions* (Rückstellungen), *income* (Erlöse), *revenues* (Umsatzerlöse), *expenses* (Aufwendungen), *losses* (Verluste/außerordentliche Aufwendungen) ist.

3. Ausweis

Wenn, aber erst wenn, diese Frage positiv beantwortet ist, stellt sich die Frage, wo im Jahresabschluss der Geschäftsvorfall auszuweisen ist. Die Unterscheidung zwischen Anlage- und Umlaufvermögen mag zunächst trivial erscheinen. Die Frage des Ausweises hat jedoch materiell-rechtliche Konsequenzen, namentlich auf der dritten Stufe, die Bewertung.

Strenges und gemildertes Niederstwertprinzip

Um die augenfälligste Auswirkung bereits an dieser Stelle zu nennen: Nach dem sog. gemilderten Niederstwertprinzip muss Anlagevermögen nur bei einer voraussichtlich dauernden Wertminderung auf den niedrigeren beizulegenden Zeitwert abgeschrieben werden. Umlaufvermögen hingegen unterliegt dem sog. strengen Niederstwertprinzip. Das bedeutet, dass auch bei vorübergehenden Wertschwankungen auf den niedrigeren Wert abzuschreiben ist.

Grundstücke gehören bei Unternehmen üblicherweise zum Anlagevermögen. Wenn auf dem Grundstück nebenan eine Mülldeponie errichtet wird, ist davon auszugehen, dass der Wert zunächst wesentlich sinkt. Im Lauf der Zeit steigt der Wert möglicherweise wieder, insbesondere, wenn z.B. sich ein Recyclingunternehmen daneben ansiedelt. Da es sich um Anlagevermögen handelt, kann, muss das Unternehmen aber nicht auf den (vorübergehend) niedrigeren Wert abschreiben. Bei einem Projektentwickler ist das grundsätzlich anders: Er erwirbt die Grundstücke, um sie weiterzuveräußern. Diese sind daher im Umlaufvermögen auszuweisen. Fällt der Grundstückswert auch nur vorübergehend, müssen diese wertberichtigt werden.

4. Bewertung

Das letzte Beispiel deutet an, wo der größte bilanzpolitische Spielraum steckt: in der Bewertung. Das hat zwei Gründe:

1. Die Bewertung beeinflusst unmittelbar das Jahresergebnis.

2. Bei der Bewertung bestehen Schätzunsicherheiten und Bandbreiten.

Bewertung und bilanzpolitischer Spielraum

Ein Unternehmen hat Forderungen im Wert von 5 Mio. EUR. Erfahrungsgemäß zahlen nicht alle Kunden rechtzeitig und/oder vollständig.

Sind es aber nur 1 %, 3 % oder 5 %, bei denen die Forderungen ausfallen? Je nach gewählter Wertberichtigungssatz vermindert

dert sich das Jahresergebnis um 50.000 EUR, 150.000 EUR oder 250.000 EUR.

Selbst bei dem vermeintlich eindeutigen Fall der Eröffnung des Insolvenzverfahrens über das Vermögen eines Kunden streiten sich die Gelehrten. Soll die Forderung vollständig wertberichtigt werden oder nur in Höhe der erwarteten oder üblichen Quote?

Bei der Bewertung können zwei unterschiedliche Konzeptionen unterschieden werden:

- Bewertung mit den historischen Anschaffungs- oder Herstellungskosten
- Bewertung mit dem beizulegenden Zeitwert.

Gerade bei der Bewertung stehen die Buchhalter vor einem Problem: auf der einen Seite sollen die Werte in der Bilanz den tatsächlichen Gegebenheiten entsprechen (‚*true and fair*' – ‚wahr und angemessen' sein), auf der anderen Seite sollen die Werte mit vertretbarem Aufwand ermittelt werden können.

Wertermittlung bei Immobilien, Rohstoffen und Aktien

Wer schon einmal eine Immobilie gekauft hat und sei es auch nur das private Wohnhaus, kennt das Problem der Preisfindung. Der Käufer hat seine Preisvorstellung und der Verkäufer die seine. Der Käufer ist bereit nur einen bestimmten Preis zu bezahlen, je weniger, desto besser. Der Verkäufer möchte nicht unterhalb eines bestimmten Preises verkaufen. Gerade bei Immobilien ist es auch schwer einen objektiven Wert festzulegen, da sich der Käufer vielleicht gerade in dieses Haus verliebt hat. Trotzdem einigen sich Käufer und Verkäufer, meist irgendwo in der Mitte.

Im nächsten Jahr wird vielleicht das Nachbarhaus verkauft. Liegt der Preis darüber, freut sich der Käufer, ein Schnäppchen gemacht zu haben. Liegt der Preis für das später verkaufte Haus darunter, ärgert sich der Käufer, weil er den Preis noch hätte drücken können.

Die Wertermittlung bei Rohstoffen mag etwas einfacher sein, da die wichtigsten an Märkten gehandelt werden und die Produkte miteinander verglichen werden können. Aus eigener Anschauung weiß jeder um die Schwankungsbreite des Rohstoffes Öl. Die Preistafel an der Tankstelle zeigt es.

Noch einfacher scheint es auf den ersten Blick bei börsennotierten Wertpapieren, insbesondere Aktien zu sein. Die wichtigsten werden an mehreren Börsen notiert, so dass sich die Preise weltweit und damit fair bilden können. Auch genügt ein Blick ins Internet, um sich über den Marktpreis zu informieren.

Diese drei Beispiele sollen die wesentlichen Schwierigkeiten bei der Bewertung für Zwecke der Bilanzierung verdeutlichen. Da gibt es

1. Vermögensgegenstände und Schulden, die so einmalig sind, dass sie nur individuell bewertet werden können. Selbst bei einem Reihenhaus ist es mit der Vergleichbarkeit schwierig. Schon der Wert des Mittelhauses weicht von dem des Eckhauses ab. Das eine ist vielleicht gerade renoviert worden, das andere müsste dringend renoviert werden – und schon weicht der faire Wert ab.

2. Vermögensgegenstände und Schulden, deren Wert stark schwankt, und deren Preis von vielen Faktoren abhängt. Rohöl ist nicht nur fürs Autofahren erforderlich, sondern auch ein wichtiger Rohstoff für Produktionsunternehmen, insbesondere in der chemischen Industrie. Der Preis wird nicht nur von den Produzenten festgesetzt (Stichwort: OPEC), sondern hängt auch von Lieferbedingungen ab (Beispiel: Kriege beeinflussen das Angebot und damit den Preis). Schließlich und endlich haben auch die Nachfrager den Preis in der Hand. Verlangsamt sich die Weltkonjunktur, wird weniger Rohöl nachgefragt und damit sinkt (idealtypischerweise) der Preis.

3. Vermögensgegenstände und Schulden, für die zwar verlässlich Marktpreise bestimmt werden können, die aber auch nicht von Einflussnahmen abgeschottet werden können. Das müssen nicht immer die in den Medien skandalisierten Marktmanipulationen, sondern können auch subtilere Formen der Beeinflussung sein. So soll es große börsennotierte Unternehmen geben, die aktiv Marktpflege mit ihren eigenen Anteilen betreiben.

Zwar werden die nachfolgenden Erläuterungen vor allem am Beispiel von Vermögensgegenständen (also auf der Aktivseite) dargestellt. Die Bewertungsproblematik gilt aber auf der Passivseite gleichermaßen. Wenn sich beispielsweise ein Unternehmen nur mehr teurer verschulden kann, beispielsweise, weil der Bonitätsgrad gesenkt wurde, dann beeinflusst das die Bewertung bereits bestehender Verbindlichkeiten aus ausgegebenen Anleihen.

Dieses Dilemma bei der Bewertung versuchen die Buchhalter durch die Abbildung in verschiedenen Wertkategorien zu lösen:

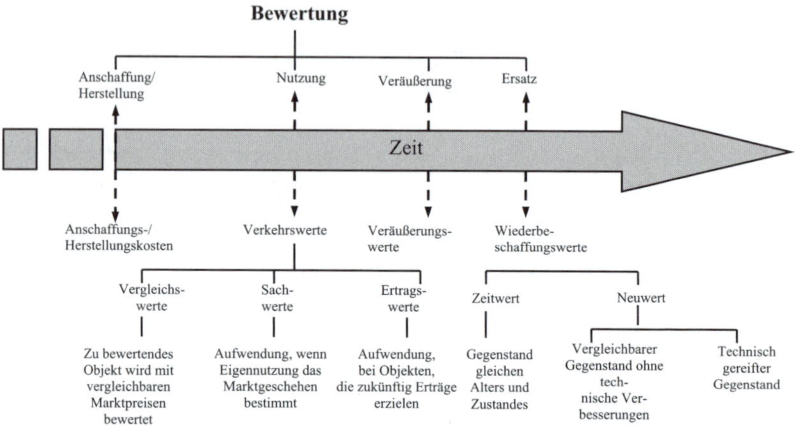

Übersicht: Übersicht möglicher Wertansätze im Zeitablauf (Quelle: aktualisierte Fassung der Übersicht aus: Zöbeli/Koss/Stock: Bewertung und Darstellung von Kunst im Jahresabschluss von Stiftungen, in: Egger/von Schnurbein/Zöbeli/Koss: Rechnungslegung und Revision von Förderstiftungen, Basel: Helbing Lichtenhahn 2011, S. 135.

Ausgangspunkt der Überlegungen ist, dass niemand einen Vermögensgegenstand anschaffen oder herstellen bzw. eine Schuld eingehen wird, wenn er dafür mehr aufwenden muss, als es ihm wert ist. Daraus folgt für die Bilanzierung, dass zum Zeitpunkt der Anschaffung oder Herstellung die Anschaffungs-/Herstellungskosten dem beizulegenden Zeitwert entsprechen. Die Zugangsbewertung erfolgt daher immer erfolgsneutral mit diesem Wert. Im weiteren Zeitablauf werden die Anschaffungs-/Herstellungskosten nur in Ausnahmefällen oder rein zufällig mit dem Zeitwert übereinstimmen.

Die Buchhalter nennen Vermögensgegenstände, die grundsätzlich unverändert mit diesem Ausgangswert in der Bilanz stehen bleiben, nicht abnutzbare Vermögensgegenstände.
Ein Beispiel hierfür sind Grund- und Boden oder Kunstwerke anerkannter Meister. Hier, so die Annahme, bleibt der Zeitwert typischerweise erhalten. Nur, wenn Anhaltspunkte für eine Abwertung bestehen, wird auch bei diesen auf den niedrigeren beizulegenden Zeitwert abgewertet.

Der Regelfall ist, dass sich der Wert eines Vermögensgegenstandes oder einer Schuld im Laufe der Zeit ändert. Um sich diesem ‚wahren' Zeitwert anzunähern, wenden die Buchhalter verschiedene Vergleichswerte an. Diese können entweder unter dem Aspekt der Nutzung, der Veräußerung oder des Ersatzes ermittelt werden:

- Verkehrswerte nähern sich dem wahren Zeitwert unter dem Aspekt der Nutzung an. Sie stellen vor allem auf den aktiven Markt ab. Lehrbuchbeispiel für solche Verkehrswerte sind Immobilien.

  – Bei den Vergleichswerten wird das zu bewertende Objekt mit vergleichbaren Marktpreisen bewertet. Bei Immobilien gibt es in der Regel einen aktiven Markt, so dass eine Bewertung mit vergleichbaren Marktpreisen möglich ist. Wie bereits angesprochen, ist aber auch hier kaum ein Objekt gleich dem anderen. Selbst bei einem Reihenhaus oder einer neu errichteten Siedlung mit identischen Häusern ist das eine Haus vielleicht günstiger gelegen als das andere. Hier behilft sich die Bewertung mit Vergleichswerten aus vorangegangenen Verkäufen und berücksichtigt Besonderheiten des zu bewertenden Objektes mit (oft prozentualen) Zu-/Abschlägen.

  – Ein solches Vergleichsverfahren funktioniert dann nicht, wenn die Eigennutzung das Marktgeschehen bestimmt. Wieder ein Beispiel aus der Immobilienbewertung, wieder aus der Praxis des Verfassers: Auch für Schlösser und Burgen müssen Verkehrswerte ermittelt werden, beispielsweise bei Erbschaften oder Schenkungen für steuerliche Zwecke. Bei solchen Spezialimmobilien gibt es in der Regel keine Marktpreise. Denn: Wann wird schon ein Schloss oder eine Burg verkauft? In diesen Fällen findet das Sachwert-Verfahren seine Anwendung. Der beizulegende Zeitwert wird dabei auf Grundlage der Aufwendungen für die Herstellung/Anschaffung ermittelt. Was musste aufgewendet werden, um dieses Schloss oder diese Burg in ihrem aktuellen Zustand zu erhalten? Um für steuerliche Zwecke auch in solchen Fällen einen objektivierten Wert schnell zur Verfügung zu haben, führt die Bayerische Finanzverwaltung auskunftsgemäß eine Liste mit den Herstellungskosten von Burgen und Schlössern. Darin werde, so versicherte eine Bewertungsspezialistin dem Verfasser, sogar das Schloss Neuschwanstein mit seinen Baukosten geführt. Aber dieses stünde wohl nicht zum Verkauf.

  – Einfacher zu ermitteln ist der Wert bei Objekten, die zukünftig Erträge erzielen (können). Der Wert eines Mietshauses ermittelt sich beispielsweise aus der Hochrechnung der Mieteinnahmen abzüglich der laufenden Kosten über die voraussichtliche Nutzungsdauer, jeweils abdiskontiert auf den Bewertungszeitpunkt. Die dahinter stehende Mathematik ist einfach, die Herausforderung besteht in der Schätzung der künftigen Entwicklung von Mieten und Kosten.

- Der beizulegende Zeitwert kann aber auch unter dem Gesichtspunkt der Veräußerung als Veräußerungswert ermittelt werden. Was könnte der Eigentümer erzielen, wenn er beispielsweise ein Bild oder einen Kunstgegenstand verkaufen würde? Für Kunstgegenstände gibt es beispielsweise im Internet richtig gehende Datenbanken, die über Veräußerungserlöse vergleichbarer Gegenstände informieren. Auch hier zeigt sich wieder die Problematik der Vergleichbarkeit: Selbst bei Drucken oder Stichen, die inhaltlich identisch sind, sind die späteren Exemplare einer Serie preiswerter. Weit verbreitet ist die Bewertung zum Veräußerungswert auch bei Gebrauchtfahrzeugen. Jeder Kfz-Händler hat eine entsprechende Liste.

- Wiederbeschaffungswerte sind der Maßstab für Anlagegüter. Bei einer bereits seit Längerem im Unternehmen befindlichen Maschine stellt sich die Frage, ob der Wiederbeschaffungswert nicht unter dem Buchwert liegt und daher auf den niedrigeren von beiden Werten abzuschreiben ist?
  Der Wiederbeschaffungswert kann entweder als Zeitwert interpretiert werden. Der Zeitwert ist der Wert, den das Unternehmen für einen Gegenstand gleichen Alters und Zustandes aufwenden müsste. Im Falle des gebrauchten Kfz wäre dieser gleich dem Veräußerungswert laut Schwacke-Liste. Vergleichbare Listen gibt es aber auch für gebrauchte Maschinen.
  Der Wiederbeschaffungswert kann aber auch als Neuwert interpretiert werden. Neuwert wäre der Wert, den das Unternehmen berücksichtigen müsste, wenn es den bereits vorhandenen und damit gebrauchten Gegenstand durch einen neuen ersetzen würde. Hier stellt sich dann die Frage, ob dieser ohne technische Verbesserungen oder als technisch gereifter Gegenstand wieder beschafft werden soll.
  So abstrakt diese Überlegungen klingen mögen, sie haben in der Praxis große Auswirkungen. Man denke beispielsweise an die IT-Ausstattung eines großen Unternehmens. Da mag für den einzelnen PC der Preisunterschied nicht besonders hoch sein, multipliziert mit einer Vielzahl von Computern samt Vernetzung samt der

elektronischen Steuerung der Produktion, ergibt sich zumindest in der Summe ein größerer Wertberichtigungsbedarf. Da ist die Frage Zeitwert oder Neuwert mit/ohne technische Veränderung leicht die Frage von fünf- bis sechs-stelligen Beträgen

An diesen Überlegungen wird deutlich, dass es (a) den richtigen Wert, die richtige Bewertung im Jahresabschluss nicht gibt, sondern (b) es auf die Umstände des Einzelfalls, die gewünschte Information und auf die maßgeblichen Rechnungslegungsvorschriften ankommt.

Generell lässt sich sagen, dass alle Rechnungslegungsnormen die Anschaffungs-/Herstellungskosten als Ausgangsbasis für die Bewertung verwenden. Im Detail bestehen Unterschiede bei der Ermittlung der Anschaffungs-/Herstellungskosten. So werden bei den IFRS beispielsweise die Entsorgungs-/Abwrackkosten gleich in die Anschaffungs-/Herstellungskosten eingerechnet. Diese Aufwendungen fließen dann über die planmäßigen Abschreibungen in die Gewinn- und Verlustrechnung ein. Nach deutschem HGB dagegen werden die Aufwendungen für die Entsorgung über entsprechende Rückstellungen berücksichtigt.

Wesentliche Unterschiede zwischen den Rechnungslegungsnormen bestehen bei der Berücksichtigung der beizulegenden Zeitwerte. Nach deutschem HGB dürfen Vermögensgegenstände nur dann mit dem beizulegenden Zeitwert bewertet werden, wenn dieser unter dem Buchwert liegt. Nach IFRS und US-GAAP können, teilweise müssen Vermögensgegenstände mit dem höheren beizulegenden Zeitwert bewertet werden.

Der Regelfall ist, dass der beizulegende Zeitwert im Zeitablauf immer niedriger wird. Wer beispielsweise ein neues Auto kauft, wird feststellen, dass dieses innerhalb kurzer Zeit wesentlich weniger wert ist. Diese Wertminderungen machen sich insbesondere bei Anlagegütern bemerkbar. Bei Vermögensgegenständen des Umlaufvermögens ist dagegen ein schneller Umschlag geplant, so dass der Zeitwert, wenn überhaupt, in der Regel nicht unter die Anschaffungs-/Herstellungskosten sinkt. Das Anlagevermögen ist aber – wie der Name bereits zum Ausdruck bringt – dauerhaft im Unternehmen. Die Wertminderungen werden daher durch planmäßige Abschreibungen berücksichtigt.

Exkurs: Die ökonomische Begründung für planmäßige Abschreibungen

Ausgangspunkt für die Bewertung, auch von Anlagevermögen, sind die Anschaffungs-/Herstellungskosten. Da diese längere Zeit im Unternehmen verbleiben sollen und im Gegensatz zu den Vorräten nicht ver-, sondern gebraucht werden sollen, wird deren Wertminderung im Zeitablauf durch planmäßige Abschreibungen über die Nutzungsdauer Rechnung getragen.

Bei Computern wird regelmäßig eine dreijährige Nutzungsdauer unterstellt. Angenommen die Anschaffungskosten am 2.1.2016 betragen 2.100 EUR. Dann werden jedes Jahr 700 EUR Abschreibungen gebucht. Die Konsequenz hieraus ist (a), dass diese 700 EUR das Jahresergebnis vermindern und (b) der Buchwert um den gleichen Betrag sinkt. Am 31.12.2018 haben die Abschreibungen den Buchwert für den Computer auf Null reduziert. Wenn der Computer am Ende der Abschreibung noch vorhanden ist, lassen Buchhalter den so genannten Erinnerungswert von 1 EUR in den Büchern stehen.

Der Grund für diese planmäßigen Abschreibungen liegt zum ersten in der Abbildung des Werteverzehrs, andersherum formuliert: des sinkenden beizulegenden Zeitwertes. Zum Zweiten bewirken die Abschreibungen einen Innen-Finanzierungseffekt. Denn die 700 EUR Aufwand für Abschreibungen jedes Jahr mindern das Jahresergebnis und damit die Höhe der steuerlichen Bemessungsgrundlage und der möglichen Ausschüttung. Dadurch verbleibt die mit dem Computer erwirtschaftete Liquidität im Unternehmen und steht für die Wiederbeschaffung des Anlagegutes zur Verfügung.

Ausblick:
Zum 31.12.2017 steht der Computer mit einem Buchwert von 700 EUR in den Büchern.
(A) Am Stichtag geht das Gerät irreparabel kaputt und muss verschrottet werden.
(B) Aufgrund der geänderten technischen Anforderungen muss ein neues Gerät beschafft werden.

In beiden Fällen ist der beizulegende Zeitwert Null, da das Gerät im Fall (A) tatsächlich, im Fall (B) wirtschaftlich nicht mehr nutzbar ist. Es muss daher zum Stichtag eine außerplanmäßige Abschreibung vorgenommen werden. Der Aufwand in Höhe von 700 EUR mindert das Jahresergebnis für 2017.

Der Einfluss des Zinsfußes bei der Bewertung von Pensionsrückstellungen

Angenommen, Sie hätten gerne eine betriebliche Altersversorgung. Die gesetzliche Rente erscheint Ihnen nicht ausreichend, auf dem Sparbuch gibt es keine Zinsen mehr und mit Ihrem aktuellen Gehalt bleibt Ihnen nach eigener Einschätzung ohnehin zu wenig netto vom Brutto. Ihr Chef macht Ihnen folgenden Vorschlag: Anstatt der nächsten Gehaltserhöhung haben Sie in 2015 eine Pensionszusage.

Damit bei Beginn der Rentenzahlung bilanziell ausreichend vorgesorgt ist, berechnet der Versicherungsmathematiker auf Grundlage Ihrer Lebenserwartung und der aktuellen Verzinsung den Barwert der auf Sie entfallenden Pensionsrückstellung. Die jährliche Zuführung zur Pensionsrückstellung wird in der Gewinn- und Verlustrechnung als Personalaufwand gebucht. Dadurch mindert sich das Jahresergebnis. Dadurch muss das Unternehmen weniger Ertragsteuern bezahlen und kann weniger Gewinn ausschütten. Die vom Unternehmen erwirtschafteten liquiden Mittel werden dadurch ‚gesperrt'. Schließlich sollen diese später zur Verfügung stehen, wenn Sie in Ruhestand gehen, um ihre Betriebsrente zu bezahlen. Die Pensionszusage ist somit im Grunde nichts Anderes als ein Darlehen der Mitarbeiter an das Unternehmen. Die Betriebswirte sprechen daher auch von ‚Innenfinanzierung'.

In diesem Zusammenhang interessiert die Bewertung der Pensionsrückstellung. Diese werden durch zwei Größen wesentlich beeinflusst:

1. Die Lebenserwartung (und damit die Dauer der Zahlungen im Zeitraum zwischen Renteneintritt und Tod des Bezugsberechtigten) und

2. Die Zinssätze für die Berechnung der Barwerte.

Um diese beiden Probleme zu veranschaulichen, sei ein griffiges Zahlenbeispiel herangezogen. Angenommen, für Ihre (anteilige) Pensionsrückstellung müssten am 31.12.2042 (anteilig) 24.650,00 EUR als Pensionsrückstellung bereit stehen.

Zum Thema 1, der Lebenserwartung: Erhöht sich Ihre Lebenserwartung von 90 auf 91 Jahre, also etwas über ein Prozent, erhöht sich der Erwartungswert für die Pensionsrückstellung am

31.12.2042 entsprechend – aufgrund der dahinter stehenden Statistik vielleicht etwas unterproportional, also geschätzt auf 24.896,50 EUR, für Sie also ‚nur' um 246,50 EUR. Um den Effekt im Jahresabschluss des Unternehmens abzuschätzen, multiplizieren Sie diesen Betrag mit der Anzahl der Mitarbeiter in Ihrem Alter im Unternehmen, nehmen noch die jüngeren Arbeitnehmer mit Pensionszusage dazu.

Noch augenscheinlicher werden die Effekte der Bewertung beim Thema 2, den Zinssätzen. Auch hier wieder eine stark vereinfachte Berechnung. Am 31.12.2042 müssen – so die Annahme – 24.650,00 EUR in der Bilanz als Pensionsrückstellung stehen. Dann müssen beispielsweise zum 31.12.2015 nicht die vollen 24.650,00 EUR in die Pensionsrückstellung eingestellt werden, sondern nur der Barwert. Denn, so die betriebswirtschaftliche Überlegung, das Unternehmen kann mit dem Geld wirtschaften und sollte mindestens den Kapitalmarktzins erwirtschaften, alternativ: könnte das Geld auf dem Kapitalmarkt anlegen.
Der Barwert berechnet sich hier nach der Formel: 24.650,00 EUR/ $(1+r)^{27}$. ‚r' bezeichnet den Kalkulationszinsfuß. Dieser wird gemäß § 253 Abs. 2 Sätze 4 und 5 HGB von der Deutschen Bundesbank berechnet und bekanntgegeben, also für den Stichtag 31.12.2015:

	Restlaufzeit	Zinssatz	Barwert von 24.650,00 EUR zum 31.12.2015 EUR	
Durchschnitt letzte 7 Jahre				
	15 Jahre	3,89%	8.796,82	
	27 Jahre	3,94%	8.683,28	
Durchschnitt letzte 10 Jahre				
	15 Jahre	4,31%	7.888,90	
	27 Jahre	4,34%	7.827,89	
Höchster Wert			8.796,82	
Niedrigster Wert			7.827,89	
Spanne			968,93	12%

Gemäß § 253 Abs. 2 Satz 2 HGB in der zum 31.12.2015 geltenden Fassung dürfen Rückstellungen für Altersvorsorgeverpflichtungen mit dem Zinssatz für eine Restlaufzeit von 15 Jahren und – verpflichtend – dem Durchschnittszinssatz der letzten sieben Jahre abgezinst werden. Aufgrund dieses Wahlrechts ergibt sich eine Zuführung in Höhe von 8.796,82 EUR oder 8.683,28 EUR.

Für Folgejahre bleibt zwar das Wahlrecht (Zinssatz für 15 Jahre oder tatsächliche Restlaufzeit), aber für Rückstellungen für Altersvorsorgeverpflichtungen sind verpflichtend die durchschnittlichen Zinssätze der letzten zehn Jahre zu verwenden (§ 253 Abs. 2 Satz 1 Alt. 1 HGB i.d.F. des Gesetzes v. 11.3.2016). Das Unternehmen kann entweder 7.827,89 EUR oder 7.888,90 EUR passivieren.

Für die von den Zahlen verwirrten Leser die Quintessenz dieser Berechnungen:
Am Sachverhalt hat sich nichts geändert. Es ist immer noch der gleiche Mitarbeiter mit der Lebenserwartung und mit dem gleichen Pensionsanspruch. Allein durch die Wahl eines anderen Zinssatzes ergibt sich eine Ergebnisveränderung von bis zu 12 %!

Die gesetzgeberische Absicht hinter der Veränderung des Zeitraums der Durchschnittsbildung liegt auf der Hand: in den letzten Jahren sind die Zinssätze beständig gesunken, je niedriger der Zinssatz, desto höher die Pensionsrückstellung, desto niedriger die Eigenkapitalquote für das Unternehmen. Durch die Verlängerung von sieben auf zehn Jahre erfolgt die Anpassung auf die inzwischen anhaltende Niedrigzinsphase für die Unternehmen weniger abrupt.

Was aber, wenn sich Negativzinsen durchsetzen? Einige Banken verlangen ja bereits ‚Strafzinsen'. Für einen Negativzins von –0,5 % ergibt sich für die Pensionsrückstellung beispielsweise: $24.650{,}00\ \text{EUR}/(1-0{,}5\ \%)^{27} = 28.222{,}39\ \text{EUR}$. Übersetzt heißt das: Das Unternehmen muss nicht nur den Personalaufwand für die künftigen Pensionszahlungen zurückstellen, sondern auch noch die Kosten der (sicheren) Anlage.

Wir erinnern uns: Der Insolvenztatbestand der Überschuldung liegt vor, wenn das Vermögen die Schulden nicht mehr deckt. Die Pensionsverpflichtungen sind Schulden. Für Neueinstellungen kann das Unternehmen noch reagieren, z.B. keine betriebliche Altersvorsorge oder nur mehr *defined contribution* Pensionspläne (also keine garantierten Leistungen mehr). Was ist aber mit den bereits zugesagten Pensionen? Zur Beruhigung der Arbeitnehmer mit betrieblicher Altersvorsorge: durch den Pensions-Sicherungs-Verein VVaG besteht für ihre Pensionen ein Sicherungssystem.

Ausblick: Bewertung und die eigene Lebensversicherung

Das Thema Bewertung schlägt bis in die kapitalbildenden Lebensversicherungen durch. Gemäß § 153 Abs. 1 Versicherungsvertragsgesetz (VVG) hat ein Versicherungsnehmer Anspruch auf einen Anteil an den Bewertungsreserven. Diese ergeben sich als reine Rechengröße zwischen dem Zeitwert der Kapitalanlagen und dem Buchwert (so der BGH, Urteil v. 11.2.2015 – IV ZR 213/14). Die Buchhalter nennen diese Differenz zwischen Zeitwert und Buchwert im Übrigen ‚stille Reserven'. Für kapitalbildende Lebensversicherungen entschied der BGH, dass diese entweder dem einzelnen Versicherungsvertrag zugeordnet oder in eine Rückstellung für die Beitragsrückerstattung eingestellt werden müssen. Durch die Bildung dieser Rückstellung wiederum vermindert sich der Schlussüberschuss, so der BGH.

Das heißt in der Konsequenz: Es kommt ggf. zu einer Umverteilung, möglicherweise auch zwischen den aktuell und den später fällig werdenden Versicherungsleistungen.

Wer bisher das Thema „Bilanzierung" für abstrakt und langweilig hielt: hier ist der eigene Geldbeutel betroffen!

Bewertung und bilanzpolitischer Spielraum

Ausgangspunkt zu Beginn dieses Abschnitts war die Aussage, dass der größte bilanzpolitische Spielraum in der Bewertung liegt. Diese Behauptung sei noch einmal durch ein weiteres Beispiel illustriert.

Ein Unternehmen (M) kaufe eine hundertprozentige Beteiligung an einem anderen Unternehmen (T) für 10 Mio. EUR. Bereits nach zwei Jahren müsse T Antrag auf Eröffnung des Insolvenzverfahrens stellen.

Es stellt sich die Frage nach der Bewertung der Beteiligung?

Bei Zugang betragen die Anschaffungskosten 10 Mio. EUR. Wenn die Eröffnung des Insolvenzverfahrens mangels Masse abgelehnt wird oder der Liquidationserlös nahe Null liegt, steht zu diesem Zeitpunkt der beizulegenden Zeitwert ebenfalls fest: Null.

Eine Sache der Schätzung ist der Wert zwischen diesen beiden Zeitpunkten. Der Antrag auf Eröffnung des Insolvenzverfahrens kommt nicht schicksalshaft plötzlich, sondern ihm geht in der Regel eine stetige Verschlechterung der wirtschaftlichen Verhältnisse des betroffenen Unternehmens voraus. Bedeutet aber jede Verschlechterung der wirtschaftlichen Verhältnisse eine Minderung des beizulegenden Zeitwertes? Rechtfertigt alleine die Eröffnung des Insolvenzverfahrens die vollständige Abschreibung des Buchwertes in der Bilanz von M?

Im Rahmen eines solchen Buches kann der Verfasser solche Fragen stellen. In der Praxis muss der Buchhalter und ggfs. die Unternehmensleitung entscheiden. Für jeden Wert – in diesem Beispiel – zwischen null und 10 Mio. EUR gibt es im betroffenen Einzelfall gute und schlechte Begründungen. Am Ende steht ein Buchungssatz. Wie bei jeder Schätzung entspricht der geschätzte Wert *per definitionem* nur zufällig, wenn überhaupt, dem ‚richtigen' Wert.

Im Nachhinein kommt aber zuweilen der Vorwurf, die Verantwortlichen des bilanzierenden Unternehmens hätten – wahlweise – bewusst/vorsätzlich/in manipulativer Absicht einen zu hohen/zu niedrigen Wert gewählt. Natürlich gibt es auch Fälle, in denen von einem gewünschten Ergebnis aus entschieden wird, natürlich können sich die Verantwortlichen auch irren, natürlich hat man bei derartigen Entscheidungen oft zu wenige Informationen. Wer aber einmal vor schwierigen Bewertungsentscheidungen stand, kennt das Problem: am Ende muss eine Entscheidung stehen und diese wird oft unter Zeitdruck und bei unvollständigen Informationen getroffen. Im Zweifel ist der Entscheider im Nachhinein selbst immer klüger und das Gericht auch. Es kann sich außerdem die Zeit nehmen, auch zwei weitere Bewertungsgutachten einzuholen.

Es bleibt damit bei der Grundaussage: Die schwierigen Entscheidungen bei der Bilanzierung sind im Rahmen der Bewertung zu treffen.

5. Zusätzliche Angaben

Kommen wir daher wieder zu den einfachen Bereichen der Rechnungslegung. Bei den zusätzlichen Angaben geht es um zusätzliche Informationen, die die Aussagen des Jahresabschlusses in den richtigen Zusammenhang stellen und ergänzen sollen.
Bei der Jahresabschlusserstellung ist das keine besonders anspruchsvolle Tätigkeit. Die zusätzlichen Angaben sind jedoch in der Regel arbeitsaufwendig.

Bei der Analyse kommt es darauf an, diese zusätzlichen Angaben für die Interpretation des Jahresabschlusses zu nutzen.

Beispiel 1 für zusätzliche Angaben: Anlagespiegel/-gitter

Gemäß § 284 Abs. 3 HGB ist die Entwicklung des Anlagevermögens, ausgehend von den Anschaffung-/Herstellungskosten über die (kumulierten) Abschreibungen zu den Restbuchwerte im Anhang darzustellen. Aus dieser auch als Anlagespiegel oder Anlagegitter bezeichneten Übersicht lässt sich der Abnutzungsgrad des Anlagevermögens abschätzen. Je kleiner der Quotient aus Restbuchwerte zu Anschaffungs-/Herstellungskosten ist, desto höher ist der Abnutzungsgrad. Dieser wiederum ist ein Indikator für zukünftigen Investitionsbedarf und damit für eine Bindung liquider Mittel in Zukunft.

Beispiel 2 für zusätzliche Angaben: Restlaufzeiten bei Verbindlichkeiten

Gemäß § 268 Abs. 5 Satz 1 HGB müssen Verbindlichkeiten mit einer Restlaufzeit von weniger als einem Jahr, gemäß § 285 Satz 1 Nr. 1 HGB mit einer Restlaufzeit von mehr als fünf Jahren gesondert angegeben werden. Diese Angaben sind für die Analyse der Finanzlage wichtig. Je kürzer die Restlaufzeiten der Verbindlichkeiten, desto schneller besteht Liquiditätsbedarf. Diese Liquidität bindet Mittel, die ansonsten für Investitionen und/oder Dividendenausschüttungen zur Verfügung stehen.

Die meisten dieser zusätzlichen Angaben sind im Anhang zu finden. Es wird daher auf die vorstehenden Ausführungen zum Anhang verwiesen.

II. Vermögensgegenstand – *asset* – Aktive Wirtschaftsgüter

1. Grundsätze

Aktivierung: ja oder nein?

Die nachfolgenden Ausführungen sind auch für Vermieter geeignet:

Ein Hauseigentümer hatte eine Dachgaube in die vermietete Wohnung eingebaut und dabei gleichzeitig das Dach neu decken lassen. Aufgrund der gestiegenen Quadratmeterzahl Wohnfläche und des besseren Wohnwertes im Dachgeschoss erhöhte er nicht nur die Miete, sondern wollte auch die Aufwendungen für die Baumaßnahme steuerlich sofort geltend machen.

Das höchste deutsche Finanzgericht, der Bundesfinanzhof (BFH), dagegen urteilte wie folgt:

1. Es gibt im deutschen Steuerrecht keine unterschiedlichen Definitionen der Voraussetzungen für die Aktivierung von Wirtschaftsgütern bei den Einkünften aus Vermietung und Verpachtung oder den Einkünften aus Gewerbebetrieb.

2. Die Kriterien für die Aktivierung von Wirtschaftsgütern richten sich nach den Vorschriften für Vermögensgegenstände im HGB.

3. Daraus folgt: Wenn etwas Neues entsteht, entsteht ein Wirtschaftsgut/Vermögensgegenstand. Die damit verbundenen Aufwendungen müssen aktiviert werden (auch bei Vermietern) und können erst über die Nutzungsdauer im Wege der Abschreibung/AfA geltend gemacht werden.

4. Das bedeutet für den zu entscheidenden Einzelfall der Dachgaube: Die Dachgaube gab es vorher nicht, jetzt gibt es sie; vorher waren es weniger nutzbare Quadratmeter, jetzt sind es mehr. Also ist die Dachgaube ein Wirtschaftsgut/Vermögensgegenstand. Also müssen alle damit in Zusammenhang stehenden Aufwendungen dem Wirtschaftsgut/Vermögensgegenstand zugeordnet und über die AfA in der Steuererklärung geltend gemacht werden.
   Bei den Teilen des Dachstuhls, die herausgenommen und durch einen neuen Teil der Dachgaube ersetzt wurden, versteht auch der Laie, dass diese etwas Neues repräsentieren. Auch die anteiligen Kosten für die Dachziegel und die Dachisolierung sind nachvollziehbar. Es leuchtet ein, dass für eine Dachgaube mehr Holz, Ziegel und Isoliermaterial benötigt wird. Doch dann schlug die Stunde der Buchhalter unter den Münchener Richtern. Sie argumentierten, auch der Bodenbelag unterhalb der Dachgaube sei etwas Neues, somit ebenfalls zu aktivieren und abzuschreiben. Der Verfasser stellt es sich bildlich vor, wie mit Zollstock abgemessen und aufgeteilt

wurde, welche Bereiche der neuen Dachgaube zuzuordnen sind.

Der sofortige Abzug der Kosten ist Vermietern lieber, weil sie dadurch einen Steuerstundungseffekt erreichen. Wenn Aufwendungen aktiviert und erst über die Nutzungsdauer im Wege der Abschreibung geltend gemacht werden können, können sie insgesamt nicht weniger abziehen. Im Jahr der Baumaßnahme aber müssen sie zunächst mehr Steuern bezahlen. Diese Liquidität kann damit nicht für die Baumaßnahme selber eingesetzt werden, sondern fließt an den Fiskus ab.

Bei Unternehmen stellt sich die Frage, ob eine Aktivierung vorteilhaft ist, anders:

- Hat das Unternehmen Finanzierungsbedarf, möchte es lieber aktivieren. Dadurch verbessert sich das Bilanzbild, es sind mehr Vermögensgegenstände auf der Aktivseite bilanziert und damit mehr Sicherheiten vorhanden. Mehr Sicherheiten bedeuten eine größere Kreditwürdigkeit. Auch potentielle Investoren (Eigenkapitalgeber) sehen in mehr Aktiva mehr Erfolgspotenziale und sind daher tendenziell eher bereit, in das betreffende Unternehmen zu investieren.
- Handelt es sich dagegen um einen Einzelunternehmer, dessen (private) Einkommensteuer an der Frage der Aktivierung hängt, wird er ähnlich wie der Vermieter denken. Mehr Aktiva bedeuten einen höheren Gewinn und damit höhere Ertragsteuern.

Weil die Frage der Aktivierung keine Frage der Vorlieben oder Vorteilhaftigkeit sein kann, gibt es zum einen Grundsätze für die Aktivierung, zum anderen Definitionen, wann Aufwendungen als Vermögensgegenstand/Wirtschaftsgut/asset zu aktivieren sind.

Zunächst zu den Grundsätzen des Ansatzes nach den Grundsätzen ordnungsmäßiger Buchführung:

- Bilanzidentität (formelle Bilanzkontinuität)
  Die Werte in der Eröffnungsbilanz zum 1.1.2017 müssen mit den Werten laut Schlussbilanz zum 31.12.2016 übereinstimmen.
- Vollständigkeit
  Die Vermögensgegenstände müssen vollständig erfasst werden.
- Verrechnungsverbot (auch als Saldierungsverbot bezeichnet)
  Vermögensgegenstände dürfen nicht mit den Verbindlichkeiten

verrechnet werden. Bei einem kreditfinanzierten Anlagegut steht dieses auf der Aktivseite und das korrespondierende Darlehen als Verbindlichkeit gegenüber Kreditinstituten auf der Passivseite. Danach entwickeln sich die Wertansätze unabhängig voneinander. Der Buchwert des Anlagegutes vermindert sich zumindest durch die planmäßige Abschreibung. Der Buchwert des Darlehens vermindert sich entsprechend der Tilgung.

- Darstellungsstetigkeit (materielle Bilanzkontinuität)
  Die Form der Darstellung muss zwischen den Jahren grundsätzlich beibehalten werden. Das betrifft nicht nur die Gliederung als solche, sondern auch den Ausweis innerhalb der Gliederung. So kann ein Anlagegut nicht in einem Jahr unter den immateriellen, im nächsten Jahr unter den materiellen Vermögensgegenständen (Sachanlagevermögen) ausgewiesen werden. Gerade bei hoch technisierten Anlagen oder in der IT-Branche ist die Abgrenzung zwischen materiellen und immateriellen Vermögensgegenständen zuweilen schwierig.

Planvermögen

Wenn es in rechtlichen Fragen Grundsätze gibt, sind zuweilen die Ausnahmen das interessante. So gilt auch bei Aktiva und Passiva grundsätzlich ein Verrechnungsverbot (§ 246 Abs. 2 Satz 1 HGB).

§ 246 Abs. 2 Satz 2 HGB schreibt hingegen die Verrechnung verpflichtend beim sog. ‚Planvermögen' vor. Dieses sind „Vermögensgegenstände, die dem Zugriff aller übrigen Gläubiger entzogen sind und ausschließlich der Erfüllung von Schulden aus Altersversorgungsverpflichtungen oder vergleichbaren langfristig fälligen Verpflichtungen dienen".

Ein Beispiel hierfür ist die Rückdeckungsversicherung für die Lebensversicherung des GmbH-Geschäftsführers. Damit die Pensionsverpflichtung für den Geschäftsführer abgesichert ist, schließen insbesondere kleine und mittlere Gesellschaften eine Rückdeckungsversicherung ab. In der Bilanz der Gesellschaft wird der Anspruch gegen die Versicherungsgesellschaft als Vermögensgegenstand aktiviert und die Verpflichtung als Pensionsrückstellung passiviert. Vermögensgegenstand und Rückstellung sind gemäß § 246 Abs. 2 Satz 2 HGB miteinander zu verrechnen. Üblicherweise ist der Rückdeckungsanspruch kleiner als die Pensionsrückstellung, so dass insgesamt ein Passivposten bleibt.

Der Grundsatz der Ansatzkontinuität (§ 246 Abs. 3 HGB)

Für die Fortgeschrittenen und die akademisch an dem Thema Rechnungslegung Interessierten sei auf eine Gesetzesänderung durch das BilMoG hingewiesen: der neu eingeführte Grundsatz der Ansatzkontinuität (§ 246 Abs. 3 HGB).

Den Grundsatz der Bewertungskontinuität (§ 252 Abs. 1 Nr. 6 HGB) gab es schon immer. Es macht auch Sinn, die Bewertungsmethode nicht jedes Jahr zu wechseln. Wenn in einem Jahr die Vorräte beispielsweise mit Teilkosten, im Folgejahr mit Vollkosten bewertet sind, hat das einen positiven Effekt auf das Jahresergebnis. Der externe Leser könnte dadurch aber einen falschen Eindruck von der Vermögens- und Ertragslage des Folgejahres (im Vergleich zum Vorjahr) gewinnen.

Das Thema Ansatz unterscheidet sich jedoch von der Bewertung grundsätzlich. Denn für die Aufnahme eines Vermögensgegenstandes oder der Passivierung einer Schuld im Jahresabschluss muss nach hier vertretener Auffassung jedes Jahr neu entschieden werden. Wenn überhaupt, kann die vom Gesetz geforderte Kontinuität der Ansatzmethoden nur die Ansatzwahlrechte betreffen. Hier gibt es aber immer wieder neue Sachverhalte. Beim Aktivierungswahlrecht für selbst erstellte immaterielle Vermögensgegenstände kann es in einem Jahr die selbst erstellte Software, im nächsten Jahr das eigenentwickelte Medikament und im Jahr 3 ein anderes Patent aus der eigenen Denkfabrik sein. Ansatzkontinuität – eng ausgelegt – würde heißen, selbst erstellte immaterielle Vermögensgegenstände immer oder nie zu aktivieren. Nun kann es gute Gründe geben, sich bei der Software gegen eine Aktivierung, beim Patent aber für eine Aktivierung zu entscheiden. Natürlich kann das Unternehmen in begründeten Ausnahmefällen von dem Grundsatz der Kontinuität abweichen (§ 252 Abs. 2 i.V.m. § 246 Abs. 3 Satz 2 HGB). Damit würde aber der Ausnahmefall bei der Ansatzkontinuität zum Regelfall werden. Damit ist die gesetzliche Regelung sinnlos.

2. Ansatz

a) Vermögensgegenstand nach HGB

Am einfachsten lässt sich der Wert einer guten Definition mit Karl Valentin erklären. In einem Sketch erklärt er „Wrdlbrmpft" mit „Wrdlbrmpft" – im Internet kursiert auch die Erklärung von „Wrzlbrnft" mit „Wrzlbrnft". Das will heißen: Erst, wenn etwas definiert ist, kann es auch angewendet werden – zumindest in der Bilanzierung.

Angewendet auf die hier interessierende Fragestellung: Erst, wenn festgelegt ist, was auf der Aktivseite in die Bilanz aufgenommen werden darf oder muss, kann der Anwender entscheiden, ob der vorliegende Sachverhalt bilanzierungspflichtig ist.

§ 246 Abs. 1 Satz 1 HGB verpflichtet zwar das bilanzierende Unternehmen, „sämtliche Vermögensgegenstände" in den Jahresabschluss aufzunehmen, definiert aber nicht, was ein Vermögensgegenstand ist. Dieses gesetzliche Vakuum hat die handelsrechtliche Literatur unter Bezugnahme auf die Rechtsprechung zum Bilanzsteuerrecht mit folgender Definition eines Vermögensgegenstandes ausgefüllt.

§

Begriff des Vermögensgegenstandes

Aufwendungen sind nach herrschender Lehre dann als Vermögensgegenstand mit ihren Anschaffungskosten-/Herstellungskosten in der Bilanz zu aktivieren, wenn folgende Voraussetzungen erfüllt sind:

1. Sache oder Recht
   Bei einem Vermögensgegenstand muss es sich um eine Sache (also um einen körperlichen Gegenstand im Sinne des § 90 BGB) handeln. Vermögensgegenstände können aber auch Rechte sein. Eine Forderung, also der Anspruch auf Zahlung von Geld, ist nach unbestrittener Auffassung ein Vermögensgegenstand. Der Begriff des Rechts kann über das Zivilrecht definiert werden. Ein Recht besteht, wenn das Unternehmen einen Anspruch auf ein bestimmtes Tun oder Unterlassen hat. Das kann im Fall der Forderung gegen einen Kunden der Anspruch auf Zahlung sein. Bei einem gewerblichen Schutzrecht (immaterieller Vermögensgegenstand) ist dies der Anspruch, von anderen das Unterlassen der Nutzung zu verlangen.

2. Selbstständige Verkehrsfähigkeit
   Ein Vermögensgegenstand muss (zumindest abstrakt) selbstständig verkehrsfähig sein. Es müsste sich, zumindest theoretisch, ein Käufer für den betreffenden Vermögensgegenstand finden – ohne, dass das Unternehmen mit verkauft wird.
   Diese Anforderung dient der Abgrenzung des einzelnen Vermögensgegenstandes vom Geschäfts- oder Firmenwert. Der Geschäfts- oder Firmenwert ist die Gesamtheit aller wirtschaftlichen Vorteile eines Unternehmens, die sich noch nicht so weit konkretisiert haben, dass sie ohne das Unternehmen verkauft werden könnten. Die gute Lage eines Einzelhandelsgeschäftes, die hohe Motivation der Mitarbeiter oder deren Kreativität, das Image oder der gute Ruf eines Unternehmens sind Vorteile, die sich in höheren Umsätzen und damit in höheren Gewinnen materialisieren können. Sie lassen sich aber nicht selbstständig auf einem Markt veräußern, ohne dass das gesamte Unternehmen mit veräußert wird.
3. Selbstständige Verwertbarkeit
   Dieses Kriterium ist nicht überschneidungsfrei mit dem Kriterium der selbstständigen Verkehrsfähigkeit. Es dient jedoch der Abgrenzung der einzelnen Vermögensgegenstände untereinander. Ein Fenster beispielsweise ist ein eigener Vermögensgegenstand, solange es nicht in das Haus eingebaut worden ist. Beim Hersteller dieser Fenster wird jedes als eigener Vermögensgegenstand des Vorratsvermögens bilanziert. Sobald dieser jedoch eingebaut worden ist, verliert der Hersteller nicht nur zivilrechtlich das Eigentum, sondern der Vermögensgegenstand ‚Fenster' auch seine Eigenschaft als selbstständig verwertbarer Vermögensgegenstand – er wird Bestandteil des Vermögensgegenstand ‚Immobilie'.
   Buchhalter grenzen dieses Kriterium in der Regel gegen den gegenteiligen Sachverhalt ab: Es liegt dann kein Vermögensgegenstand vor, wenn dieser in einem einheitlichen Nutzungs- und Funktionszusammenhang mit einem anderen steht.

Das Beispiel der Dachgauben aus der Einleitung zu diesem Abschnitt mag schon als Exot daherkommen. Welches Unternehmen hat schon Wohnimmobilien in seiner Bilanz stehen? Die Fragestellung der Abgrenzung von Vermögensgegenständen betrifft aber jedes Unternehmen. Denn für selbstständig nutzungsfähige Wirtschaftsgüter hat das Steuerrecht eine Sonderregelung: betragen die Anschaffungs-/Herstellungskosten netto weniger als 410 EUR können diese entweder im Jahr des Zugangs sofort abgeschrieben werden oder in einen eigenen Pool eingestellt werden. Letzterer wird über fünf Jahre aufgelöst. Diese Sofortabschreibung geringwertiger Wirtschaftsgüter kennt jeder aus seiner eigenen (privaten) Einkommensteuererklärung, der schon einmal einen Computer oder Drucker, ganz allgemein: EDV-Ausstattung, gekauft hat. Denn die Grenze von 410 EUR gilt auch für die so genannten Überschusseinkünfte. Kauft sich ein Arbeitnehmer einen Computer mit Bildschirm für 2.100 EUR und separat einen Drucker für 399 EUR, weil er zuhause Arbeiten für seinen Arbeitgeber erledigen und/oder mit Spezialprogrammen für den Beruf üben muss, mindert die Ausgabe für den Drucker in voller Höhe im Jahr des Kaufs die Bemessungsgrundlage für Einkommensteuer. Die Kosten für den Computer mit Bildschirm liegen dagegen über 410 EUR. Es gilt damit für die private Einkommensteuererklärung das gleiche wie in der Bilanz: die Kosten müssen über die voraussichtliche Nutzungsdauer verteilt werden. Für EDV-Ausstattung wird regelmäßig eine Nutzungsdauer von drei Jahren unterstellt. Das bedeutet: für das Jahr der Anschaffung können 700 EUR zusätzlich abgezogen werden. Insgesamt betragen die Werbungskosten damit 399 EUR plus 700 EUR = 1.099 EUR. Damit lohnt sich die Aufbewahrung der Belege fast nicht. Denn der Arbeitnehmer-Pauschbetrag (§ 9a Satz 1 Nr. 1a EStG) liegt bereits bei 1.000 EUR.

Zumindest steuerlich günstiger wäre es, den Computer und den Bildschirm separat zu kaufen. In Fortführung des Beispiels: Der Bildschirm koste 449 EUR, der Computer dann nur noch 1.701 EUR. Da 449 EUR brutto (im Einzelhandel steht auf dem Preisschild in der Regel der Preis mit Umsatzsteuer) 377 EUR netto entsprechen und damit unter 410 EUR liegen, gilt auch für den separat erworbenen Bildschirm die Regelung für geringwertige Wirtschaftsgüter. Für die Einkommensteuer ist daher zu rechnen:

	EUR	EUR
Werbungskosten bei den Einkünften aus nicht-selbständiger Arbeit		
Sofortabschreibung geringwertige Wirtschaftsgüter (GWG)		
Drucker	399	
Bildschirm	449	
		848
AfA auf Computer		
Anschaffungskosten	1.701	
verteilt auf 3 Jahre		567
		1.415

Über den Arbeitnehmer-Pauschbetrag mindern somit 415 EUR die Bemessungsgrundlage. Bei einem Steuersatz von 37 % sind das rund 162 EUR Steuerersparnis. Damit hat der Fiskus knapp den halben Drucker finanziert.

Bilanzierende Unternehmen haben da das gleiche Problem: Liegen die Kosten der Anschaffung oder Herstellung für ein Wirtschaftsgut unter 410 EUR, können sie ebenfalls die steuermindernde GWG-Regelung in Anspruch nehmen. Für Zwecke der handelsrechtlichen Bilanzierung folgen die meisten Unternehmen dieser steuerlichen Regelung.
Der Unterschied zwischen Unternehmen und Privatpersonen ist zum einen, dass Unternehmen in der Regel die Umsatzsteuer, die sie ihren Lieferanten bezahlen müssen, als Vorsteuer vom Finanzamt erstattet bekommen. Der zweite, wesentliche Unterschied ist, dass Unternehmen oft nicht nur einen, sondern viele Computer gleichzeitig anschaffen. Es geht somit nicht um ein paar (hundert) Euro Steuerersparnis, sondern um ein Vielfaches.

Das Beispiel des Computers mit Bildschirm (stillschweigend wurde auch die Maus und die Tastatur dazu gedacht) ist bewusst gewählt worden. Denn der Bundesfinanzhof entschied, dass EDV-Ausstattung, die als sog. ‚Bundle' gekauft wird, in einem einheitlichen Nutzung- und Funktionszusammenhang steht. Bei der Beurteilung der 410 EUR-Grenze kommt es damit auf den Gesamtkaufpreis an. Es kann dieser damit nicht auf die einzelnen Komponenten aufgeteilt werden, um bei den meisten Teilen (Maus, Tastatur, Bildschirm, Speicher usw.) zu einer sofortigen Ergebnisverminderung zu kommen.

Ein weiteres, wichtiges Beispiel für die Anwendung der Definition des Wirtschaftsgutes/Vermögensgegenstandes sind die sog. Betriebsvorrichtungen. Ein Fenster, das in ein Gebäude eingebaut ist, verliert – wie gerade erwähnt – seine Eigenschaft als Vermögensgegenstand. Die (anteiligen) Anschaffung- oder Herstellungskosten fließen in die Bemessungsgrundlage für die Abschreibung des Gebäudes ein. Gebäude werden über 25 bis 50 Jahre abgeschrieben. Eine Schaufensterscheibe dagegen gilt als Betriebsvorrichtung. Sie ist damit kein Gebäudebestandteil. Die Kosten sind damit über die wesentlich kürzere Nutzungsdauer von zehn Jahren zu verteilen. Weitere Folge dieser Abgrenzung zwischen Gebäude und Betriebsvorrichtung ist, dass Sonderabschreibungen oft nur auf Wirtschaftsgüter geltend gemacht werden können, die keine Gebäudebestandteile sind (so z.B. Sonderabschreibungen nach § 7 g Abs. 5 und Abs. 6 EStG).

Auf den ersten Blick scheint diese Definition von Vermögensgegenstand (Sache oder Recht – selbstständige Verwertbarkeit/Verkehrsfähigkeit …) abstrakt und wenig praxisrelevant zu sein. Da täuscht der erste Eindruck aber: die eingangs zitierte BFH-Entscheidung zu den Dachgauben deutet das für einen Vermieter bereits an. Zu denken ist aber auch ein forschungsintensive Bereiche, zum Beispiel die forschenden Arzneimittelhersteller. Im Internet kursieren Zahlen zwischen 500 Mio. und 2 Mrd. US-Dollar, andere nennen 43,4 Mio. US-Dollar. Für den Jahresabschluss heißt es aber: wenn aktiviert wird, mindern die Kosten nicht mehr als Aufwand das Jahresergebnis. Der Vermögensgegenstand steht dann auf der Aktivseite und wird – wenn Anlagevermögen – über seine Nutzungsdauer abgeschrieben.

Nicht immer möchten Unternehmen aber aktivieren. Ein Fußballclub wollte beispielsweise vor dem BFH durchsetzen, dass die Ablösezahlungen nicht zu aktivieren seien. Durch die dann entstehenden Verlustrückträge hätte sich der Verein die früher gezahlte Körperschaftsteuer zurückgeholt und hätte somit den (finanziellen) Klassenerhalt geschafft. Doch bei den Ablösezahlungen ist allgemein anerkannt, dass diese zu einem immateriellen Vermögensgegenstand „Spielerlizenz“ führen. Sie sind daher kein Aufwand, sondern zu aktivieren und über die Vertragslaufzeit abzuschreiben.

b) *asset* (Vermögenswert)

Im Gegensatz zum deutschen HGB haben die internationalen Rechnungslegungsstandards, die IFRS, bereits in ihrem Rahmenkonzept eine Definition des wichtigsten Bestandteils der Aktivseite, auf Englisch als *asset* oder in der amtlichen Übersetzung der EU-Kommission als ‚Vermögenswert‘ bezeichnet.

§

Definition *asset*

Das IFRS-Rahmenkonzept (Framework) definiert ein *asset* (Vermögenswert) in Tz. 49 als

- eine Ressource,
- die aufgrund von Ereignissen der Vergangenheit
- von dem Unternehmen beherrscht, und
- von dessen Zufluss künftiger wirtschaftlicher Nutzen erwartet wird.

Im Vergleich zwischen der Definition des Vermögensgegenstandes nach deutschem HGB und der des *asset*/Vermögenswert fällt auf, dass das deutsche HGB auf das Schuldendeckungspotenzial eines Vermögensgegenstandes abstellt. Dieser soll eine Sache oder ein Recht sein und selbstständig verkehrsfähig, damit er im Fall der Liquidation zur Deckung von Schulden zur Verfügung steht.
Hinter der Definition der internationalen Rechnungslegungsstandards steht erkennbar die Abbildung des Erfolgspotenzials. Explizit nehmen die Standards auf den Zufluss zukünftigen wirtschaftlichen Nutzens Bezug. In der Konsequenz bedeutet dies: Ein Vermögensvorteil kann bereits ein aktivierungspflichtiger *asset*/Vermögenswert sein, nicht aber aktivierungsfähig in der Bilanz nach deutschem HGB.
Die Summe aller nicht einzeln zu aktivierender Vermögensvorteile eines Unternehmens beispielsweise, in der Bilanz als Geschäfts- oder Firmenwert bezeichnet, ist ein immaterieller Vermögenswert (*intangible asset*) im Sinne des IAS 38. Denn auf die selbstständige Verkehrsfähigkeit und/oder die Einzelveräußerbarkeit kommt es bei einer Ressource nicht an. Für die Definition des Vermögensgegenstandes sind diese Kriterien aber von entscheidender Bedeutung. Damit dieser aber auch in die Handelsbilanz nach deutschem Recht aufgenommen werden kann, greift das deutsche HGB zur gesetzlichen Fiktion. Der entgeltlich erworbene Geschäfts- oder Firmenwert), „gilt als zeitlich begrenzt nutzbarer Vermögensgegenstand" (§ 246 Abs. 1 Satz 4 HGB).
Dieser ‚juristische Kunstgriff' des deutschen Gesetzgebers ist mehr als eine Wortklauberei. Wenn das Gesetz etwas fingiert, dann schließen sich daran bestimmte Rechtsfolgen an. Wenn ein Sachverhalt – wie beim Geschäfts- oder Firmenwert nach IFRS – einen Regelfall darstellt, dann unterliegt der Geschäfts- oder Firmenwert den gleichen Regeln wie andere immaterielle Vermögenswerte. Dazu folgendes Beispiel:

Der Geschäfts- oder Firmenwert

Ein Einzelunternehmer sei erfolgreich beim Vertrieb, beispielsweise von Motorrädern. Die Bilanz zum 31.12.2016 sehe wie folgt aus:

Bilanz zum 31. Dez. 2016

Aktiva	EUR		Passiva EUR
Umlaufvermögen,		Eigenkapital	35.500
Forderungen	125.250	Übrige Passivposten	94.750
Flüssige Mittel	5.000		
	130.250		130.250

Der Hersteller möchte den lukrativen Vertrieb selbst betreiben und kauft das Unternehmen für 500.000 EUR. Dann bezahlt der Hersteller 500.000 EUR minus 35.500 EUR (Eigenkapital des übernommenen Unternehmens) = 464.500 EUR für den Geschäfts- oder Firmenwert. Er findet damit den Einzelunternehmer ausschließlich für die künftigen Ertragschancen ab. Stille Reserven sind nämlich weder in den Forderungen noch in den Flüssigen Mitteln zu erwarten.

Nachdem der Geschäfts- oder Firmenwert als abnutzbarer Vermögensgegenstand in der deutschen Handelsbilanz gilt (§ 246 Abs. 1 Satz 4 HGB), ist er über die voraussichtliche Nutzungsdauer abzuschreiben. Bei Nutzungsdauer von vier Jahren bedeutet das eine Ergebnisverminderung von 464.500 EUR geteilt durch 4 gleich 116.125 EUR pro Jahr.

Für den Jahresabschluss nach IFRS gilt aber der sog. ‚*impairment-only-approach*', d.h. der Geschäfts- oder Firmenwert ist grundsätzlich ein nicht abnutzbarer asset/Vermögenswert und nicht planmäßig abzuschreiben.

Die Folge: Das Jahresergebnis nach IFRS liegt damit um 116.125 EUR höher als nach HGB.

Erklärtes Ziel der Rechnungslegung nach IFRS ist die Information der Eigenkapital-Investoren (Rahmenkonzept, Rz. 14). Dies zeigt sich auch an der Definition der zu aktivierenden *assets*/Vermögenswerte. Der mit ihnen verbundene Nutzen drückt sich vor allem im (späteren) Zufluss von liquiden Mitteln aus. Das hat zwar auch etwas mit dem Schuldendeckungspotenzial zu tun, schließlich ist die Liquidierbarkeit einer Vermögensposition Voraussetzung für die Fähigkeit der Tilgung. Erkennbar geht es aber um die Erzeugung von Cash Flows, die über den Gewinn als Dividenden an die Investoren zurückfließen.

In den meisten Fällen zeigt sich auf der Aktivseite einer Bilanz nach IFRS oder HGB der gleiche Sachverhalt als *asset*/Vermögenswert und als Vermögensgegenstand. Eine Maschine beispielsweise erfüllt beide Definitionen gleichermaßen. Abweichungen gibt es vor allem im Bereich der immateriellen Vermögenswerte/Vermögensgegenstände und bei der Bewertung.

i **‚*asset*' oder ‚Vermögenswert' oder ‚Vermögensgegenstand'**

Warum, so fragt sich wahrscheinlich der aufmerksame deutsche Leser, verwendet der Verfasser immer die Begriffe „*asset*/ Vermögenswert" als Pärchen und beschränkt sich nicht auf den deutschen Fachbegriff? Hintergrund ist, dass es keine offizielle deutsche Übersetzung der IFRS gibt, die vom Standardsetter IASB autorisiert worden wäre. Der Begriff „Vermögenswert" stammt aus der von der EU-Kommission veranlassten offiziellen Übersetzung der in der Europäischen Union maßgeblichen Standards. Durch die Verwendung beider Begriffe soll vor allem zum Ausdruck gebracht werden, dass es sich bei *asset*/Vermögenswert um materiell-rechtlich/inhaltlich etwas Anderes handelt als beim Vermögensgegenstand nach deutschem HGB. In den meisten Fällen (siehe oben angeführte Definitionen) wird das Ergebnis im Jahresabschluss gleich sein.

Aber da kommt der Buchhalter im Verfasser dieser Publikation durch: Der Begriff „Vermögenswert" klingt ihm zu verwandt zum deutschen Fachbegriff, dem ‚Vermögensgegenstand', als dass es nicht zu Verwechslungen kommen könnte. Und im Detail nehmen es die Buchhalter genau!

c) Aktive Wirtschaftsgüter

Um die Begriffsverwirrung bereits im Deutschen weiter zu steigern, sei der Begriff aus der steuerlichen Gewinnermittlung hinzugefügt: das Bilanzsteuerrecht spricht nur vom ‚Wirtschaftsgut' und meint damit sowohl die Posten auf der Aktiv- wie auf der Passivseite.

Da die Definitionen in den meisten Fällen zum gleichen Ergebnis führen, können die Begriffe aktives Wirtschaftsgut (steuerliche Gewinnermittlung – Ertragsteuerrecht), Vermögensgegenstand (Jahresabschluss – Handelsrecht) und *asset*/Vermögenswert (Jahresabschluss nach internationalen Rechnungslegungsstandards – IFRS) synonym verwendet werden. Aber – wie gerade angedeutet – Buchhalter sind bei den Details genau (bei den Schätzungen manchmal großzügig) und, wenn sie im akademischen Bereich unterwegs sind, sehen sie auch den kleinen Bereich, in dem das Ertragsteuerrecht vom Recht der Handelsbilanz abweicht.

Grundsätzlich ist alles, was als Vermögensgegenstand in der Handelsbilanz zu aktivieren ist, auch als aktives Wirtschaftsgut im Betriebsvermögensvergleich zu erfassen. Allerdings stellen die Handelsrechtler vor allem auf die selbstständige Verkehrsfähigkeit (Abgrenzung zum Geschäfts- oder Firmenwert) ab, während es beim Wirtschaftsgut auf die selbstständige Bewertungsfähigkeit ankommt. Für seine akademische Arbeit hatte sich der Verfasser auf die Suche nach einer Abweichung gemacht und war in einem Fall fündig geworden. Es ging um ein Durchleitungsrecht, bei der das Finanzgericht ein aktivierungspflichtiges Wirtschaftsgut und nicht eine sofort abzuziehende Betriebsausgabe sah. Die Abstandszahlung für dieses Durchleitungsrecht wurde – so war im Urteil zu lesen – im Jahresabschluss als sofort abzuziehender Aufwand behandelt worden. Weil ihm dieses Beispiel so abstrus erschien, notierte sich der Verfasser nicht gleich die Fundstelle und kann daher nur mit einem Beispiel aus seiner Erinnerung dienen, bei dem es bei einer Rohrleitung zu einer Aktivierungspflicht für die steuerliche Gewinnermittlung, aber einer Ergebnisminderung bei Zugang im handelsrechtlichen Jahresabschluss gekommen sein soll.

Nachdem es sich augenscheinlich um exotische und Einzelfälle handelt, merke man sich lieber die Definition des Wirtschaftsgutes aus der ständigen Rechtsprechung des BFH:

Definition aktives Wirtschaftsgut

§

- Demnach sind Wirtschaftsgüter alle am Bilanzstichtag als Vermögenswerte realisierbaren Gegenständen im Sinne des Zivilrechts sowie alle anderen vermögenswerten Vorteile einschließlich tatsächlicher Zustände und konkreter Möglichkeiten.
- Diese Gegenstände oder Vorteile müssen einen greifbaren Vorteil bilden: Der Unternehmer muss sich die Erlangung der Gegenstände oder Vorteile etwas kosten lassen und die Aufwendungen müssen zu einem sich über mehrere Jahre erstreckenden greifbaren Nutzen führen.
- Diese greifbaren Vorteile müssen in einem einheitlichen Nutzungs- und Funktionszusammenhang einer selbstständigen Bewertung zugänglich sein. Entscheidend ist dabei die Verkehrsauffassung. Eine selbstständige Nutzbarkeit ist nicht erforderlich.
- Diese Vorteile müssen zumindest zusammen mit dem Betrieb übertragbar sein, sie müssen nicht einzelnen veräußerbar sein.

Beim Geschäfts- oder Firmenwert handelt es sich daher nach höchstrichterlicher Finanzrechtsprechung um ein aktives Wirtschaftsgut. Für Zwecke des Steuerrechts bedarf es daher – anders als nach dem HGB – keiner gesetzlichen Fiktion.

Auch bei dieser Definition ergeben sich materiell-rechtliche Konsequenzen, hier aber mit direkten finanziellen Folgen. Wenn es sich um ein aktives Wirtschaftsgut handelt, können die damit in Zusammenhang stehenden Aufwendungen nicht als Betriebsausgaben abgezogen werden und mindern damit nicht den steuerlichen Gewinn.

3. Ausweis

a) Anlage- vs. Umlaufvermögen

Ist es nicht, so fragte einmal ein Steuerberater, egal, wo das Wirtschaftsgut steht, Hauptsache, der Gewinn stimmt? Für das Finanzamt ist es zunächst einmal wichtig, dass das zu versteuernde Einkommen und damit die Steuerlast stimmen. Bei der Rechnungslegung geht es aber um mehr. Denn Daten vermitteln nur dann wirklich Informationen, wenn sie geordnet präsentiert werden.
Dieses Problem kennt jeder Eigentümer einer Eigentumswohnung. Natürlich interessiert sich jeder dafür, was er unter dem Strich an Umlage bezahlen muss. Durch eine unübersichtliche Darstellung lassen sich aber leicht Einnahmen und Ausgaben verstecken. Auch wird berichtet, dass Amtsgerichte zuweilen ihre eigenen Vorstellungen davon haben, wie die Abrechnung einer Wohnungseigentümergemeinschaft auszusehen hat, damit der Amtsrichter diese überhaupt zur Kenntnis nimmt.

Zurück zu den Gliederungsvorschriften des HGB: Auf der Aktivseite verläuft ein großer Strich zwischen den Buchstaben A und B.
A, das Anlagevermögen, betrifft die Vermögensgegenstände, „die bestimmt sind, dauernd dem Geschäftsbetrieb zu dienen." (§ 247 Abs. 2 HS 2 HGB). Unter dem zweiten Großbuchstaben, B, sind – im Umkehrschluss – die Vermögensgegenstände auszuweisen, die nicht dauerhaft im Unternehmen verbleiben sollen. Diese Abgrenzung hat somit zwei Komponenten. Zum einen ein subjektives Element, also die Absicht, einen bestimmten Vermögensgegenstand dauerhaft oder nicht dauerhaft im Unternehmen zu nutzen. Zum anderen beinhaltet die Abgrenzung des HGB ein zeitliches Element.

Da gibt es Vermögensgegenstände, bei denen die Abgrenzung in der Natur der Sache liegt. Abgesehen von entsprechenden Händlern wird wohl kein Unternehmen Maschinen oder Autos nur vorübergehend im Unternehmen haben wollen. Bei Roh-, Hilfs- und Betriebsstoffen und anderen Verbrauchsmaterialien liegt ein baldiger Verbrauch nahe.

Die Bewährungsprobe muss die Definition des § 247 Abs. 2 HS. 2 HGB in Ausnahmefällen bestehen. Wenn ein Unternehmen, insbesondere in der Baubranche, ein Grundstück kauft, kann dies entweder für den eigenen Betriebshof (dann Anlagevermögen) oder für die Bebauung und baldigen Verkauf (dann Vorratsgrundstücke) bestimmt sein. Auch beim Gold kann es sich entweder um einen Rohstoff handeln (dann Vorratsvermögen), z.B. in der Elektronikindustrie, oder um ein langfristiges Anlagegut. Noch schwieriger wird es bei Wertpapieren und anderen Finanzanlagen. Diese können entweder kurzfristig als Spekulationsobjekt eingesetzt werden oder der Herstellung einer langfristigen Beteiligung an einem anderen Unternehmen dienen. Auch bei einem Softwarehersteller muss unterschieden werden zwischen der Mastercopy eines Programms (Anlagevermögen) und den zum Verkauf bestimmten Kopien, die beispielsweise auf CD-ROM oder DVD gespeichert sind (Umlaufvermögen).

Da mag dann wieder die Frage aus dem ersten Absatz gestellt werden: Ist es nicht eigentlich egal, ob ein Vermögensgegenstand oben (unter A) oder unten (B) steht? Nein, die Unterscheidung zwischen Anlage- und Umlaufvermögen hat materiell-rechtliche Konsequenzen. Um mit dem gerade genannten Beispiel des Software-Herstellers zu beginnen: Ein Aktivierungswahlrecht besteht nur für selbst erstellte immaterielle Vermögensgegenstände des Anlagevermögens, im Beispiel können die Entwicklungskosten entweder sofort erfolgswirksam erfasst oder aktiviert werden (Wahlrecht nach § 248 Abs. 2 HGB). Beim Umlaufvermögen, egal ob materiell oder immateriell, gibt es dagegen kein Wahlrecht. Deren Anschaffung oder Herstellung ist immer erfolgsneutral im Vorratsvermögen abzubilden. Ganz allgemein gilt: Nur abnutzbare Vermögensgegenstände des Anlagevermögens sind planmäßig über ihre Nutzungsdauer abzuschreiben (§ 253 Abs. 3 HGB). Im Umlaufvermögen dagegen gilt das sog. ‚strenge Niederstwertprinzip' (§ 253 Abs. 4 HGB), d.h. liegt der beizulegende Zeitwert unter dem Buchwert, ist auf diesen abzuwerten.

Anlage- vs. Umlaufvermögen und die Überschussbeteiligung bei Lebensversicherungen

Eine Versicherung lege die erhaltenen Versicherungsprämien in Aktien an, z.B. 1 Mio. EUR. Kurz vor dem Stichtag kommt es zu einem Börsencrash, der Stichtagskurs liegt um 10 Prozent unter den Anschaffungskosten.

Nach allgemeinen Regeln gilt: Hat das Versicherungsunternehmen die Wertpapiere im Umlaufvermögen zugeordnet, sind sie auf den niedrigeren Börsenkurs abzuschreiben, Ergebnisverschlechterung: –100.000 EUR. Wurden die Wertpapiere dagegen für die langfristige Anlage gekauft, so ist nach allgemeinen Regeln zu unterscheiden, ob es sich um eine voraussichtlich dauernde oder voraussichtlich nicht dauernde Wertminderung handelt. Bei einer voraussichtlich dauernden Wertminderung ist auf den niedrigeren Wert abzuwerten (§ 253 Abs. 3 Satz 5 HGB). Bei einer voraussichtlich nicht dauernden Wertminderung besteht bei Finanzanlagen (wie hier: Aktien) ein Wahlrecht zwischen Abwertung und Beibehaltung des höheren Buchwerts (§ 253 Abs. 3 Satz 6 HGB). Mögliche Ergebnisauswirkung: –100.000 EUR. Gerade bei schwankenden Börsenkursen kann man immer darüber diskutieren, ob eine Wertminderung voraussichtlich dauernd ist oder nicht. Bei einem – wie hier angenommen – Börsencrash liegt die Vermutung nahe, dass es sich bei der Verminderung von –10 % zumindest nicht in voller Höhe um eine voraussichtlich dauernde Wertminderung handelt. Genauso kann aber argumentiert werden, dass es sich um eine (längst überfällige) Marktkorrektur handelt, die möglicherweise zu einem weiteren Kursverfall führen kann.

Um die Problematik noch einmal zu verdeutlichen: Es geht hier (auch) um die Überschussbeteiligung bei der kapitalbildenden Lebensversicherung. –10 % an Ergebniskorrektur schlagen sich auch auf diese durch.

Gemäß § 341b Abs. 2 HGB haben alle Versicherungen bei Aktien diese entweder dem Anlage- oder Umlaufvermögen zuzuordnen. Damit gelten für Versicherungsunternehmen – unabhängig von ihrer Rechtsform – die gerade dargestellten allgemeinen Grundsätze. Eine Ausnahme wiederum dazu sind Verträge, die von Pensionsfonds bei Lebensversicherungsunternehmen zur Deckung von Verpflichtungen gegenüber den Versorgungsberechtigten eingegangen werden. Diese sind gemäß § 341b Abs. 2 HGB mit dem vorsichtig ermittelten Zeitwert zu bewerten.

Welche Zuordnung für den einzelnen Versicherungsvertrag günstiger ist, hängt von der Wertentwicklung des Investments ab. Aber auch steigende Börsenkurse führen nicht immer zu steigenden Überschussbeteiligungen. Denn im deutschen Bilanzrecht gelten die Anschaffungskosten von Wertpapieren als die Obergrenze der Bewertung. Es kommt – wie der Jurist sagen würde – auf die Umstände des Einzelfalls an.

Es bleibt aber bei der grundsätzlichen Aussage: Rechnungslegung ist nicht nur eine Spielwiese der Buchhalter, sondern schlägt auf den einzelnen Geldbeutel durch.

Die Unterscheidung zwischen langfristig (Anlagevermögen) und kurzfristig gebundenem Vermögen (Umlaufvermögen) spielt auch in der internationalen Rechnungslegung eine Rolle. Diese *„current/non-current distinction“*, so die Überschrift vor IAS 1.60, wird aber nicht an der Dauerhaftigkeit festgemacht, sondern kurzfristig gebundenes Vermögen ist alles das, was alternativ (a) innerhalb des normalen Geschäftszyklus umgesetzt wird, (b) für Handelszwecke gehalten wird, (b) eine Restlaufzeit von bis zu zwölf Monaten hat oder sich (c) um liquide Mittel handelt (vgl. IAS 1.66).

Die zwölf Monate als Obergrenze für das Umlaufvermögen finden sich auch in vielen Lehrbüchern für die Buchführung wieder, aber nicht im deutschen HGB.

Neben der unterschiedlichen Bewertung von Anlage- und Umlaufvermögen hat diese Kategorisierung aber auch Auswirkungen auf die Bilanzanalyse. Zu den ältesten Regeln der Kaufmannskunst gehört die sog. ‚Goldene Bilanzregel‘. Diese besagt, dass ein guter Kaufmann langfristig gebundenes Vermögen auch langfristig finanzieren sollte. In der Finanzwirtschaft ist daneben der Begriff der Fristenkongruenz gebräuchlich. Wer hierfür ein Praxisbeispiel haben möchte, erinnere sich an die Krise offener Immobilienfonds alter Prägung: diese finanzierten Immobilien (also langfristig gebundenes Vermögen) durch jederzeit veräußerbare Fondsanteile. Es war somit die goldene Bilanzregeln nicht eingehalten – und in der Praxis passierte, was passieren musste: Offenbar brauchten die Anteilseigner kurzfristig Geld und gaben die Fondsanteile in großer Zahl zurück. So viel Liquidität hatten die Fondsgesellschaften aber nicht, ein kurzfristiger Verkauf von Immobilien macht immer wenig Sinn, da mit großen Verlusten verbunden, also verweigerten einige offene Immobilienfonds die Rückzahlung. Das wiederum veranlasste noch mehr Investoren, auch

ihre Fondsanteile zurückgeben zu wollen. Die Spirale führte zumindest dazu, dass Fonds mit kapitalkräftigen Muttergesellschaften gestützt und andere geschlossen werden mussten. Soweit bekannt, haben die noch bestehenden offenen Immobilienfonds zumindest einen zeitlichen Puffer zwischen Rückgabe und Auszahlung des Fondsanteils eingebaut. So wichtig und einfach zu verstehen diese Regel ist, in der Beratungspraxis sind dem Verfasser dieses Buches immer wieder Unternehmensinhaber begegnet, die das Firmen-Kfz mit einem Kontokorrentkredit finanzieren wollten. Selbstverständlich brauchten die Unternehmer (schnell) ein (größeres) Gefährt und nichts geht schneller, als beim Girokonto zu überziehen. Je nach Unternehmensgröße reicht die Kreditlinie auch für ein neues Kfz. Was aber, wenn die Bank die Linie kurzfristig zurückfährt, das Auto aber bleibt?
Die Einhaltung der Goldenen Bilanzregel (*langfristig gebundenes Vermögen langfristig finanzieren*) lässt sich theoretisch ganz genau berechnen. Ein Vermögensgegenstand mit einer Nutzungsdauer von sechs Jahren sollte mit einer Finanzierung von sechs Jahren finanziert werden. Doch da ist der Nutzen der Information geringer als die exakte Berechnung. In der Bilanzanalyse werden daher das Anlagevermögen auf der einen und das Eigenkapital und das langfristige Fremdkapital auf der anderen Seite einander gegenübergestellt. Als langfristiges Fremdkapital gilt das Fremdkapital mit einer Restlaufzeit von mehr als fünf Jahren. Eigenkapital wird grundsätzlich unbefristet zur Verfügung gestellt, kann daher auch als langfristige Finanzierung betrachtet werden. Ergibt der Quotient aus Anlagevermögen zu (Eigenkapital und langfristiges Fremdkapital) ungefähr 1 oder 100 %, ist die Goldene Bilanzregel eingehalten. Bei der Finanzierung des neuen Kfz mittels Überziehungskredit liegt dieser Quotient weit darunter (siehe die gerade gemachten Ausführungen). Aber auch ein Wert weit über 1 oder 100 % gilt als betriebswirtschaftlich unsinnig. So macht es wenig Sinn, zusätzlich zum Anlagevermögen das komplette Vorratsvermögen über ein langfristig laufendes Bankdarlehen zu finanzieren. Ein langfristiger Betriebsmittelkredit sollte idealerweise nur die langfristig (vorfinanzierten) Vorräte und Forderungen abdecken. Der kurzfristig auftretende Finanzierungsbedarf für das Umlaufvermögen sollte über kurzfristige Finanzierungsmöglichkeiten abgedeckt werden, zum Beispiel Lieferantenkredite oder die Überziehung des Girokontos.

Langfristig gebundenes Vermögen

Der Wert des Vorratsbestandes schwankt bei einem Unternehmen zwischen 250.000 EUR und 750.000 EUR. Der durchschnittliche Vorratsbestand beträgt 450.000 EUR. Die Vorräte sind bilanziell als Umlaufvermögen auszuweisen. Betriebswirtschaftlich betrachtet handelt es sich in Höhe von 450.000 EUR aber auch um langfristig gebundenes Vermögen. Denn das Unternehmen muss diesen durchschnittlichen Vorratsbestand vorfinanzieren, bis die Kunden ihn abnehmen und das Unternehmen Forderungen hat.

Finanzwirtschaftlich macht es keinen Sinn, nur 250.000 EUR durch einen langfristigen Betriebsmittelkredit zu finanzieren. Denn weitere 200.000 EUR sind in diesem Zahlenbeispiel ebenfalls langfristig gebunden. Den Maximalwert (750.000 EUR) langfristig zu finanzieren, macht auf der anderen Seite ebenfalls keinen Sinn, da im Durchschnitt dann für 300.000 EUR Zinsen für etwas aufgewendet werden müssen, das nicht zu finanzieren ist.

Damit ist man aber bereits tief in der Bilanzanalyse. Ausgangspunkt ist das Anlagevermögen als das langfristig gebundene Vermögen. Dann sucht der Analyst weiteres Vermögen, das ebenfalls langfristig gebunden ist. Auf der Passivseite sind (zumindest bei Kapitalgesellschaften) die Restlaufzeiten zu vermerken. Daraus kann das langfristige Fremdkapital abgeleitet werden. Denn auch auf der Passivseite erweist sich die bilanzielle Aufgliederung zwar als guter erster Ansatzpunkt, für Analysezwecke ist es zweckmäßig, weitere Aufteilungen und Anpassungen vorzunehmen.

b) Das Anlagevermögen

„*Gallia est omnis divisa in partes tres*“ – Ganz Gallien zerfällt in drei Teile, beobachtete Julius Cäsar. Auch das Anlagevermögen wird traditionell in drei Teile geteilt, in § 266 Abs. 2, Buchstabe A. HGB mit römischen Ziffern gegliedert: die immateriellen Vermögensgegenstände, die Sachanlagen und die Finanzanlagen.

Die immateriellen Vermögensgegenstände zeichnen sich dadurch aus, dass ihr wesentlicher Kern der ‚geistige Gehalt‘ ist. Auch bei einem Computerprogramm (Software) gibt es in der Regel einen physischen Gegenstand, zum Beispiel einem Datenträger, der diesen Gehalt verkörpert. Entscheidend ist aber der Inhalt, nicht der Datenträger. Vergleichbares gilt bei einem Patent (Patenturkunde)

oder einen Plan, einem Rezept oder ähnlichen immateriellen Vermögenswerten. Sie sind (technisch) notwendig, aber wertentscheidend ist die dahinter stehende Idee.
Von den Finanzanlagen unterscheiden sich die immateriellen Vermögensgegenstände jedoch dadurch, dass sie nicht monetär sind.

Bei den Sachanlagen lässt sich gut der grundsätzliche Unterschied zwischen Anlage- und Umlaufvermögen demonstrieren. Beim Umlaufvermögen, Lehrbuchbeispiel: die Vorräte, gilt: Diese werden im operativen Geschäft des Unternehmens verbraucht. Wenn ein Bauunternehmen den Sand und die Ziegelsteine verbaut hat, sind diese nicht mehr vorhanden. Bei einer Maschine können mehrere Stück produziert werden, mit einem Schlagwort bezeichnet: Sachanlagen werden gebraucht, nicht verbraucht.
Bei den Sachanlagen gibt es sowohl abnutzbare wie nicht abnutzbare Vermögensgegenstände. Eine Maschine gehört zu den abnutzbaren Vermögensgegenständen, sie wird allein durch Zeitablauf weniger wert, einmal ganz davon abgesehen, dass auch der Gebrauch zu einem Wertverlust führt. Grund und Boden dagegen ‚nutzt sich nicht ab'. Wie die Wertentwicklung in den meisten Regionen Deutschlands zeigt, unterliegen Grund und Boden oft einer gegenteiligen Wertentwicklung. Sie werden im Zeitablauf wertvoller. Als nichtabnutzbare Vermögensgegenstände sind sie daher nicht planmäßig abzuschreiben.

i

Gebäudeteile

In diesem Zusammenhang bietet es sich an, den Blick für die bilanzielle Betrachtungsweise zu schärfen. Stellen Sie sich ein Gebäude mit drei Etagen vor. Im Erdgeschoss hat der Unternehmer seine Werkstatt, im ersten Stock wohnt er mit seiner Familie und das Dachgeschoss ist an einen Studenten vermietet.

Der Jurist sieht ein Grundstück. Denn Gegenstand eines notariell zu beurkundenden Kaufvertrags ist nur das Grundstück. Das aufstehende Gebäude wird quasi mit verkauft.

Der Buchhalter sieht dagegen sechs Vermögensgegenstände/aktive Wirtschaftsgüter. Zumindest für steuerrechtliche Zwecke unterliegt der Gebäudeteil mit der Werkstatt anderen Abschreibungsregeln als die zu Wohnzwecken genutzten Gebäudeteile. Der Gebäudeteil, den er zu eigenen Wohnzwecken nutzt, ist sowohl bilanziell wie ertragsteuerlich irrelevant, da Privatvermögen. Bei der Vermietung an einen Studenten kann er zwar ertragsteuerlich die anteilige AfA geltend machen, es handelt sich jedoch um sog. ertragbringendes Privatvermögen, bei der Vermietung und Verpachtung muss jedoch nicht bilanziert werden. Diese drei Gebäudeteile sind jeweils selbstständig zu beurteilende Vermögensgegenstände. Zu jedem dieser (grundsätzlich abnutzbaren) Vermögensgegenstände gehört jeweils ein nicht abnutzbarer Vermögensgegenstand, der anteilige Grund und Boden. Dieser ist ein nicht abnutzbarer Vermögensgegenstand und daher sind die Anschaffungskosten nicht abzuschreiben.

Sowohl der Grund und Boden als auch das aufstehende Gebäude sind bilanziell in der gleichen Position auszuweisen. Die Trennung in abnutzbarer und nicht abnutzbare Vermögensgegenstände/aktive Wirtschaftsgüter hat Auswirkungen bei der Bewertung (planmäßige Abschreibung oder nur außerplanmäßige Abschreibung auf den niedrigeren beizulegenden Zeitwert/Teilwert).

Diese Aufteilung zwischen Grund und Boden und aufstehendem Gebäude kennt im Übrigen jeder Vermieter, der eine Immobilie (neu) erwirbt. Für steuerliche Zwecke hat er genau die gleiche Aufteilung vorzunehmen, auch wenn er beispielsweise dem Bauträger nur einen Kaufpreis bezahlt hat. Aus dieser Aufspaltung zwischen Grund und Boden einerseits und Gebäude andererseits ergeben sich Gestaltungsmöglichkeiten bei der Grunderwerbsteuer. Denn nur die Übertragung des Grund und Bodens unterliegt dieser. Besteht kein einheitlicher Vertrag über den Erwerb des fertigen Gebäudes (schlüsselfertig), sondern (a) ein Kaufvertrag über Grund und Boden auf der einen Seite und (b) einen Vertrag über die Herstellung eines Gebäudes, unterläge nur der Vertrag (a) der Grunderwerbsteuer. Der Regelfall in der Praxis ist jedoch ein einheitlicher Vertrag, der vollumfänglich der Grunderwerbsteuer unterliegt, dafür aber umsatzsteuerbefreit ist.

Interessant bei der Position Grundstücke unter den Sachanlagen ist, dass ein Erbbaurecht bilanziell wie ein abnutzbarer Vermögensgegenstand behandelt wird. Damit muss der erbbaurechtsberechtigte Unternehmer das Erbbaurecht in seiner Bilanz ausweisen. Die Anschaffungskosten sind – um dem Abschnitt Bewertung vorzugreifen – der Barwert der Erbpachtzahlungen.

Erbpachtrecht vs. Kauf

In einer süddeutschen Tageszeitung wird angeboten (Originalzitat einer Anzeige vom 25.5.2016, nur das Euro-Zeichen wurde verändert und die Hervorhebungen weggelassen):

„Sonnenlage – Salzburg-Stadt

127m² Penthouse, 20m² Dachterr., Balkon,

Erbpacht bis 2074, Pachtbetrag 797 EUR pro Mon., Kaufpreis: 515.000 EUR"

Alternative 1: Kauf des Penthouse

Beim Kauf des Penthouses würde sich folgendes Bilanzbild ergeben (ohne Berücksichtigung von Grunderwerbsteuer und anderen Anschaffungsnebenkosten):

Bilanz (Kauf)

Aktiva	EUR	Passiva	EUR
Anlagevermögen		Verbindlichkeiten aus	
Grundstücke	515.000,00	Lieferungen und Leistungen	515.000,00
	515.000,00		515.000,00

Alternative 2: Erwerb des Penthouse auf Erbbaurechtsbasis

Würde das Penthouse auf Basis eines Erbbaurechts vom jetzigen Eigentümer erworben, würde dies in der Bilanz wie folgt abgebildet werden:

Bilanz (auf Basis Erbbaurecht)

Aktiva	EUR	Passiva	EUR
Anlagevermögen		Sonstige Verbindlichkeiten	515.000,00
Grundstücksgleiche			
Rechte	515.000,00		
	515.000,00		515.000,00

Vergleich der Alternative 1 (Kauf) und 2 (Erbbaurecht)

Fällt Ihnen der Unterschied auf? Es ist der Ausweis der Verbindlichkeit! Beim Kauf zeigt die Bilanz eine Lieferantenverbindlichkeit, weil das Grundstück ‚geliefert' wurde. Beim Kauf auf Basis eines Erbpachtzinses muss der Gegenwert als Verbindlichkeit passiviert werden. Es handelt sich aber um eine Finanzierung wie bei einem Ratenkauf. Daher: Ausweis unter den „Sonstigen Verbindlichkeiten". Der erste Blick in die Bilanz sagt damit, dass diese Verbindlichkeit – im Gegensatz zu den Verbindlichkeiten aus Lieferungen und Leistungen – nicht in voller Höhe sofort fällig ist. Wenn dann auch noch die Restlaufzeiten (bis ein Jahr fällig –

länger als fünf Jahre) angegeben sind, kann abgeschätzt werden, wie sich die Liquidität entwickelt.

Ausblick: Kauf oder Erbbaurecht?

Wenn Sie sich jetzt überlegen, ob Sie das Penthouse kaufen oder auf Erbbaurechtsbasis erwerben wollen: auch dafür hat der Buchhalter eine ökonomische Überlegung parat! Unter der Annahme, dass Sie das Penthouse voraussichtlich nur für 57 ½ Jahre nutzen wollen (Restlaufzeit Erbpacht ohne Verlängerung) und 515.000 EUR dem Zeitwert entspricht, ist der Kauf günstiger, wenn Sie diesen mit einem Zinssatz von weniger als 0,23120 %, rund 0,23 % p.a., finanzieren können. Denn in dem Erbpachtzins von monatlich 797 EUR, den 57 ½ Jahren Laufzeit und einem Zeitwert von 515.000 EUR ‚steckt' ein interner Zinsfuß in dieser Höhe. Praktisch lohnt sich der Kauf damit vor allem dann, wenn Sie bei der Anlage des Bargelds auf der Bank ‚Strafzinsen' (negativer Zinssatz) bezahlen müssten.

Vergleichbare Fragen stellen sich auch beim Leasing – und die Lösungen sind im Grundsatz auch dieselben. Denn ein Leasing kann (a) wie ein Mietvertrag gestaltet sein (das ist der Regelfall). Ein Leasingvertrag kann aber alternativ (b) ein (versteckter) Kauf auf Raten oder auf Kredit sein.
Fall (a) ist wie alle anderen Mietverträge zu bilanzieren: Der Vermieter (Leasinggeber) aktiviert das Anlagegut in seiner Bilanz und vereinnahmt die monatlichen Leasingraten als Ertrag. Der Mieter (Leasingnehmer) verbucht die Leasingrate in voller Höhe als Aufwand (Betriebsausgabe). Daher kommt auch das Argument der Steuerersparnis für den Leasingnehmer bei Leasingverträgen.
Im Fall (b), dem Finanzierungsleasing, weist der Leasingnehmer bei Zugang den Leasinggegenstand in seiner Bilanz und in gleicher Höhe eine Verbindlichkeit aus Leasing aus. Die Buchhalter sprechen vom ‚Übergang des wirtschaftlichen Eigentums'. Wenn der Leasingvertrag so gestaltet ist, dass der Leasingnehmer den Leasinggeber über die betriebsgewöhnliche Nutzungsdauer ausschließen kann, ist der Leasingvertrag wie ein Kreditvertrag mit Sicherungsübereignung zu beurteilen. Also bilanziert der Leasingnehmer wie ein Käufer, d.h. er aktiviert und schreibt den Vermögensgegenstand über die Nutzungsdauer ab. Die Leasingrate ist – wie die Annuität bei einem üblichen Bankdarlehen – teilweise Tilgung (erfolgsneutrale Auflösung der Verbindlichkeit) und teilweise Zinszahlung (erfolgswirksam).

Die Leasinggesellschaft aktiviert korrespondierend eine Forderung und einen passiven Rechnungsabgrenzungsposten. Auch hier mindert der Tilgungsanteil der Leasingrate die Forderung. Der Rest ist die erfolgswirksame Auflösung des passiven Rechnungsabgrenzungspostens.
Abgesehen von der rechtlichen Beurteilung (Finanzierungsleasing oder nicht?) ist das größte Problem in der Praxis die Finanzmathematik. Aber hier hilft der College Computer mit einfach zu bedienenden Computerprogrammen.

Bilanzierung beim Leasingnehmer oder Leasinggeber?

In der Regel gestalten die Leasinggesellschaften die Verträge so, dass es sich nicht um Finanzierungsleasing handelt. Das bedeutet: Der Leasinggeber bucht die Leasingraten in voller Höhe erfolgswirksam und der Leasinggegenstand wird in der Bilanz des Leasinggebers ausgewiesen. In der Bilanz des Leasingnehmers ist zwar dann kein Anlagegut ersichtlich, aber es fehlt auch eine Verbindlichkeit. ‚Optisch' ist damit die Eigenkapitalquote höher. Aber die Leasingverpflichtungen sind aufgrund der Anhangsangabe ersichtlich und sollten daher bei der Kreditanalyse einfließen.

Bekannt geworden sind aber auch Fälle, in denen der Betriebsprüfer des Finanzamts (verdeckte) Finanzierungsleasingverträge aufdeckten. Dadurch kam es rückwirkend zu Gewinnerhöhungen und damit zu Steuernachzahlungen. Während es sich im Privatkundengeschäft oder bei Standard-Leasinggegenständen wie Kfz um ‚Verträge von der Stange' handelt, sind Leasingverträge im gewerblichen Bereich oft individuell geschlossene Verträge. Diese werden leicht als sog. ‚Spezialleasingverträge' beurteilt und fallen damit in die Kategorie ‚Finanzierungsleasing'. Im Einzelfall sollte daher sachkundiger Rat eingeholt werden, um unliebsame Überraschungen zu vermeiden.

Sowohl bei den immateriellen Vermögensgegenständen wie den Sachanlagen bilden die geleisteten Anzahlungen den letzten Posten. Ein Beispiel für solche wären die Anzahlungen auf Software („immaterielle Vermögensgegenstände") oder die Anzahlungen auf im Bau befindliche Gebäude oder Produktionsanlagen („Anlagen im Bau"). Die Besonderheit der in diesen beiden Posten ausgewiesenen Vermögensgegenstände ist, dass diese als nicht abnutzbare Gegenstände des Anlagevermögens gelten. Sie werden daher nicht planmäßig abgeschrieben.

In der Aufgliederung der Finanzanlagen (§ 266 Abs. 2 Buchst. A. III. HGB) zeigen sich die unterschiedlichen Charakteristika von Finanzinstrumenten.

Eine Aktie kann beispielsweise dazu dienen, dauerhaft eine Verbindung zu einem anderen Unternehmen herzustellen. Lehrbuchbeispiel hierfür ist das Tochterunternehmen. Ein Unternehmen lagert seine Aktivitäten in Teilbereichen in eine rechtlich selbstständige Einheit aus. Ein Grund hierfür kann die Haftungsbeschränkung sein. Wenn ein risikoreicher Teilbereich in die Insolvenz geht, muss das nicht notwendigerweise zu einer Folge-Insolvenz des Gesellschafters führen. Ein anderer Grund kann die klare Strukturierung der unterschiedlichen Geschäftsbereiche in verschiedene Tochterunternehmen sein. Vertriebstöchter im Ausland sind ein Beispiel dafür, dass manchmal rechtliche Rahmenbedingungen die Gründung eines eigenen Unternehmens im Ausland erforderlich machen. Damit das Mutterunternehmen aber die Kontrolle über ihre unternehmerischen Aktivitäten behält, hält dieses die Mehrheit der Stimmrechte, im Extremfall 50 % der Anteile plus eine Aktie. Solche Unternehmen sind als Tochterunternehmen in den Konzernabschluss einzubeziehen (siehe hierzu die bereits gemachten Ausführungen). Für den externen Analysten des Einzelabschlusses ist es wichtig, zu wissen, inwieweit Beteiligungen an Tochterunternehmen bestehen. Wenn ein anderes Unternehmen die Mehrheit der Stimmrechte hat oder in anderer Art und Weise einen beherrschenden Einfluss hat, wird die Geschäftsleitung des Tochterunternehmens möglicherweise auch für das Tochterunternehmen nachteilige, aber für das Mutterunternehmen vorteilhafte Geschäfte abschließen. Denn gegen einen Mehrheitsgesellschafter kann sich keine Geschäftsführung lange widersetzen. Damit solche potentiell nicht unter Marktbedingungen geschlossene Geschäfte erkennbar sind, müssen die Anteile an Mutter- und Tochterunternehmen als Anteile an verbundenen Unternehmen gesondert unter den Finanzanlagen ausgewiesen werden. Gesondert auszuweisen sind aber auch langfristige Ausleihungen an und kurzfristige Forderungen gegen verbundene Unternehmen. Auch die Verbindlichkeiten gegenüber verbundenen Unternehmen und Teile der Aufwendungen und Erträge aus Geschäften mit diesen sind gesondert auszuweisen. Besteht kein beherrschender Einfluss, sondern ein etwas schwächerer Einfluss, so handelt es sich in der Sprache der Buchhalter um Beteiligungsunternehmen. Deren Anteile, Forderungen gegen und Verbindlichkeiten gegenüber diesen sind ebenfalls gesondert auszuweisen. Auch darin liegt eine für den externen Leser relevante Information. Zwar ist der Einfluss nicht so groß wie beim verbundenen Unternehmen, aber stärker als gegenüber fremden Dritten.

Selbst Industrieunternehmen halten aber auch Finanzinstrumente längerfristig, ohne dass sie damit Einfluss auf andere Unternehmen nehmen wollen. Lehrbuchbeispiel hierfür ist die Anlage nicht benötigter Liquidität. Soll ein gewisser Sockelbetrag längerfristig (auf Dauer) angelegt werden, so gehört dieser ebenfalls zu den Finanzanlagen. Kurzfristig gehaltene Wertpapiere dagegen sind in einer eigenen Position im Umlaufvermögen auszuweisen.

c) Das Umlaufvermögen und der *working capital cycle*

Wer sich die Aufgliederung des Umlaufvermögens in § 266 Abs. 2 Buchst. B HGB einmal ansieht, erkennt den in der Einleitung dieses Buches dargestellten Produktionszyklus. Am Anfang stehen die Materialien, im HGB als Roh-, Hilfs- und Betriebsstoffe bezeichnet. Erzeugnisse werden je nach Fertigstellungsgrad als unfertige oder fertige Erzeugnisse in der Bilanz ausgewiesen. Ebenfalls unter den Vorräten auszuweisende Waren sind dadurch gekennzeichnet, dass sie ohne weitere Be- oder Verarbeitung veräußert werden.

Unfertige Leistungen

Dienstleistungsunternehmen wie Planungsbüros oder Wirtschaftsprüfungsgesellschaften habe keine Erzeugnisse, sondern Leistungen in ihrer Bilanz stehen. Denn dem im HGB genau Lesenden ist wahrscheinlich aufgefallen, dass es keine Position fertige Leistungen, sondern nur unfertige Leistungen unter den Vorräten gibt. Die Besonderheit bei Dienstleistungsunternehmen besteht darin, dass ihr Anspruch auf Zahlung bereits mit der Erbringung der Dienstleistung entsteht. Wenn der Plan beispielsweise fertig gezeichnet ist, entsteht der Anspruch auf Zahlung. Die fertigen Leistungen stecken damit in den Forderungen.

Nächster Schritt nach der Produktion oder der Erbringung von Dienstleistungen ist das Entstehen des Anspruchs auf Zahlung, in der Sprache der Rechnungslegung: Forderungen.

Der größte Posten sind dabei regelmäßig die Forderungen aus Lieferungen und Leistungen, die die bilanzielle Gegenposition zu den noch nicht bezahlten Umsatzerlösen des Unternehmens darstellen.

Die sonstigen Vermögensgegenstände umfassen alle Forderungen, die nicht in anderen Positionen auszuweisen sind. Bei einer geleisteten Kaution entsteht ein Anspruch auf Rückzahlung. Ein weiterer wichtiger Posten unter den sonstigen Vermögensgegenständen ist die Zinsabgrenzung. Zum Stichtag wird darin der Anspruch auf Zahlung der Zinsen (im neuen Jahr) aktiviert, auch wenn diese noch nicht vom Kreditinstitut gutgeschrieben wurden.

Am Ende des Prozesses (siehe die einleitende Darstellung) steht die Zahlung durch den Kunden, im Umlaufvermögen als letzte Position der flüssigen Mittel auszuweisen.

Dieser sich beständig wiederholende Prozess stellt das eigentliche Kerngeschäft eines Unternehmens dar. Am Anfang haben die Kapitalgeber flüssige Mittel bereitgestellt, diese werden zum Einkauf von Materialien genutzt, in unfertige/fertige Erzeugnisse oder Dienstleistungen umgesetzt. Dann erfolgt der Verkauf an die Kunden und schließlich deren Bezahlung. Weil dieser Prozess eben die operative Tätigkeit des Unternehmens darstellt, ist die Analyse insbesondere im anglo-amerikanische Bereich wichtig. Sie hat daher einen eigenen Namen und eigene Rechenschritte:

§

Das Working Capital

Liquide Mittel (Kassenbestand, Bankguthaben, liquide Wertpapiere)
\+ Forderungen aus Lieferung und Leistungen
\+ Vorräte
\+ Geleistete Anzahlungen
\- Verbindlichkeiten aus Lieferungen und Leistungen
\- Erhaltene Anzahlungen
= *Working Capital*

Erhöht sich das Working Capital, ist dem Unternehmen Liquidität aus seinem operativen Geschäft zugeflossen. Im Unterschied zu der bereits dargestellten Kapitalflussrechnung mit dem Cash Flow aus laufender Geschäftstätigkeit stellt die Analyse des Working Capital nur auf die Verhältnisse an einen bestimmten Stichtag ab.

Das Umlaufvermögen ist – im Gegensatz zum Anlagevermögen – der dynamische Teil der Aktiva. Eine Maschine wird in der Regel erst am Ende der Nutzungsdauer ersetzt. Mancher Rohstoff wird dagegen täglich verbraucht und neu beschafft. Aus dieser Dynamik folgt die Notwendigkeit, zumindest einmal im Jahr den Bestand zumindest der Vorräte genau zu ermitteln. Diese Bestandsaufnahme durch Messen, Zählen und Wiegen wird als Inventur bezeichnet. Verpflichtend ist diese für die Vorräte, da diese nicht nur einem häufigen Umschlag unterliegen, sondern auch Bestandsminderungen außerhalb des Verbrauchs:

- Flüssigkeiten, zum Beispiel Rohölprodukte in der chemischen Industrie, können verdampfen.
- Insbesondere im Einzelhandel sind die Warenbestände diebstahlgefährdet.
- Verderbliche Waren und Rohstoffe sind nach einer bestimmten Zeit nicht mehr verwendbar.
- Modische Artikel unterliegen einer Wertminderung, die im Rahmen der körperlichen Bestandsaufnahme erfasst wird.

Durch die Überprüfung der Bestände soll sichergestellt werden, dass die in der Bilanz zum Stichtag ausgewiesenen Vorräte auch tatsächlich vorhanden sind.

Für die übrigen Teile, die im Umlaufvermögen ausgewiesen werden, namentlich die Forderungen, Wertpapiere und flüssigen Mittel, gibt es die sog. ‚Buchinventur'. Denn bei einer Forderung ist es schlicht physisch unmöglich, diese zu messen oder zu wiegen. ‚Buchinventur' heißt, dass der Buchhalter das Bestandsverzeichnis der Forderungen, Debitorenliste genannt, durchgeht und gegebenenfalls durch Abstimmung mit den Kontoauszügen der Bank oder des Kassenjournals überprüft, ob diese noch bestehen oder bereits bezahlt worden sind.

4. Bewertung

a) Bewertung bei Zugang

Bei der Bewertung von Aktiva sind zwei Zeitpunkte zu unterscheiden:

1. die Bewertung bei Zugang und
2. die sog. ‚Folgebewertung'.

Zugang ist der Zeitpunkt, in dem das wirtschaftliche Eigentum auf das bilanzierende Unternehmen übergeht. Die meisten denken dabei spontan an einen Kaufvertrag. Dabei wissen die juristisch vorgebildeten, dass das (zivilrechtliche) Eigentum erst mit Einigung über den Eigentumsübergang und einem Realakt übergeht. Im täglichen Leben merkt man es in der Regel nicht, weil die Übergabe der beweglichen Sache zeitgleich mit dem Abschluss des Kaufvertrages passiert. Im unternehmerischen Bereich ist das aber bereits diffiziler. Die Lieferung von großen Mengen an Rohstoffen oder Waren wird bereits in Rahmenverträgen vereinbart, oder ist am Stichtag noch auf hoher See unterwegs.

Übergang des wirtschaftlichen Eigentums bei Immobilien

Die Bedeutung des Zugangszeitpunkts kennt jeder, der gegen Ende des Jahres noch eine Immobilie kaufen möchte. Die Terminfindung für die notarielle Beurkundung ist schwierig. Denn viele brauchen den Übergang des wirtschaftlichen Eigentums noch im alten Jahr aus steuerlichen Gründen, beispielsweise, weil sie die Abschreibung (AfA) noch im alten Jahr mit ihren übrigen positiven Einkünften verrechnen wollen. Besonders interessant wird der Übergang im alten Jahr dann, wenn Fristen für die Sonderabschreibungen am 31.12. enden.

Zivilrechtlich geht das Eigentum an einem Grundstück aber erst mit der Eintragung in das Grundbuch über. Dieser Zeitpunkt ist durch die Vertragsparteien nur schwer steuerbar. Also vereinbaren sie im Kaufvertrag den Übergang von „Besitz, Nutzen und Lasten“ bereits zu einem früheren Zeitpunkt. Mit dem Übergang von Besitz, Nutzen und Lasten geht das wirtschaftliche Eigentum auf den Käufer über. Damit muss er das Anlagegut in seinen Jahresabschluss aufnehmen und die damit zusammenhängenden Aufwendungen und Erträge in seiner Gewinn- und Verlustrechnung erfassen. Gleichzeitig kann der Verkäufer den Anspruch auf Zahlung des Kaufpreises aktivieren, das bedeutet: eine Forderung erfolgswirksam einbuchen.

Den Übergang des wirtschaftlichen Eigentums definiert das Steuerrecht grundsätzlich mit dem Übergang des zivilrechtlichen Eigentums (§ 39 Abs. 1 AO), es sei denn, ein anderer als der Eigentümer übt die tatsächliche Sachherrschaft „über ein Wirtschaftsgut in der Weise aus, dass er den Eigentümer im Regelfall für die gewöhnliche Nutzungsdauer von der Einwirkung auf das Wirtschaftsgut wirtschaftlich ausschließen kann“ (§ 39 Abs. 2 Nr. 1 Satz 1 AO). Der wohl wichtigste Anwendungsfall dieser Abgrenzung wurde im vorhergehenden Abschnitt angesprochen, das Leasing. Beim Finanzierungsleasing kann der Leasingnehmer den Leasinggeber aufgrund der

vertraglichen Konstruktion während der gewöhnlichen Nutzungsdauer von der Nutzung ausschließen. Damit geht das wirtschaftliche Eigentum über und der Leasingnehmer muss den Vermögensgegenstand/das Wirtschaftsgut in seiner Bilanz aufnehmen.
Das HGB hat keine eigene Definition des wirtschaftlichen Eigentums. Daher orientieren sich die meisten Jahresabschlüsse nach deutschem Recht an den steuerrechtlichen Vorgaben.
Die IFRS definieren das wirtschaftliche Eigentum und damit den Übergang (Zugang eines Vermögensgegenstandes) unter ökonomischen Aspekten, zum Beispiel im Zusammenhang mit dem Leasing als die Übertragung aller Risiken und Chancen im Zusammenhang mit einem *asset*/einem Vermögenswert (vgl. IAS 17.4).

Universell ist der Ausgangspunkt für die Bewertung eines Aktivums bei Zugang. Sowohl § 253 Abs. 1 Satz 1 HGB für den Jahresabschluss als auch § 6 Abs. 1 Nr. 1 EStG für Anlagevermögen bzw. § 6 Abs. 1 Nr. 2 EStG für den steuerlichen Betriebsvermögensvergleich als auch die IFRS, zum Beispiel IAS 16.15 für Sachanlagegüter oder IAS 2.9 für Vorräte, machen die Anschaffungs- oder Herstellungskosten zum Ausgangspunkt der Zugangsbewertung.

Die Unterschiede stecken jedoch im Detail. Einige davon zur Auswahl:

- Nach HGB bildet die Zugangsbewertung die Wertobergrenze (§ 253 Abs. 1 Satz 1 HGB), d.h. auch wenn der Zeitwert weit über den ursprünglichen Anschaffungs- oder Herstellungskosten liegt, dürfen diese bei der Bewertung nicht überschritten werden.

- Zu den Herstellungskosten eines Gebäudes gehören nach deutschem Ertragsteuerrecht auch Aufwendungen für Instandsetzungs- und Modernisierungsmaßnahmen, die innerhalb von drei Jahren nach der Anschaffung des Gebäudes durchgeführt werden, wenn die Aufwendungen netto 15 Prozent der Anschaffungskosten des Gebäudes übersteigen (anschaffungsnahe Herstellungskosten, § 6 Abs. 1 Nr. 1a EStG).

- Nach IAS 16.16 (c) gehören auch die geschätzten Abbruch- und Entsorgungskosten zu den Anschaffungs- oder Herstellungskosten von Sachanlagevermögen. Denkt man beispielsweise an ein Kernkraftwerk, fließen die regelmäßig hohen Entsorgungskosten für die Anlage über die – im Vergleich zum handelsrechtlichen Jahresabschluss nach HGB – höheren Abschreibungen in das Jahresergebnis ein. Im handelsrechtlichen Jahresabschluss wird demgegenüber dem richtigen Ausweis des Aufwands für die Entsorgung durch die Zuführung zu einer Rückstellung Rechnung getragen.

b) Folgebewertung

Folgebewertung meint die Bewertung zu jedem folgenden Stichtag. Das ist in der Regel das Jahresende. Gerade große Unternehmen machen jedoch zusätzlich Zwischenabschlüsse, in der Regel auf den Stichtag eines jeden Quartalsendes.

Bei diesem Thema wird der bereits im 5. Kapitel unter I. 4. dargestellte Unterschied zwischen der Bewertung mit den Anschaffungs- und Herstellungskosten auf der einen und dem beizulegenden Zeitwert auf der anderen Seite aufgegriffen. Im Zeitpunkt der Anschaffung oder Herstellung sind beide Werte gleich. Denn kein Kaufmann wird – zumindest theoretisch – etwas zu einem höheren als dem beizulegenden Zeitwert kaufen. Im weiteren Zeitablauf sind (fortgeführte) Anschaffungs- und Herstellungskosten und Zeitwert nur rein zufällig gleich. Unter der Annahme von Preissteigerungen (Inflation) ist zu erwarten, dass der Zeitwert regelmäßig über den fortgeführten Anschaffungs- und Herstellungskosten liegt.

Das HGB hat die Bewertung der Vermögensgegenstände so konzipiert, dass diese grundsätzlich mit den fortgeführten Anschaffungs- oder Herstellungskosten zu bewerten sind. Diese Zugangsbewertung mit den ursprünglichen Kosten bildet gleichzeitig die Wertobergrenze. Nur, wenn der beizulegende Zeitwert unter dem so ermittelten Buchwert liegt, ist grundsätzlich auf diesen niedrigeren Wert abzuwerten.

Auch die internationale Rechnungslegung, die IFRS, kennen diesen Grundsatz der Abschreibungspflicht auf den niedrigeren beizulegenden Zeitwert unter dem Stichwort ‚*impairment*'. Die Konzeption der IFRS sieht aber – im grundsätzlichen Unterschied zum HGB – die Bewertung mit dem beizulegenden Zeitwert als den Regelfall. Bei den *assets*/Vermögenswerten soll sich der (potentielle) Investor über den aktuellen Wert informieren können, um dann den gesamten Unternehmenswert besser abzuschätzen.

Hinter der Diskussion, ob die Bewertung mit den fortgeführten Anschaffungs- oder Herstellungskosten oder die grundsätzliche Bewertung mit Zeitwerten die richtige ist, steckt aber eine viel grundsätzlichere Diskussion:

Historical Cost Accounting – Current Purchasing Power – Current Cost Accounting

Einer der wichtigsten und einflussreichsten Ökonomen des 20. Jahrhunderts, Sir John Hicks, entwickelte eine nachhaltige Definition des Gewinns. Der ausschüttbare Gewinn eines Unternehmens dürfe gerade so viel betragen, dass der Unternehmenswert zu Beginn der Periode und am Ende der Periode gleich blieben. Es dürfe also gerade so viel ausgeschüttet werden, dass der Unternehmenswert unverändert bleibt.
Diese Überlegung wurde im Übrigen für so wichtig gehalten, dass sie in die Arbeit des *Sandilands Committee* zur Reform der britischen Rechnungslegungsstandards einfloss.

Die Frage, die sich stellt, ist: nach welchem Prinzip ermitteln wir die Veränderung des Unternehmenswerts und damit den ausschüttbaren Gewinn?

Die unterschiedlichen Konzeptionen lassen sich am einfachsten an einem kleinen Zahlenbeispiel verdeutlichen.

Ein Unternehmen kaufe Ware für 1.000 EUR vor dem Stichtag und verkaufe diese nach einem Jahr für 1.600 EUR. Hätte das Unternehmen die Ware kurz vor dem Verkauf gekauft, hätte sie 1.200 EUR bezahlen müssen. Die Inflationsrate betrage 9,0 %.

Nach dem in Deutschland gültigen Nominalwertprinzip, wird die Ware mit ihren ursprünglichen (historischen) Anschaffungskosten bewertet. Der englische Fachbegriff für diese Bewertungsmethode heißt *historical cost accounting* (HCA). Aus der Differenz zwischen Umsatzerlösen (1.600 EUR) und den Anschaffungskosten (1.000 EUR) ergibt sich ein Gewinn von 600 EUR.

Wird jedoch berücksichtigt, dass die Preise um 9 % gestiegen sind, sind 90 EUR aus dem Verkaufspreis allein der Inflation geschuldet. Die Bilanzierung nach der Kaufkraft (*current purchasing power* – CPP) würde daher dem Umsatzerlös nicht nur 1.000 EUR, sondern 1.000 EUR x (1,09) = 1.090 EUR gegenüberstellen. Damit ergäbe sich nur ein Gewinn von 510 EUR.

Überlegt sich der Kaufmann jedoch, dass es mit diesem einmaligen Absatz nicht getan sein soll, sondern er diese Ware weiterhin verkaufen möchte, so müsste er eigentlich mit Wiederbeschaffungskosten (1.200 EUR) bewerten (*current cost accounting* – CCA). Entsprechend vermindert sich der Gewinn damit auf 400 EUR.

Die unterschiedlichen Ergebnisse noch einmal übersichtlich dargestellt:

	HCA	CCP	CCA
	EUR	EUR	EUR
Umsatzerlöse	1.600	1.600	1.600
- Kosten	-1.000	-1.090	-1.200
Gewinn	600	510	400

Das in Deutschland vorgeschriebene Nominalwertprinzip (HCA) führt – wie gerade gezeigt – zum Ausweis und damit zur Besteuerung sowie zur Ausschüttung sog. ‚Scheingewinne'. Allein 90 EUR sind der allgemeinen Preissteigerung geschuldet. Der Vorteil des Nominalwertprinzips ist jedoch seine Objektivität. Denn die ursprünglich geleisteten Kosten lassen sich durch Rechnungen einfach und eindeutig nachweisen. Auch entsprechend diese Anschaffungs- oder Herstellungskosten im Zeitpunkt der Anschaffung dem Zeitwert.

Solange die allgemeine Preissteigerung (Inflation) – wie in Deutschland die letzten Jahre – geringfügig ist, hat dieser Effekt auch keine wesentlichen Auswirkungen. Global betrachtet ist dies aber in anderen Ländern anders. Ein Blick in die Geschichtsbücher zeigt, dass das Problem der Hochinflation auch bei uns nicht unbekannt war. Für die internationale Rechnungslegung ist das Problem so wichtig, dass es einen eigenen Standard gibt (IAS 29 Rechnungslegung in Hochinflationsländern).

Die Bewertung mit den Wiederbeschaffungskosten (CCA) findet aktuell und auch in Deutschland Anwendung, nämlich im internen Rechnungswesen. In der Kostenrechnung soll mit den aktuellen Zahlen kalkuliert werden. Denn der Kaufmann interessiert sich nur eingeschränkt für die Entwicklung der Vergangenheit. Sein Blick ist auf die Zukunft gerichtet: *he wants to stay in business* – er will im Geschäft bleiben. Wenn er nicht berücksichtigt, dass die Anschaffungskosten (wie hier um 20 %) gestiegen sind, bietet er seine Ware möglicherweise zu preiswert an und kalkuliert sich so für künftige Geschäfte in die Verlustzone.

Die Bewertung mit Zeitwerten ist aber auch dem deutschen HGB nicht fremd. Sie finden grundsätzlich nur dann Anwendung, wenn sie unter den fortgeführten Anschaffungs- oder Herstellungskosten (Buchwert) liegen.

Weil das Anlagevermögen auf längere Zeit (HGB: „auf Dauer“) im Betriebsvermögen bleibt, berücksichtigt das Gesetz die fortschreitende Wertminderung durch sog. ‚planmäßige Abschreibungen‘. Dabei werden die Anschaffungs- oder Herstellungskosten auf die Zeit der voraussichtlichen Nutzung verteilt.

Planmäßige Abschreibung

Ein Unternehmen kauft zu Beginn des Jahres 2016 ein Kfz für einen Außendienstmitarbeiter für 18.000 EUR. Nach amtlicher AfA-Tabelle beträgt die Nutzungsdauer 6 Jahre, d.h. die 18.000 EUR sind jährlich mit 1/6 linear abzuschreiben:

Jahr	Buchwert Beginn	AfA	Buchwert Ende
	EUR	EUR	EUR
2016	18.000	-3.000	15.000
2017	15.000	-3.000	12.000
2018	12.000	-3.000	9.000
2019	9.000	-3.000	6.000
2020	6.000	-3.000	3.000
2021	3.000	-2.999	1

Lineare Abschreibung heißt: Es wird jedes Jahr der gleiche Betrag geltend gemacht. Ist der Vermögensgegenstand am Ende der Nutzungsdauer noch vorhandenen, so wird nicht die volle Abschreibung geltend gemacht, sondern es bleibt ein Euro, der sog. Erinnerungsbuchwert oder *pro memoria*-Wert, stehen.

Angenommen, das Kfz wäre vor dem 1.1.2010 angeschafft worden. Dann wäre steuerrechtlich die degressive Abschreibung möglich gewesen. Bei dieser wird ein fester Prozentsatz auf den Restbuchwert zur Ermittlung der jährlichen AfA angewendet. Dieser hätte im Fall einer sechsjährigen Nutzungsdauer 1/6 x 2,5 = 41,67 %, maximal 25 % betragen:

Jahr	Buchwert Beginn	AfA	Buchwert Ende
	EUR	EUR	EUR
2016	18.000	-4.500	13.500
2017	13.500	-3.375	10.125
2018	10.125	-2.531	7.594
2019	7.594	-2.531	5.063
2020	5.063	-2.531	2.532
2021	2.532	-2.531	1

Das Zahlenbeispiel zeigt den Steuerstundungseffekt der degressiven Abschreibung. Im Jahr 1 (2016) werden 25 % auf 18.000 EUR abgeschrieben. Dadurch mindert sich der Gewinn und damit das zu versteuernde Einkommen nicht nur um 3.000 EUR, sondern um 4.500 EUR. Dieser Effekt dreht sich im Lauf der Zeit um. Bei den gegebenen Zahlen liegt die degressive Abschreibung unter der linearen Abschreibung. Es musste dann auf die lineare Abschreibung übergegangen werden, da ein fixer Prozentsatz auf einen Restbuchwert nicht innerhalb von der vorgegebenen Nutzungsdauer auf den Erinnerungsbuchwert führt. Im Fall des Kfz war im Jahr 3 überzugehen und die Abschreibung nach der Methode ‚Restbuchwert geteilt durch Restnutzungsdauer', hier: 10.125 EUR : 4 = 2.531 EUR, für den Rest der Nutzungsdauer zu berechnen.

Anhand dieses Beispiels lässt sich gut erkennen, wie die degressive AfA als Konjunkturprogramm wirken kann. Die degressive AfA in Höhe des 2,5-fachen der linearen AfA, maximal 25 %, wurde befristet für nach dem 31.12.2008, aber vor dem 1.1.2011 angeschaffte Wirtschaftsgüter eingeführt. Durch die degressive AfA kommt es zunächst zu einer höheren Abschreibung als nach der linearen. Dadurch kommt es *ceteris paribus* zu einem niedrigeren Gewinn und damit zu einer niedrigeren Steuerbelastung. Anstatt mehr Steuern zu bezahlen, können die Unternehmen damit die im laufenden Geschäft erwirtschaftete Liquidität zur Finanzierung der Investitionen verwenden. Dieser Innenfinanzierungseffekt dreht sich allerdings im Verlauf der Nutzung um, da dann die degressive AfA unter den Betrag der linearen AfA liegt. Zu diesem Zeitpunkt (im Beispiel: in 2018), so die Überlegung, hat das Unternehmen aber bereits so viel Umsatz gemacht und Liquidität erwirtschaftet, dass sich Wirtschaftswachstum und Steuerzahlungen selber tragen.

Aktuell ist die degressive AfA steuerrechtlich nicht zulässig. Für den handelsrechtlichen Jahresabschluss wird die degressive Abschreibung nur in Ausnahmefällen für zulässig erachtet. Denn die degressive Abschreibung unterstellt, dass ein Vermögensgegenstand in den ersten Jahren überproportional an Wert verliert. Jeder Autobesitzer wird bestätigen, dass der Wertverlust eines Neuwagens in den ersten Jahren größer ist als in den Folgejahren.

Ausblick:

Die gerade dargestellte AfA betrifft im Übrigen nicht nur bilanzierende Unternehmen, sondern auch den selbstständigen Handelsvertreter oder den Freiberufler. Auch diese müssen für steuerliche Zwecke die Anschaffungs- oder Herstellungskosten von länger nutzbaren Wirtschaftsgütern (Anlagevermögen) über die in den amtlichen AfA-Tabellen festgelegte Nutzungsdauer abschreiben. Gleiches gilt auch für Arbeitnehmer, die länger nutzbaren Wirtschaftsgüter für die Einkunftserzielung anschaffen. Der Computer, selber angeschaffte Werkzeuge oder Berufskleidung, bei denen die Anschaffungskosten über 410 EUR liegen, müssen ebenfalls abgeschrieben werden. Das beruflich genutzte Kfz taucht bewusst nicht in der Aufzählung für Arbeitnehmer auf, da diese steuerlich nicht mehr als die Entfernungspauschale oder das Kilometergeld für Dienstreisen geltend machen können.

Mit der planmäßigen Abschreibung (AfA) bildet der Buchhalter den planmäßigen Werteverzehr abnutzbarer Vermögensgegenstände/Wirtschaftsgüter/*assets*/Vermögenswerte ab. Es wird unterstellt, dass diese Aktiva so viel an Wert verlieren, wie die Abschreibung beträgt. Das Beispiel des Kfz zeigt, dass es sich bei den jeweils zu Grunde gelegten Nutzungsdauern um eine Schätzung handelt. Ein Kfz, so unterstellt es die amtlicher AfA-Tabelle, läuft im Durchschnitt sechs Jahre. Es gibt aber keinen Grund, allein aufgrund der vollständigen Abschreibung (Erinnerungsbuchwert: 1 EUR) ein Kfz zu verschrotten. Solange es läuft, bleibt der Erinnerungsbuchwert in der Anlagenbuchhaltung stehen. Es liegt im Wesen jeder Schätzung, hier: der voraussichtlichen Nutzungsdauer, dass diese nur rein zufällig richtig ist. Das hat dann nichts mit Willkür, sondern dem Wesen der Schätzung zu tun.

Die Vorgabe von Nutzungsdauern im Bilanzsteuerrecht

Zugegeben: Bei den Nutzungsdauern in der amtlichen AfA-Tabelle heißt es auch immer, dass diese aus Erfahrungswerten der Finanzverwaltung resultieren. Für das Kfz sind 6 Jahre, für Computer 3 Jahre festgelegt. Wenn der Verfasser seine Erfahrungswerte verwendet, würde er zu anderen Nutzungsdauern kommen. Aber wahrscheinlich haben die Betriebsprüfer der Finanzverwaltung einen größeren Erfahrungshorizont.

Bemerkenswert ist jedoch, dass die im Steuerrecht zugrunde gelegten Zeiträume für die Nutzungsdauer zwischen einzelnen Jurisdiktionen abweichen. So unterstellt der deutsche Fiskus bei Registrierkassen eine Nutzungsdauer von sechs Jahren. Die US-amerikanische Finanzverwaltung (IRS) hingegen geht von grundsätzlich neun Jahren aus. Es sind zwar keine großen Beträge bei Registrierkassen. Wenn ein großer Einzelhändler aber seine Registrierkassen 30 % schneller abschreiben kann, führt das zu einer bemerkenswerten Steuerersparnis in den ersten Jahren der Nutzung.

Damit soll zum Ausdruck kommen: Die Wahl einer bestimmten Nutzungsdauer kann zu einer versteckten Subvention führen. Es soll Länder in Europa geben, die Autos aus einheimischer Produktion mit einer kürzeren Nutzungsdauer versehen als Importfahrzeuge. Ein Unternehmen wird sich dann tendenziell für die einheimischen Produkte entscheiden, da diese zu einer Steuerstundung führen. Denn, unabhängig davon, wie lang die Nutzungsdauer ist, der Gesamtbetrag der Abschreibungen ist immer gleich. Je kürzer die Nutzungsdauer festgelegt wird, je schneller also abgeschrieben wird, desto weniger Steuern müssen in den ersten Jahren bezahlt werden.

Dieses Prinzip kann fiskalisch weiter ausgebaut werden, beispielsweise, indem Sonderabschreibungen gewährt werden. Um die wirtschaftliche Entwicklung in den damals fünf neuen Bundesländern zu fördern, konnten die Anschaffungs- oder Herstellungskosten von Wirtschaftsgütern im „Fördergebiet" (vormals Staatsgebiet der DDR) bereits im Jahr des Zugangs zu 50 % abgeschrieben werden. Wer ein Unternehmen, aber auch eine Wohnung dort kaufte, oder dort investierte, konnte diese Investitionen zu einem Gutteil aus der Steuerersparnis finanzieren. Dieses Beispiel aus der jüngeren deutschen Wirtschaftspolitik zeigt jedoch, dass fiskalische Anreize zuweilen Fehlallokationen bewirken. Manches ehemals westdeutsche Unternehmen hat sich an den steuersparenden Investitionen übernommen und der Immobilienleerstand im damaligen Fördergebiet war immens.

Aber zurück zur Rechnungslegung.

Es kann jedoch auch der umgekehrte Fall eintreten, nämlich, dass die tatsächliche Nutzungsdauer von der voraussichtlichen abweicht. Im Fall des Kfz könnte das ein Unfall mit Totalschaden sein. Um den Wertverlust (gegebenenfalls den Abgang) abzubilden, wird eine außerplanmäßige Abschreibung (steuerlich: Teilwert-AfA genannt) gebucht. Um das gerade dargestellte Beispiel der linearen Abschreibung auf das Kfz wieder aufzugreifen: angenommen, dieses hätte zu Beginn des Jahres 2017 einen Restbuchwert von 15.000 EUR, auf schneeglatter Fahrbahn aber einen Unfall mit Totalschaden. Die Buchhalter nennen das eine voraussichtlich dauernde Wertminderung (vgl. § 253 Abs. 3 Satz 5 HGB). Das Kfz wird dann auf 0 EUR außerplanmäßig abgeschrieben. Das Jahresergebnis wird dadurch um 15.000 EUR vermindert.

Handelt es sich dagegen um eine nur vorübergehende Wertminderung, so räumt das HGB die Möglichkeit für eine Wertberichtigung nur für Finanzanlagen ein (§ 253 Abs. 3 Satz 6 HGB).

Mit dieser Unterscheidung (voraussichtlich dauernde Wertminderung: Wertberichtigungspflicht beim Anlagevermögen – keine voraussichtlich dauernde Wertminderung: Wahlrecht bei Finanzanlagen) hat der deutsche Gesetzgeber ein weites Feld der Interpretation eröffnet. Beim Totalschaden eines Kfz ist das eindeutig. In den meisten Fällen ist es das aber nicht. Wenn beispielsweise ein neuer Flughafen errichtet wird, fallen insbesondere in den befürchteten/angenommenen Einflugschneisen die Immobilienpreise. Zumindest im Fall des damals neuen Münchener Flughafens ließ sich mit einiger Zeitverzögerung aber eine gigantische Erhöhung der Preise für Grund und Boden feststellen. Denn in der Nachbarschaft des Flughafens siedelten sich Gewerbebetriebe an. Die damit verbundenen Arbeitsplätze sorgten für eine Nachfrage nach Wohnraum. Noch deutlicher wird die Problematik der Wertschwankungen (dauernd oder nicht dauernd?) bei allem, was an geregelten Märkten gehandelt wird. Lehrbuchbeispiel sind die Aktienmärkte. Aber auch Devisenbestände spielen in den Bilanzen von Kreditinstituten eine wichtige Rolle. Theoretisch betrachtet macht die Unterscheidung Sinn. Durch den Ausschluss von vorübergehenden Wertschwankungen bei der Bewertung von Anlagevermögen nimmt die Schwankungsbreite von Gewinnen ab.

Die Beschränkung der Pflicht zur außerplanmäßigen Abschreibungen beim Anlagevermögen auf voraussichtlich dauernde Wertminderungen heißt ‚gemildertes Niederstwertprinzip‘.

Bei der Bewertung des Umlaufvermögens hingegen gilt im deutschen HGB das ‚strenge Niederstwertprinzip‘. Da die Vermögensgegenstände des Umlaufvermögens das Unternehmen schnell im Rahmen des laufenden Geschäftsbetriebs wieder verlassen, bedarf es keiner planmäßigen Abschreibungen. Vielmehr schreibt § 253 Abs. 4 HGB eine Pflicht zur Wertberichtigung beim Umlaufvermögen vor, wenn (a) deren Börsen- oder Marktpreis, hilfsweise (b) der beizulegende Zeitwert unter deren Anschaffungs- oder Herstellungskosten liegt.

Risiken bei der Bewertung von Umlaufvermögen

Neben der Passivierung und Bewertung von Rückstellungen (siehe dazu die folgenden Ausführungen) stellt die Bewertung des Umlaufvermögens den wohl wichtigsten bilanzpolitischen Spielraum für Unternehmen dar. Gleichzeitig ist die Bewertung des Umlaufvermögens (neben der Bilanzierung von Rückstellungen) der risikoreichste Bereich. Denn in beiden Fällen bestehen erhebliche Ermessensspielräume und wertbestimmende Faktoren können oft nur abgeschätzt werden.

Einige Beispiele:

- Modische und verderbliche Bestände
  Die wesentlichen Positionen in der Bilanz des Einzelhandels sind die Vorräte. Nachdem die Immobilie in der Regel im Eigentum der Immobiliengesellschaft steht und dann an das Handelsunternehmen vermietet wird, bleibt im Wesentlichen nur mehr die Regalierung. Auch hat ein Einzelhandelsunternehmen eine nicht unwesentliche Position „Flüssige Mittel". Der größte Wert und gleichzeitig auch das größte Risiko im Jahresabschluss sind jedoch die Waren. Im Food-Bereich steckt immer das Risiko, dass das Mindesthaltbarkeitsdatum abläuft. Eier können zerbrechen, Packungen ohne Kauf aufgerissen werden oder Molkereiprodukte können verderben und damit unverkäuflich werden. Auch im Non-Food-Bereich unterliegen viele Artikel einem modischen Wandel. Das sind in erster Linie natürlich Bekleidungsartikel. Aber auch technische Geräte werden durch bessere oder andere ersetzt. Wer kauft beispielsweise heute noch einen Dampfkochtopf, wenn der Dampfgarer auch für den Privathaushalt beworben wird?
  Diesem Risiko, Produkte nicht mehr oder nicht zum vollen Preis absetzen zu können, wird in der Regel durch pauschalierte Abschläge Rechnung getragen. Da rechnet der Controller beispielsweise aus, wie viele Tage oder Wochen die Bestände reichen. Anders herum formuliert: Wie lange muss der durchschnittliche Absatz pro Periode umgesetzt werden, damit kein Bestand mehr

vorhanden wäre? Wenn diese Reichweite zu groß wird, erfolgt ein sog. ‚Reichweitenabschlag'.
Über das Warenwirtschaftssystem lassen sich Auswertungen fahren, wie viele Stück eines bestimmten Produkts nicht mehr zum vollen Preis abgesetzt werden konnten, z.B., weil ihr Preis herabgesetzt werden musste. Aus diesen Statistiken werden dann pauschale Abwertungen auf die Vorräte abgeleitet.

- Wertberichtigungen bei Forderungen
Auch bei den Forderungen muss die Wertberichtigung auf niedrigeren beizulegenden Zeitwert erfolgen, üblicherweise in mehreren Schritten. Zunächst werden diejenigen Forderungen überprüft, die uneinbringlich werden könnten. Ansatzpunkte für einen solchen Wertberichtigungsbedarf finden sich oft in der Liste der offenen Forderungen (im Jargon: ‚Debitoren-OP' oder ‚Offene Posten'). Wenn ein Kunde seine Rechnung lange Zeit nicht oder nur teilweise bezahlt, ist das oft ein Hinweis auf einen niedrigeren beizulegenden Wert. Manchmal müssen auch die Außendienstmitarbeiter informieren, wenn sich Zahlungsschwierigkeiten abzeichnen. Manchmal liest der Buchhalter auch einfach in der Zeitung, dass über das Vermögen des Kunden das Insolvenzverfahren eröffnet wurde.
Uneinbringliche Forderungen werden ‚ausgebucht', d.h. sie verschwinden aus der Debitorenliste. Der ‚Verlust' ist aber in der Regel netto, da die Umsatzsteuer aus uneinbringlichen Forderungen vom Finanzamt zurückbezahlt wird (das nennt das Umsatzsteuerrecht ‚Änderung der Bemessungsgrundlage').
Dann gibt es einzelne Forderungen, bei denen ein (teilweiser) Ausfall möglich, evtl. wahrscheinlich ist. Diese werden ‚einzelwertberichtigt'. Der Unterschied zum gerade geschilderten ‚Ausbuchen' ist, dass die Umsatzsteuer (noch) nicht vom Finanzamt zurückgeholt werden kann. Oft werden die Einzelwertberichtigungen auf Forderungen pauschaliert ermittelt, etwa: ‚1. Mahnung = 5 % Wertberichtigung' – ‚2. Mahnung = 10 %' – ‚Rechtsanwalt = 20 %' – ‚Gerichtlicher Mahnbescheid = 50 %' – ‚Erfolgloser Mahnbescheid = Ausbuchen'.
Um dem Risiko, nicht alle wertbestimmenden Faktoren bei Forderungen erfasst zu haben, Rechnung zu tragen, werden die nicht einzelwertberichtigten Forderungen pauschal wertberichtigt. Gängige Praxis ist dabei, auch hier pauschalierte Wertberichtigungsstufen zu bilden, z.B. einen höheren Prozentsatz

für Forderungen gegenüber ausländischen Kunden und/oder bestimmte Branchen zu wählen.
Geschichte am Rande: Kurz nach der Wiedervereinigung differenzierten manche Versandhändler sogar nach Bundesländern. Die Argumentation lautete, dass im Beitrittsgebiet die gerichtliche Forderungsbeitreibung schwierig und langwierig sei.

- Währungsrisiko
  Bei allen Nominalwerten in anderer Währung als Euro besteht das Risiko einer nachteiligen Wechselkursentwicklung. Wenn ein Kunde in US-Dollar bezahlen wird, besteht das Risiko, dass der Gläubiger in Euro weniger bekommt als bei Lieferung. Dadurch ist die Forderung weniger wert. Diesem Risiko wird durch entsprechende, in der Regel pauschalierte, Abschläge Rechnung getragen. Gleiches gilt für alle Vermögensgegenstände, die überwiegend in fremder Währung abgerechnet werden. Die Vorräte an Treibstoff bei Fluggesellschaften oder die Rohstoffe der chemischen Industrie (Rohöl) werden beispielsweise fast ausschließlich in US-Dollar gehandelt. Verändert sich der Wert des Euro (gegenüber dem US-Dollar) entsprechend, werden die Vorräte im Jahresabschluss in Euro weniger wert.

- Wertberichtigung bei Vermögensgegenständen, die an geregelten Märkten gehandelt werden
  Auf den ersten Blick einfacher zu bewerten, aber dann doch in der Bewertung strittig, sind alle Vermögensgegenstände, die an geregelten Märkten gehandelt werden. Hierzu gehören beispielsweise Aktien, Anleihen, aber auch Rohöl oder Sojabohnen.
  Fällt der Preis zum Stichtag, steigt aber zum Zeitpunkt der Jahresabschlusserstellung wieder an, ist die Diskussion darüber eröffnet, ob der Börsenkurs am Stichtag oder die spätere bessere Erkenntnis zählt? Nach dem sog. ‚Stichtagsprinzip' ist es der Stichtagskurs. Etwas Anderes kann gelten, wenn es um die ‚voraussichtlich dauernde Wertminderung' geht. Hier spricht ein Kursanstieg zum Zeitpunkt der Bilanzerstellung gegen eine Dauerhaftigkeit. Die ‚voraussichtlich dauernde Wertminderung' ist aber nur beim Anlagevermögen ein Kriterium.

Das Prinzip der Wertberichtigung auf den niedrigeren beizulegenden Zeitwert ist universell in der Welt der Rechnungslegung. Denn es ist eine Binsenweisheit, dass das Betreiben eines Unternehmens mit Risiken verbunden ist. Der Kaufmann soll sich daher im Zweifel lieber ärmer rechnen (Vorsichtsprinzip).

Mit IAS 36 – *Impairment of assets*/Wertminderung von Vermögenswerten hat das IASB einen eigenen Standard zum Thema „Abwertungen" vorgelegt. Danach müssen wertgeminderte *assets*/Vermögenswerte auf den „erzielbaren Betrag" (*recoverable amount*, IAS 36.8) abgewertet werden, wenn dieser den Buchwert übersteigt. Dieser Vergleichswert (*recoverable amount*) ist gemäß IAS 36.6 der höhere aus dem beizulegenden Zeitwert abzüglich den Veräußerungskosten („*fair value less costs to sell*") und dem Nutzungswert („*value in use*"). Die internationalen Rechnungslegungsstandard sehen also nicht einen maßgeblichen Wert, auf den abgewertet werden müsste, sondern einmal einen ‚fremdbestimmten' Marktwert und dem individuellen Nutzenwert für das Unternehmen. Der ‚*fair value*' (beizulegender Zeitwert) ist „*the price that would be received to sell an asset … in an orderly transaction between market participants at the measurement date.*" (IAS 36.6, auf deutsch sinngemäß: der Marktpreis am Stichtag). Der *value in use* (Nutzungswert) ist der Wert für das Unternehmen, in IAS 36.6: „*the present value of the future cash flows expected to be derived*" (deutsch: der Barwert der erwarteten zukünftigen Cash Flows).
Die Richtigkeit dieser beiden Vergleichswerte (Marktwert vs. Wert für das Unternehmen) lässt sich an einem einfachen Gedankenexperiment zeigen: Ein Unternehmen erwirbt eine Spezialmaschine. Da nur das Unternehmen diese nutzen kann, ist der Marktwert gleichsam Null (also Schrottwert). Das Unternehmen erwirbt die Spezialmaschine aber gerade, um damit zukünftige Cash Flows zu erwirtschaften.

Da das Vorsichtsprinzip unstreitig ist, steckt der Diskussionsbedarf im Detail, beim IAS 36 in der Ermittlung des beizulegenden Zeitwertes (IFRS 13 – *Fair Value Measurement*/Bemessung des beizulegenden Zeitwertes). Auch wenn eine Berechnung oder die Verwendung von Marktwerten zunächst von außen objektiv und nachvollziehbar aussieht, das Ergebnis hängt von den zugrunde liegenden Annahmen ab. Allein die Diskussion der möglichen Annahmen ist der Literatur eine Vielzahl von Aufsätzen wert. Es sei daher an dieser Stelle nur ein Problem herausgegriffen: die Berücksichtigung des Risikos. Wenn ein Unternehmen in eine Maschine investiert, soll mehr als der risikolose Zinssatz erwirtschaftet werden. Also muss bei der Abzinsung des Cash Flows aus der Maschine ein Risikozuschlag berücksichtigt werden. Wie groß muss aber der Unterschied zwischen risikolosem und dem konkreten risikoadäquaten Zinssatz sein? Die Mathematik ist da relativ einfach (auch wenn die Formeln in IFRS 13 manchen von der Lektüre abschrecken), nur welche Zahlen sollen in der Praxis eingesetzt werden?

§

Cash Generating Units

IAS 36 definiert nicht nur die Pflicht zur Abwertung auf einen unter dem Buchwert liegenden Wert. Der Standard führt auch ein Konzept ein, das im HGB so nicht existiert: die ‚zahlungsmittelgenerierende Einheit', englisch: ‚*cash generating unit*' (cgu). Eine solche ist „kleinste identifizierbare Gruppe von Vermögenswerten, die Mittelzuflüsse erzeugen, die weitestgehend unabhängig von den Mittelzuflüssen anderer Vermögenswerte oder anderer Gruppen von Vermögenswerten sind" (IAS 36.6).

Ein Fertigungsstandort wird als ein Beispiel für eine solche Einheit genannt. Selbst wenn an einem Fertigungsstandort eine von drei Fertigungsstraßen ausfällt, die Produktion aber von den verbleibenden zwei Fertigungsstraßen übernommen werden kann, liegt nach IFRS kein Anlass für eine außerplanmäßige Abschreibung vor. Nach dem im HGB hoch gehaltenen Grundsatz der Einzelbewertung müsste die Fertigungsstraße außerplanmäßig abgeschrieben werden.

5. Zusätzliche Angaben

Die Pflicht zu zusätzlichen Angaben bestimmt sich entsprechend der Zuordnung zum Anlage- oder Umlaufvermögen.

Beim Anlagevermögen ist der bereits erwähnte Anlagespiegel (Anlagegitter) gemäß § 284 Abs. 3 HGB die wichtigste zusätzliche Angabe.

Muster für einen Anlagespiegel (Anlagegitter)

Wie wirkt sich beispielsweise der im vorher gehenden Beispiel dargestellte Kauf eines Kfz zu 18.000 EUR und die Abschreibung mit 3.000 EUR im Anlagespiegel aus?

Hierzu folgenden Ausschnitt aus einem Anlagespiegel in der Brutto-Netto-Darstellung:

Spalte	(1)	(2)	(3)	(4)	(5)=(1)+(2)-(3)+/-(4)
	Anschaffungs- bzw. Herstellungskosten				
	Anfangsbestand 01.01.2016	Zugänge	Abgänge	Umbuchungen	Endbestand 31.12.2016
	EUR	EUR	EUR	EUR	EUR
Betriebs- und Geschäftsausstattung	0	18.000	0	0	18.000
	0	18.000	0	0	18.000

Spalte	(6)	(7)	(8)	(9)	(10)=(6)+(7)-(8)+/-(9)
	Abschreibungen				
	Anfangsbestand 01.01.2016	Zugänge	Abgänge	Umbuchungen	Endbestand 31.12.2016
	EUR	EUR	EUR	EUR	EUR
Betriebs- und Geschäftsausstattung	0	3.000	0	0	3.000
	0	3.000	0	0	3.000

Spalte	(11)=(1)-(6)	(12)=(5)-(10)
	Buchwerte	
	Saldovortrag 01.01.2016	Restbuchwert 31.12.2016
	EUR	EUR
Betriebs- und Geschäftsausstattung	0	15.000
	0	15.000

Die ersten fünf Spalten zeigen die Entwicklung der Anschaffungs- bzw. Herstellungskosten, die nächsten fünf Spalten die der Abschreibungen. Der Buchwert zu Beginn des Geschäftsjahres ergibt sich aus dem Anfangsbestand der kumulierten Anschaffungs- und Herstellungskosten abzüglich der kumulierten Abschreibungen (Spalte). Gleiches gilt für die kumulierten Endbestände.

Die Spalte Umbuchungen betreffen Ausweisänderungen zwischen den einzelnen Posten des Anlagevermögen, insbesondere von den „Anlagen im Bau" in die Zielposten nach Fertigstellung der entsprechenden Anlagegüter.

Ein Beispiel für einen Abgang wäre die Verschrottung nach einem Unfall mit Totalschaden.

Die Darstellung erfolgt brutto, da sowohl die Anschaffungs- oder Herstellungskosten als auch die (kumulierten) Abschreibungen unsaldiert ausgewiesen werden. Am Ende (letzte beiden Spalten) stehen zwei Nettogrößen, die Restbuchwerte.

Wozu braucht es dieses Rechnungslegungsinstrument? Die Bilanz zeigt nur die Restbuchwerte des Anlagevermögens zu Beginn und Ende, die Gewinn- und Verlustrechnung die Abschreibungen des Geschäftsjahres. Investoren wollen aber auch wissen:

- Wie hoch sind die Investitionen des Geschäftsjahres? Denn daran lässt sich unter anderem ablesen, wie hoch der Finanzierungsbedarf für die Investitionen war. Außerdem gibt die Höhe der Investitionen einen Anhaltspunkt über die Zukunftsaussichten des Unternehmens. Wird (vergleichsweise) viel investiert, deutet dies oft auf eine Wachstumserwartung hin (Ausnahme siehe gleich). Die Antwort findet sich in der Spalte [2], den Zugängen bei den Anschaffungs- und Herstellungskosten.

- Wie viel wurde bereits investiert? Zwar sagt der Restbuchwert in der Bilanz etwas über den aktuellen Wert des Anlagevermögens aus. Er sagt aber nichts darüber aus, was in den Vorjahren investiert wurde. Interessant ist der Bestand des noch vorhandenen, evtl. aber bereits vollständig abgeschriebenen Bestandes an Anlagevermögen für eine Abschätzung des Liquidationserlöses. Die Kfz beispielsweise mögen nach sechs Jahren nach AfA-Tabelle abgeschrieben sein. Tatsächlich können diese aber im Liquidationsfall noch etwas bringen – zumindest mehr als den Erinnerungsbuchwert von 1 EUR.
  Der Wert des bisherigen Investitionen findet sich in den kumulierten Anschaffungs- und Herstellungskosten (Spalte [1] für den Beginn des Geschäftsjahres = Ende des letzten Geschäftsjahres bzw. Spalte [5] für das Ende des Geschäftsjahres).

- Wie weit sind die Vermögensgegenstände bereits abgeschrieben? Analysten rechnen hierfür den bereits erwähnten Abnutzungsgrad aus. Dieser ergibt sich aus dem Quotienten der kumulierten Abschreibungen zu den kumulierten Anschaffungs- und Herstellungskosten. Im Zahlenbeispiel wäre das für den Stichtag 31.12.2016 ein Wert von 16,67 % (Wert in Spalte [10] geteilt durch Wert in Spalte [5]). Zum Vergleich: Am Ende der Nutzungsdauer, im Beispiel 31.12.2021, liegt dieser Wert nahe 100 %. Der Abnutzungsgrad sagt etwas aus über den Re-Investitionsbedarf und dem damit verbundenen Finanzierungsbedarf. Je höher der Abnutzungsgrad, desto höher der Bedarf nach Ersatz.
  Üblicherweise wird der Abnutzungsgrad nur für abnutzbare Vermögensgegenstände berechnet. Denn bei Grund und Boden oder Finanzanlagen liegt der Abnutzungsgrad nur in Ausnahmefällen nicht bei 0 %, da diese als nicht abnutzbare Anlagegegenstände nicht planmäßig abgeschrieben werden.

Bei den Vermögensgegenständen des Umlaufvermögens betreffen die zusätzlichen Angaben vor allem die Restlaufzeiten. So ist der

Betrag der Forderung mit einer Restlaufzeit von mehr als einem Jahr für jeden Posten der Forderungen in der Bilanz zu vermerken (§ 268 Abs. 4 Satz 1 HGB). Nur im Anhang sind dagegen größere unter „Sonstige Vermögensgegenstände" ausgewiesene Beträge zu erläutern, die erst nach dem Bilanzstichtag entstehen. Ein Beispiel hierfür wären bereits aktivierte Zinsabgrenzungen.
Wichtig sind diese Informationen für eine Abschätzung der Liquidität des Unternehmens. Wenn Forderungen erst nach einem Jahr fällig werden, wird das Geld hieraus erst wesentlich später fließen. Gleiches gilt für noch nicht entstandene Forderungen.

Interessant ist auch die Angabepflicht für Ausleihungen und Forderungen gegen den oder die Gesellschafter einer GmbH (§ 42 Abs. 3 GmbHG) – besonders für das Finanzamt. Gewährt die Gesellschaft ihrem Gesellschafter ein nicht oder zu gering verzinstes Darlehen, handelt es sich grundsätzlich um eine verdeckte Gewinnausschüttung.

III. Schulden (Verbindlichkeiten und Rückstellungen) – *liabilities and provisions* – passive Wirtschaftsgüter

1. Ansatz

a) Realisationszeitpunkt

Ob die Entsorgung von Kernbrennstäben oder der Rückbau von Atomkraftwerken, die Altersvorsorge für die Kohle-Kumpel oder die Stahlarbeiter – wenn ein Bilanzposten hinter Schlagzeilen steht, dann sind es die Rückstellungen. Reichen diese aus, um die gegenwärtigen, aber erst zukünftig zahlungswirksamen Verpflichtungen zu erfüllen?

Diese – neben dem Eigenkapital – wichtige Passivposition steckt in den Schulden, unterschieden nach Rückstellungen und Verbindlichkeiten. Wie die in der Öffentlichkeit teilweise heftig geführten Diskussionen zeigen, offenbaren diese in besonderer Weise die Herausforderung bei der Bilanzierung:

- Ab wann muss eine Rückstellung oder Verbindlichkeit passiviert werden (Ansatz- oder Realisationszeitpunkt)?
- In welcher Höhe muss passiviert werden? Diese Bewertungsfrage wird zu einem späteren Zeitpunkt im Detail diskutiert.

Die meisten Schuldposten sind Standardfälle, d.h. sowohl der Realisationszeitpunkt als auch die Bewertung sind gesetzt. Wenn das Unternehmen Waren oder Rohstoffe von Lieferanten erhält, muss korrespondierend eine Verbindlichkeit aus Lieferungen und Leistungen eingebucht werden. Auch bei einem Bankdarlehen steht der Rückzahlungsbetrag, nach den Regeln der Finanzmathematik auch der Zeitpunkt der Tilgung fest. Interessanter sind aber die Nicht-Routine-Transaktionen, sie bilden daher den Schwerpunkt der folgenden Betrachtungen:

Eine Rückstellung oder Verbindlichkeit ist zu passivieren, sobald sie (a) rechtlich entstanden oder (b) wirtschaftlich verursacht ist. Die Fälligkeit eine Verpflichtung spielt allenfalls bei der Bewertung eine Rolle.

Bürgschaftsverpflichtungen

Dieser Passivierungszeitpunkt sei am Beispiel der Verpflichtungen aus einem Bürgschaftsversprechen erläutert:

Ein Mutterunternehmen gebe zu Gunsten eines Tochterunternehmens gegenüber dem Kreditinstitut der Tochter eine Bürgschaftserklärung ab. Allein die Abgabe einer Bürgschaftserklärung führt nicht zu einer Passivierungspflicht, sondern erst die (wahrscheinliche) Inanspruchnahme. In einer Übersicht dargestellt:

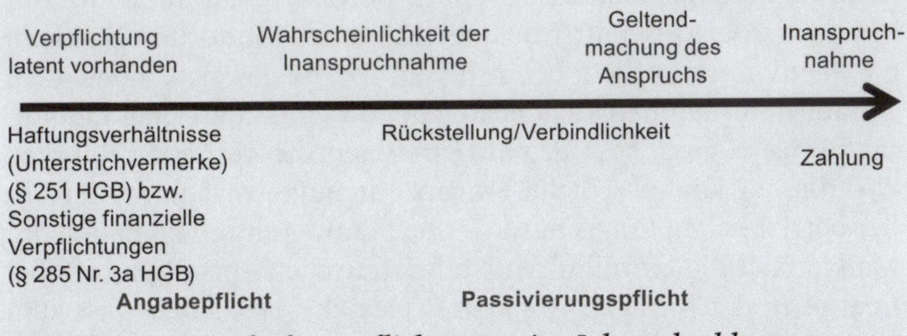

Abbildung: Bürgschaftsverpflichtungen im Jahresabschluss

Mit der Abgabe der Bürgschaftserklärung entsteht latent eine Verpflichtung. In der Sprache der Buchhalter handelt es sich um ein schwebendes Geschäft. Dieses ist nicht zu buchen, hier: zu passivieren. Weil diese latent vorhandene Verpflichtung aber zu möglichen Mittelabflüssen führen kann, stellt ihr Vorhandensein eine interessante Information für Außenstehende, beispielsweise Investoren, dar. Das HGB sieht daher eine Angabepflicht vor.

Im Fall der Bürgschaft kommen in Betracht die Angabe als Haftungsverhältnis (auch als Unterstrichvermerk bezeichnet) gemäß § 251 HGB oder als unter Position im Gesamtbetrag der sonstigen finanziellen Verpflichtungen (§ 285 Nr. 3a HGB).

Spätestens mit der Geltendmachung des Anspruchs, hier durch das Kreditinstitut, hat das bürgende Mutterunternehmen die Verpflichtung zu passivieren.

Dazwischen liegt ein Graubereich, besser als „vernünftige kaufmännische Beurteilung" bezeichnet. Der Bundesfinanzhof (BFH) hat für den Zeitpunkt der Passivierung definiert: Es muss mehr für als gegen eine Inanspruchnahme sprechen. Mit vermeintlicher Exaktheit definieren manche Kommentatoren dies als eine Wahrscheinlichkeit der Inanspruchnahme von größer 50 %. So richtig die erstgenannte juristische Definition und exakt die zweitgenannte statistische Formulierung ist, so wenig gibt es Fälle in der betriebswirtschaftlichen Praxis, wo sie zielführend sind. Das mag als Manipulationsmöglichkeit ausgelegt werden, in der Praxis sind aber die wenigsten Fälle schwarz/weiß.
Im Fall der Bürgschaft ist die Wahrscheinlichkeit der Inanspruchnahme sicher größer 50 %, wenn über das Vermögen der Tochtergesellschaft das Insolvenzverfahren eröffnet wird. Was aber in der Zeit davor? Reichen Zahlungsstockungen oder wirtschaftliche Schwierigkeiten aus? Genügt bereits eine Kündigung des Vorstands/der Geschäftsführung? Kann das Mutterunternehmen die Passivierungspflicht beeinflussen? Beispielsweise, indem dem Tochterunternehmen nicht ausreichend Kapital und/oder Liquidität zur Verfügung gestellt wird? In einen theoretischen Rahmen wie diesem können solche Fragen nur aufgeworfen werden. In der betrieblichen Praxis muss der Buchhalter entscheiden und der Maßstab ist die „vernünftige kaufmännische Beurteilung". Dabei liegt es in der Natur eines jeden Ermessensspielraums, dass zum einen nahezu willkürliche Entscheidungen, zum anderen auch Entscheidungen getroffen werden, die sich im Nachhinein als falsch erweisen.

b) Verbindlichkeiten und Rückstellungen nach HGB

Wie für den Begriff der Vermögensgegenstände enthält das HGB keine gesetzliche Definition für Verbindlichkeiten oder Rückstellungen. Aus Literatur und Steuer-Rechtsprechung leitet die herrschende

Lehre folgende Eigenschaften für passivierungspflichtige Schulden nach HGB ab:

§

Kennzeichen von Schulden

Schulden (Rückstellungen und Verbindlichkeiten) sind gekennzeichnet durch:

1. Es besteht ein Leistungszwang gegenüber Dritten (Außenverpflichtung), die rechtlich entstanden oder wirtschaftlich verursacht ist.
2. Dieser führt zu einer wirtschaftlichen Belastung und
3. es besteht die Wahrscheinlichkeit der Inanspruchnahme.

Am einfachsten ist der Leistungszwang gegenüber Dritten (erstes Kriterium) zu beurteilen, wenn dieser rechtlich entstanden ist. Denn dann sagen die Juristen dem Buchhalter, was die Leistungspflicht des Unternehmens ist und wie diese gegebenenfalls rechtlich durchgesetzt werden kann. Solche Schulden können resultieren aus:

- Vertraglichen Ansprüchen, z.B. der Lieferung oder Leistung, in den Begriffen des BGB: Kaufvertrag oder Werkvertrag;
- Ansprüchen aus Leistungsstörungen und Pflichtverletzungen, beispielsweise Schadensersatzansprüchen;
- aus gesetzlichen Schuldverhältnissen, zum Beispiel dem deliktischen Schadensersatz;
- aus öffentlich-rechtlichen Verpflichtungen, zum Beispiel die Beseitigung von Boden- oder Gewässerverunreinigungen oder der Rücknahmeverpflichtung von Altgeräten wie Elektroschrott oder Altfahrzeugen.

Es ist aber anerkannt, dass sich der Kaufmann oft aus wirtschaftlichen Gründen einer Verpflichtung faktisch nicht entziehen kann. Um solche faktischen Verpflichtungen handelt es sich, wenn sich der Unternehmer aus Gründen seines eigenen wirtschaftlichen Interesses oder durch Begründung einer entsprechenden Erwartungshaltung in der Öffentlichkeit oder bei Arbeitnehmern einer künftig bestimmbar werdenden Verpflichtung nicht entziehen kann. Lehrbuchbeispiel hierfür ist die Regulierung von Produktschäden auch außerhalb der (gesetzlichen) Garantiefrist im Wege der Kulanz. Rein rechtlich wäre das Unternehmen nicht verpflichtet, ein mangelhaftes Produkt zu reparieren oder zu ersetzen. Faktisch erwartet der Kunde jedoch eine bestimmte Kulanzleistung, ansonsten kauft er das Produkt von vornherein nicht oder er wird es zukünftig nicht mehr kaufen.

Passivierung der Aufwendungen für einen Sozialplan

Ein weiteres typisches Beispiel für eine bereits wirtschaftlich verursachte, aber rechtlich noch nicht entstandene Außenverpflichtung ist die Rückstellung für Restrukturierungen. Regelmäßig folgen der Entscheidung der Unternehmensleitung, das Unternehmen zu restrukturieren, Verhandlungen, später der Abschluss eines Sozialplans (§ 111 ff. Betriebsverfassungsgesetz). Die damit verbundenen Aufwendungen, beispielsweise für Abfindungen an die Mitarbeiter, sind durch die Entscheidung zur Restrukturierung veranlasst und daher als Rückstellungsaufwand wirksam zu passivieren. Dadurch eröffnete sich ein bilanzpolitischer Spielraum. Denn die Entscheidung zu einer Restrukturierung lässt sich schnell fassen und gegebenenfalls nach dem Stichtag wieder zurücknehmen. Die Finanzverwaltung schränkt zumindest für die steuerliche Gewinnermittlung die Möglichkeit der Passivierung ein. Die Bildung einer Rückstellung für einen Sozialplan ist danach erst zulässig, sobald der Betriebsrat gemäß § 111 Satz 1 Betriebsverfassungsgesetz unterrichtet wurde.

Keine Voraussetzung ist es jedoch, dass der Berechtigte seinen Anspruch kennt. So muss beispielsweise bereits dann eine Rückstellung wegen der Verletzung fremder Patent-, Urheber- oder ähnlicher Schutzrechte gebildet werden, wenn die Verletzungshandlung vorliegt und das verletzende Unternehmen mit einer Inanspruchnahme rechnen muss. Auch das eröffnet, insbesondere aus steuerlichen Motiven heraus, Gestaltungsmöglichkeiten. Gerade im Bereich der gewerblichen Schutzrechte ist das Vorliegen einer Verletzungshandlung immer umstritten, noch viel unsicherer ist eine Beurteilung der Wahrscheinlichkeit der Inanspruchnahme. Zumindest für das Ertragsteuerrecht stellt § 5 Abs. 3 Satz 1 EStG entweder die Anforderung, dass entsprechende Ansprüche geltend gemacht wurden oder mit einer Inanspruchnahme ernsthaft zu rechnen ist. Wenn keine Ansprüche geltend gemacht wurden, die Rückstellung also nur wegen der Erwartung des Unternehmens gebildet wurde, ist diese spätestens nach drei Wirtschaftsjahren aufzulösen, wenn keine Inanspruchnahme erfolgte (§ 5 Abs. 3 Satz 2 EStG).

Kriterium 2, die wirtschaftliche Belastung, grenzt die Pflicht zur Passivierung gegenüber dem generellen unternehmerischen Risiko ab.

Imageschaden vs. wirtschaftliche Belastung

Ein Automobilhersteller wirbt mit besonders niedrigen Abgaswerten. Diese werden aber nur erreicht, weil eine Software bestimmte Funktionen abschaltet, sobald erkannt wird, dass das Auto im Prüfstand steht.

Durch die Messung einer ausländischen Behörde wird diese Software zur Steuerung des Motors öffentlich bekannt.

Natürlich führen eine solche Manipulationsvorwürfe zu einem Imageschaden. Auch ist davon auszugehen, dass dieser Automobilhersteller zukünftig weniger Fahrzeuge absetzen wird. Beides gehört jedoch zum allgemeinen unternehmerischen Risiko, eine Rückstellungsbildung hierfür ist daher nicht möglich.

Passivierungspflichtig sind jedoch konkrete Verpflichtungen, wie die Rücknahme fehlerhafter Fahrzeuge oder aus Gründen der Kulanz, Schadensersatzzahlungen sowie zu erwartende Strafen.

Wer sich mit dem Thema Passivierungspflicht im Allgemeinen und den Rückstellungen im Besonderen auseinandersetzt, sieht sich schnell mit einer Vielzahl von Literatur und Rechtsprechung konfrontiert. Die meisten Entscheidungen und Publikationen gibt es dabei für das Bilanzsteuerrecht, dem das Handelsrecht in der Regel folgt. Der Grund für die vielen Entscheidungen zum Bilanzsteuerrecht liegt auf der Hand: Der Steuerpflichtige mindert durch Rückstellungen den Gewinn und damit das zu versteuernde Einkommen. Anders als beispielsweise bei den Abschreibungen besteht bei Rückstellungen ein Ermessensspielraum. Neben der Bewertung zählt die Einschätzung der Wahrscheinlichkeit des Eintritts. Bereits 1984 brachte der Bundesfinanzhof (Urteil vom 1.8. 1984 – I R 88/90) dies auf die Formel, es müsse mehr für als gegen das Vorliegen einer Schuld sprechen. Eine solche Wahrscheinlichkeitsbetrachtung funktioniert gut bei Massenfällen. Bei der Gewährleistungsrückstellung beispielsweise kann über die Jahre ein Erfahrungswert gebildet werden, mit welcher Wahrscheinlichkeit und in welcher Höhe fehlerhafte Produkte geltend gemacht werden. Dabei funktioniert diese ‚Scheinobjektivierung' schon dann nicht mehr, wenn ein neues Produkt auf den Markt gebracht wird. Denn ein Strukturbruch macht eine Regressionsanalyse wenig sinnvoll.

Interessanterweise weist diese Formel der deutschen Steuergerichtsbarkeit große Ähnlichkeit mit der *„more likely than not“*-Regel der IFRS oder im US-GAAP auf. In der Praxis kennt dann jeder Buchhalter diese Formulierung und versucht seinen kaufmännischen Sachverstand in objektiv nachvollziehbare Berechnungen und Überlegungen zu bringen. Am Ende bleibt dann aber immer wieder ein Ermessensspielraum, besser: eine Schätzung, welcher Wert nun die beste Einschätzung abgibt.

c) *(contingent) liabilities* und *provisions* nach IFRS

Der Standardsetter der internationalen Rechnungslegung, das *International Accounting Standards Board* (IASB), hat sich mit dem Standard IAS 37 – *Provisions, contingent liabilities and contingent assets* (Rückstellungen, Eventualverbindlichkeiten und Eventualforderungen) der Herausforderung gestellt, Richtlinien für die Passivierung festzuschreiben.

Grundlegend ist die Definition der Schuld (*liability*), darauf aufbauend die Abgrenzung zur Rückstellung (*provision*) bzw. der nicht zu passivierenden Eventualverbindlichkeit (*contingent liability*):

§ **Begriff der liability**

Eine zu passivierende Schuld (*liability*) gemäß IAS 37.10 liegt vor, wenn

1. eine gegenwärtige Verpflichtung besteht,
2. die aus vergangenen Ereignissen resultiert und
3. von der eine wirtschaftliche Belastung erwartet wird.

Die Rückstellung (*provision*) unterscheidet sich von der Schuld (*liability*) dadurch, dass Fälligkeit und Höhe ungewiss sind.

Die Eventualverbindlichkeit (*contingent liability*) darf nicht passiviert werden, sondern muss nur angegeben werden.

Wie bei den Kommentierungen zu § 249 HGB fällt unter die Voraussetzung „gegenwärtige Verpflichtung“ für eine Schuld sowohl die rechtlich entstandene Verpflichtung wie die faktische Verpflichtung. Durch die Bezugnahme auf vergangene Ereignisse soll die Rückstellungsbildung quasi ‚im Vorgriff‘ auf künftige Ereignisse zur Abdeckung des allgemeinen Unternehmensrisikos ausgeschlossen werden.

Beim dritten Kriterium, der erwarteten wirtschaftlichen Belastung, dreht sich der Standard wieder um den Begriff der Wahrscheinlichkeit.

Der IAS 37 steht aber vor dem gleichen Problem wie das HGB: Die Gründe von Verpflichtungen sind vielfältig und die Wahrscheinlichkeiten unterliegen weitgehend subjektiven Einschätzungen.

d) Passive Wirtschaftsgüter (Rückstellungen und Verbindlichkeiten)

Am weitesten fortgeschritten ist die Konkretisierung in der Rechtsprechung der Finanzgerichte. Das verwundert wenig, weil insbesondere die Rückstellungsbildung steuerliche Gestaltungsspielräume eröffnet.

Rückstellungspflicht

Eine Auswahl aus der Kasuistik (Nachweise und weitere Möglichkeiten in jedem einschlägigen Kommentar).

Eine Rückstellungspflicht besteht bei:

- Abbruchverpflichtung für ein Bauwerk
- Abrechnungskosten für bereits ausgeführte Leistungen im Baugewerbe
- Rücknahmepflicht für Altautos nach dem Altfahrzeug-Gesetz
- Rückstellung für die Aufstockung und die Fortzahlung von Lohn/Gehalt nach dem Blockmodell bei der Altersteilzeit in der Freistellungsphase
- Aufbewahrungskosten für Geschäftsunterlagen
- Rücknahmeverpflichtungen von Pfandflaschen, Batterien
- Rückzahlung von Einlagen und Abschlussgebühren sowie der Pflicht zur Übersendung der Kontoauszüge für das abgelaufene Geschäftsjahr bei Bausparkassen
- Beihilfen von Ruheständlern bei Krankheit
- Kosten der Betriebsprüfung bei Großbetrieben
- Buchung laufender Geschäftsvorfälle des Vorjahres

- Inanspruchnahme aus Bürgschaftsverpflichtungen
- Rücknahmepflichten von Elektroschrott
- Garantieleistungen
- Gleitzeitguthaben von Arbeitnehmern
- Gratifikationen an Arbeitnehmer
- Jahresabrechnung eines Energieversorgungsunternehmens
- Jubiläumszuwendungen
- Nachbetreuungsleistungen von Hörgeräteakustikern und Versicherungsvertretern
- Zulassungskosten für Pflanzenschutzmittel
- Provisionsverpflichtungen gegenüber Handelsvertretern, soweit bereits entstanden
- Rekultivierungsaufwendungen
- Verpflichtung zur Einlösung von Rabattmarken
- Rückzahlungspflichten von Entgelten (Beiträgen)
- Sparprämien
- Kosten der Erstellung und Prüfung des Jahresabschlusses und der Steuererklärungen
- Urlaubsverpflichtungen.

Keine Rückstellungen lässt die Finanzrechtsprechung dagegen in folgenden Fällen zu:

- Abfallbeseitigung
- Anschaffung einer Abgasreinigungsanlage gemäß der technischen Anleitung Luft
- Unentgeltliche Abgabe von in der Werbung zugesagten Ärztemustern
- Kosten der Registrierung von Arzneimitteln (anders aber: Zulassungskosten für Pflanzenschutzmittel können zurückgestellt werden)
- Abwahlprovisionen, die auf künftige Zeiträume entfallen

- Erfolgsprämien an Arbeitnehmer für künftige Leistungen
- Gutscheine für den Friseurbesuch beim einlösungspflichtigen Friseur (anders aber: Rabattmarken)
- Garantiefonds der Banken
- Installation eines Gasrückführungssystems
- Anstehende Geschäftsverlegung in späteren Geschäftsjahren
- Medikamentenmuster als Werbemittel für interessierte Ärzte
- Zukünftige mietfreie Perioden beim Vermieter (Nachlass für die Übernahme bestimmter Kosten durch den Mieter)
- Beiträge zum Pensionssicherungsverein
- Zukünftige Prozesskosten
- Rückerstattung des Kaufpreises für ein Grundstück wegen Sachmängeln
- Rückzahlungspflicht eines Arztes für Honorare bei unwirtschaftlicher Verordnungsweise
- Sanierungsgelder für die Versorgungsanstalt des Bundes und der Länder, wenn ein entsprechender Satzungsbeschluss fehlt
- Steigende Zinsen beim Zuwachssparen
- Uferschutz und Entschlackung eines Flusskraftwerkes
- Zucker-Lagerungsabgaben.

Folgender Fall zeigt, dass die Rückstellungsbildung eine bestimmte Feinsinnigkeit erfordert:

Keine Rückstellung für die Überholung von Hubschraubern

Hubschrauber müssen wie anderes Fluggerät nach einer bestimmten Anzahl von Flugstunden überholt werden. Hierfür, so der BFH (Urteil vom 19.5.1987 – VIII R 302 7/83), dürfe jedoch keine Rückstellung gebildet werden. Vielmehr sei der Aufwand für die Überholung nicht durch vergangene Ereignisse (die abgeleisteten Flugstunden) veranlasst, sondern die Überholung des Fluggeräts werde deswegen unternommen, weil das Unternehmen die

Hubschrauber auch zukünftig nutzen wolle. Weil auf zukünftige Erträge ausgerichtet, sei eine Rückstellungsbildung unzulässig.

2. Ausweis

a) Rückstellungen

Das HGB teilt das Fremdkapital in zwei große Gruppen: (B) Rückstellungen und (C) Verbindlichkeiten. In Anlehnung an die frühere Formulierung des § 249 HGB werden unter den Rückstellungen die Verpflichtungen ausgewiesen, die hinsichtlich der Höhe und/oder des Zeitpunkts der Fälligkeit unsicher sind. Diese Definition findet sich heute noch im IAS 37.10.

Die Rückstellungen werden untergliedert in

1. Rückstellungen für Pensionen und ähnliche Verpflichtungen;
2. Steuerrückstellungen;
3. sonstige Rückstellungen.

Die bereits weiter vorne erwähnten Pensionsrückstellungen berücksichtigen die Verpflichtungen aus der betrieblichen Altersvorsorge. In den Steuerrückstellungen sind die Abschlusszahlungen für die Ertragsteuern (Körperschaft- und Gewerbesteuer) enthalten. Alle anderen Rückstellungen, zum Beispiel für Urlaub und Überstunden, finden sich in den sonstigen Rückstellungen.

i

Ertragsteuern in die Rückstellungen – Umsatzsteuer in die Verbindlichkeiten

Warum wird die Abschlusszahlung für die Ertragsteuern des Unternehmens als Steuerrückstellung passiviert, während die Umsatzsteuer-Abschlusszahlung in den sonstigen Verbindlichkeiten, davon aus Steuern ausgewiesen wird?

Dieser unterschiedliche Ausweis nach Steuerarten hängt mit einer verfahrensrechtlichen Besonderheit des Steuerrechts zusammen. Die Ertragsteuern werden durch Steuerbescheid vom Finanzamt festgesetzt. Auch wenn der Ersteller des Jahresabschlusses die erwartete Abschlusszahlung so exakt und genau wie das Finanzamt selbst berechnet, die Abschlusszahlung wird erst einen Monat nach Bekanntgabe des Steuerbescheids der Finanzbehörde fällig. Es liegt aber am Finanzamt, wann der Körperschaft- oder Gewerbesteuerbescheid erlassen wird. Damit ist der Zeitpunkt der Fälligkeit der Ertragsteuern ungewiss. Bei der Umsatzsteuer muss der Unternehmer die Abschlusszahlung im Rahmen der Jahreserklärung selber ermitteln, anmelden und innerhalb eines Monats nach Einreichung an die Finanzkasse abführen. Denn die Umsatzsteuer-Jahreserklärung ist gleichzeitig eine Steuerfestsetzung unter dem Vorbehalt der Nachprüfung. Der Unternehmer setzt damit die Umsatzsteuer in einem Bescheid gegen sich selber fest. Weil damit Höhe und Zahlungszeitpunkt nicht mehr ungewiss sind, kommt nur ein Ausweis unter den sonstigen Verbindlichkeiten in Betracht.

Kurzer Ausblick: Sie haben richtig gelesen – die Steuerrückstellungen betreffen beim Unternehmen immer die Gewerbesteuer, wenn in der Rechtsform der Kapitalgesellschaft betrieben, auch die Gewerbesteuer. Der Einzelunternehmer kann zwar der Pflicht zur Aufstellung eines Jahresabschlusses nach HGB unterliegen und damit seine Einkünfte aus Gewerbebetrieb mittels Betriebsvermögensvergleich (Steuerbilanz) ermitteln. Die Einkommensteuer auf diese Einkünfte aus Gewerbebetrieb ist aber keine Verbindlichkeit des Unternehmens, sondern des Inhabers als Privatperson. Daher handelt es sich bei der Einkommensteuer, darauf entfallendem Solidaritätszuschlag sowie möglicherweise der Kirchensteuer nicht um eine betriebliche Schuld, sondern eine nicht der Bilanzierungspflicht unterliegende Privatangelegenheit.

Eine Ausnahme lässt die handelsrechtliche Literatur für die GmbH & Co. KG zu: Diese wird handelsrechtlich wie die Kapitalgesellschaft behandelt. Daher lassen einige Kommentatoren eine Steuerrückstellung in Höhe einer vergleichbaren Körperschaftsteuerschuld zu.

Immer unter den Steuerrückstellungen des Unternehmens auszuweisen sind die Abschlusszahlungen für die Gewerbesteuer. Denn Steuerschuldner ist der Gewerbebetrieb. Somit handelt es sich dabei stets um eine betriebliche Schuld.

b) Verbindlichkeiten

Bei den Verbindlichkeiten sieht § 266 Abs. 3 Buchstabe c. HGB eine Differenzierung vor:

- In Wertpapieren verbrieftes Fremdkapital, die Anleihen, sind mit einem Davon-Vermerk zu differenzieren. Denn für Investoren und Analysten ist es interessant, wenn konvertible Anleihen vorhanden sind. Diese werden bei der Umwandlung in Aktien in das Eigenkapital umgebucht. Dadurch erhöht sich zwar die Eigenkapitalquote, gleichzeitig verwässert die größere Anzahl von Aktien den anteiligen Jahresüberschuss und damit die Dividende für die bereits vorhandenen Anteilseigner.
- Bankdarlehen sind unter den Verbindlichkeiten gegenüber Kreditinstituten auszuweisen.
- Für erhaltene Anzahlungen kommt entweder der Ausweis auf der Passivseite unter den Verbindlichkeiten oder die Saldierung mit den Vorräten in Betracht.
- Auf den gesonderten Ausweis der Verbindlichkeiten gegenüber verbundenen oder Beteiligungsunternehmen wurde bereits hingewiesen.
- Verbindlichkeiten, die sich keine der vorgenannten Kategorien zuordnen lassen, sind unter den sonstigen Verbindlichkeiten auszuweisen. Diese sind jeweils mit Davon-Vermerken sind Steuerverbindlichkeiten wie die Abschlusszahlung der Umsatzsteuer und Verbindlichkeiten im Rahmen der sozialen Sicherheit, zum Beispiel die Sozialversicherungsabgaben des Vormonats auszuweisen.

3. Bewertung

a) Grundsatz

Den kompaktesten Überblick über die Bewertung von Schulden (Verbindlichkeiten und Rückstellungen) bietet das HGB: Gemäß § 253 Abs. 1 Satz 2 HGB sind Verbindlichkeiten mit ihrem „Erfüllungsbetrag" und Rückstellungen „in Höhe des nach vernünftiger kaufmännischer Beurteilung notwendigen Erfüllungsbetrages" zu bewerten. Damit ist der Grundsatz für die Bewertung der Verpflichtungen gesetzt: das Unternehmen soll den Betrag passivieren, der zur Erfüllung erforderlich ist.

Bei Verbindlichkeiten ist das relativ einfach. Wenn Ware beispielsweise für netto 100.000 EUR bei einem deutschen Lieferanten gekauft wird, ist der Erfüllungsbetrag 119.000 EUR:

Zugang von Ware

Aktiva	EUR	Passiva	EUR
Ware (Bestände)	100.000	Verbindlichkeiten aus Lieferungen und Leistungen	119.000,00
Sonstige Vermögensgegenstände	19.000		
	119.000		119.000,00

Das Unternehmen muss neben dem Nettowert der Ware auch die Umsatzsteuer an den Lieferanten leisten. Gleichzeitig entsteht der Anspruch gegenüber dem Finanzamt auf Erstattung der Vorsteuer (unter den sonstigen Vermögensgegenständen auszuweisen).

Schwieriger wird die Ermittlung des Erfüllungsbetrags, wenn es sich um eine Verbindlichkeit in ausländischer Währung handelt, beispielsweise …

Wareneinkauf in US-Dollar

… kauft ein Unternehmen Ware von einem US-amerikanischen Lieferanten mit einem Netto-Warenwert in Höhe von 50.000 USD ein. Der Wechselkurs am Tag des Zugangs beträgt 1,16000. In der Bilanz wird diese Transaktion wie folgt abgebildet:

Zugang von Ware aus USA

Aktiva	EUR	Passiva	EUR
Ware (Bestände)	43.103	Verbindlichkeiten aus Lieferungen und Leistungen	43.103
Sonstige Vermögensgegenstände	8.190	Sonstige Verbindlichkeiten	8.190
	51.293		43.103

Da der Jahresabschluss in Euro aufzustellen ist, beträgt der Zugangswert der Ware umgerechnet mit dem Stichtagskurs 43.103 EUR.

Die sonstigen Vermögensgegenstände und die sonstigen Verbindlichkeiten sind 19 % Einfuhrumsatzsteuer auf den Netto-Warenwert (Zollwert). Diese müssen bei der Einfuhr entrichtet werden, können aber grundsätzlich wie Vorsteuer vom Finanzamt zurückgefordert werden.

Angenommen, zum Stichtag verändert sich der Wechselkurs auf 1,0500. Der Wert der Einfuhrumsatzsteuer bleibt unverändert. Beim Warenbestand gilt das strikte Anschaffungs-/Herstellungskosten-Prinzip. Zwar sind die Waren (in Euro) wertvoller geworden; würden die Waren jetzt von dem Lieferanten aus den USA angeschafft, müsste das Unternehmen (50.000 USD/1,0900 =) 45.872 EUR aufwenden. Da die Anschaffungskosten (in Euro gerechnet) aber darunter liegen, bleibt es bei dem niedrigeren Wert.

Auf der Passivseite, bei den Verbindlichkeiten gilt hingegen die Bewertung mit dem Rückzahlungsbetrag. Aufgrund des veränderten Wechselkurses muss das Unternehmen jetzt mehr in Euro aufwenden, um die 50.000 US-Dollar zu tilgen. Der Erfüllungsbetrag muss daher auf 45.872 EUR erhöht werden. Dieser Aufwand aus der Währungsumrechnung wird in der Gewinn- und Verlustrechnung unter den Sonstigen betrieblichen Aufwendungen gezeigt, hier aus Gründen der Übersichtlichkeit nur in der Bilanz als Ergebnisveränderung:

Aktiva	**Folgebewertung von Fremdwährungsverbindlichkeiten**		Passiva
	EUR		EUR
Ware (Bestände)	43.103	Veränderung Jahresergebnis	-2.769
Sonstige Vermögensgegenstände	8.190	Verbindlichkeiten aus Lieferungen und Leistungen	45.872
		Sonstige Verbindlichkeiten	8.190
	51.293		51.293

Die Buchhalter nennen dieses Vorgehen (Aktiva werden maximal mit den Anschaffungs-/Herstellungskosten bewertet – Schulden mit dem höheren Erfüllungsbetrag) ‚imparitätische Erfolgsspaltung'. Diese ist eine Ausprägung des Vorsichtsprinzips. Demnach werden nach § 252 Abs. 1 Nr. 4 HGB werden positive Erfolgskomponenten werden erst berücksichtigt, wenn sie realisiert sind, negative dagegen bereits dann, wenn sie bekannt werden.

Denn die Warenbestände (zu Wiederbeschaffungskosten) mögen wertvoller geworden sein; das bedeutet aber nicht, dass die höheren Kosten auch beim Kunden durchgesetzt (‚realisiert') werden können. Daher bleibt es beim niedrigeren Wert.

Die große Herausforderung bei der Bewertung der Passiva ist die Bewertung der Rückstellungen: § 253 Abs. 1 Satz 2 HGB verlangt die Bewertung mit dem „nach vernünftiger kaufmännischer Beurteilung notwendigen Erfüllungsbetrag". Die Parallelregelung des IAS 37.36 fordert die Bewertung nach der bestmöglichen Schätzung des Erfüllungsbetrags. Theoretisch ist das eine vernünftige Regelung in den Rechnungslegungsnormen. Was heißt das aber in der Praxis?

Erwartungswerte bei der Bewertung von Rückstellungen

Aufgrund von Erfahrungen der Vorjahre und der Untersuchungen der Abteilung Qualitätssicherung rechnet ein Unternehmen damit, dass 3,0 % der in einem Jahr ausgelieferten elektronischen Geräte vom Typ „Alpha" innerhalb eines Jahres als fehlerhaft zurückgesendet werden. Diese Rücklaufquote vermindert sich im folgenden Jahr auf 1,0 % und im letzten Jahr der Gewährleistung auf 0,5 %. Im Durchschnitt kostet die Gewährleistung pro Gerät 25,00 EUR. In 2016 wurden 150.000 Stück abgesetzt.

Der Erwartungswert für die Kosten der Gewährleistung ermittelt sich wie folgt:

Jahr	Rück-sende-quote	Stück	Kosten
		150.000	EUR
1	3,0%	4.500	112.500,00
2	1,0%	1.500	37.500,00
3	0,5%	750	18.750,00
			168.750,00

Um das Problem des Erwartungswertes noch einmal aufzugreifen: welchen Wert soll das Unternehmen verwenden, wenn in 2016 auch das technisch verbesserte Produkt „Beta" auf den Markt gebracht wird? Evtl. lassen sich aus den Daten der Qualitätssicherung bessere Abschätzungen vornehmen. Die Praxis reagiert aber oft mit (pauschalen) Zu- oder Abschlägen, etwa „ein neues Produkt hat immer eine höhere Rücksendequote", alternativ: „Das beste Beta, das wir je hatten – jetzt ohne Kinderkrankheiten". An dieser Stelle gerät die „vernünftige kaufmännische Beurteilung" oft zur Glaubenssache.

b) Abzinsung

Das Prinzip lautet: Bewertung von Schulden mit dem Erfüllungsbetrag, ggf. geschätzt nach vernünftiger kaufmännischer Beurteilung. Jetzt kommt eine weitere ökonomische Überlegung zum Tragen: der Barwert. Bisher haben wir angenommen, dass ein Euro heute genauso viel wert ist wie ein Euro in einem Jahr. Ökonomisch betrachtet ist eine Verpflichtung in einem Jahr ‚heute' weniger wert. Denn das Unternehmen kann, besser: sollte, mit der Liquidität wirtschaften, im Extremfall werden nicht anderweitig benötigte Gelder verzinslich angelegt.

Die Ökonomie der Zinsen

Eine Maschine koste 1.000.000 EUR. Zur Finanzierung kann das Unternehmen entweder ein Darlehen bei der Bank aufnehmen – oder es wird eine Stundung des Kaufpreises vereinbart. Der Käufer spart sich dadurch die Bankzinsen und der Lieferant gewinnt dadurch einen neuen Kunden. Gerade im Konsumentenbereich ist die Werbung mit „0 % Finanzierung" verbreitet. Im gewerblichen Bereich übernehmen zuweilen Spezialmaschinenhersteller auch die Finanzierung.

Ein anderes Beispiel, bei dem Finanzierung und Erwerb zusammen kommen, ist das bereits angesprochene Leasing.

§ 253 Abs. 2 HGB sieht vor, dass Rückstellungen mit einer Restlaufzeit von mehr als einem Jahr abgezinst werden müssen. Der Durchschnittszinssatz ergibt sich aus dem Zweck der Rückstellung. Für Rückstellungen aus der betrieblichen Altersversorgung ist es der Durchschnitt aus den letzten zehn Jahren, bei den anderen Rückstellungen sieben Jahre. Ein Beispiel für die betriebliche Altersvorsorge wurde bereits an anderer Stelle dargestellt.

Die Zinssätze werden jeweils auf der Website der Deutschen Bundesbank bekannt gemacht.

Abzinsung Gewährleistungsrückstellung

Um das oben genannte Beispiel der Gewährleistungsrückstellung aufzugreifen: Nach den Erfahrungswerten des Unternehmens fallen die meisten Fälle innerhalb eines Jahres an, aber auch nach drei Jahren kommen noch Kunden.

Die Verpflichtung beispielsweise, dass nach drei Jahren (2019) noch Kunden kommen, die ihr Gerät zurückbringen, ist ‚heute', d.h. zum Bilanzstichtag per 31. Dezember 2016, ‚weniger' wert, weil das Unternehmen mit den in drei Jahren fälligen 18.750,00 EUR noch wirtschaften können sollte.

Jahr	Rücksende-quote	Stück	Kosten	Zinssatz	Barwert
		150.000	EUR		EUR
1	3,0%	4.500	112.500,00	1,82%	110.489,10
2	1,0%	1.500	37.500,00	1,95%	36.079,19
3	0,5%	750	18.750,00	2,12%	17.606,33
			168.750,00		164.174,62

Der angegebene Zinssatz für die Abzinsung ist der Website der Deutschen Bundesbank entnommen und sollte der für die entsprechende Restlaufzeit angegebene Zinssatz zum 31. Dezember 2016 sein. Weil aber Bücher Vorlauf brauchen, wurden die Zinssätze per April 2016 verwendet. Wenn der Leser diese Übung zu einem späteren Stichtag wiederholt, dürften die durchschnittlichen Zinsen weiter gesunken sein, sodass die Barwerte weiter sinken.

Fachlich-inhaltliche Aussage dieser Berechnung ist jedoch, dass der erwartete Gewährleistungsaufwand zum 31. Dezember 2016 insgesamt 168.750,00 EUR beträgt. Der Erfüllungsbetrag ist aber zum Stichtag ‚nur' 164.174,62 EUR wert. Die Differenz (4.575,38 EUR) sind die Zinsen.

Um den ökonomischen Hintergrund noch einmal am Beispiel der für 2018 erwarteten Reklamationen zu erläutern: Das Unternehmen erwartet 1.500 zurücklaufende Geräte mit Kosten von 37.500,00 EUR. Hypothetisch: würden die Kunden ihre Geräte bereits zum 31. Dezember 2016 bringen, würde das gleich 37.500,00 EUR kosten. Weil die Kunden ihre Geräte aber erst zwei Jahre später ‚bringen', geben sie dem Unternehmen ein ‚Darlehen' ohne Nominalzinssatz. Diesen wirtschaftlichen Vorteil bildet der Jahresabschluss durch die Abzinsung ab. Es wird nicht der ‚volle' Betrag (37.500,00 EUR) zurückgestellt, sondern der um 1.420,81 EUR verminderte.
Randbemerkung: Bitte nicht durch Formulierung „die Kunden … erst zwei Jahre später ‚bringen'" verwirren lassen. Denn zum 31. Dezember 2016 weiß ja noch niemand, welche Geräte zwei Jahre später (2018) defekt sein werden. An dieser Stelle geht es nur um die Erklärung, warum der (niedrigere) Barwert verwendet wird.

Die IFRS regeln die Abzinsung von Rückstellungen ähnlich. Nach IAS 37.45 sind Rückstellungen mit dem Barwert zu bewerten, wenn der Unterschiedsbetrag wesentlich ist.

c) Preis- und Kostensteigerungen

Aus der Bewertung mit dem „Erfüllungsbetrag“ folgt, dass Preis- und Kostensteigerungen bei der Bewertung der Rückstellungen zu berücksichtigen sind.

Bewertung der Urlaubsrückstellung

Wozu eine Rückstellung für Resturlaub? Wenn die Mitarbeiter ihren Urlaub im alten Jahr nicht nehmen konnten, bleiben sie eben im nächsten Jahr ein paar Tage mehr weg, ist zuweilen als Argument zu hören. Nachfolgendes Beispiel soll zeigen, dass das aber zu Ergebnisverlagerungen führt – und im Falle von Tarifsteigerungen zu einer Ergebnisverbesserung in dem Jahr, aus welchem der Resturlaub stammt.

Angenommen, in einer Abteilung müssen 2,3 Plan-Vollzeitstellen ständig besetzt gehalten werden. Ein Beispiel wäre ein Kindergarten, wo die meisten Landesgesetze eine bestimmte Anzahl Stellen vorschreiben. Der Personalaufwand je Mitarbeiter (Vollzeit) betrage 42.617 EUR.

Der Leiter der Einrichtung rechnet damit mit einem ausgeglichenen Ergebnis:

		EUR	EUR
Erlöse			125.310
- Personalaufwand:	2,3 Vollzeitstellen zu	42.617	-98.020
- Übrige Aufwendungen (Sachkosten)			-27.290
= Gewinn			0

Es seien in 2016 aber nur 2,0 Stellen in der Einrichtung besetzt. Da die Arbeit jedoch vorhanden ist, können die Mitarbeiter ihren Urlaub nicht nehmen, möchten ihn sich aber auch nicht auszahlen lassen, sondern im Folgejahr abfeiern. Es ergibt sich dadurch folgende Ergebnisrechnung für 2016:

			2016
		EUR	EUR
Erlöse			125.310
- Personalaufwand:	2,0 Vollzeitstellen zu	42.617	-85.235
- Übrige Aufwendungen (Sachkosten)			-27.290
= Gewinn			12.785

Doch das positive Ergebnis für 2016 trügt. Denn im Folgejahr feiern die beiden ‚bisherigen‘ Mitarbeiter ihren Resturlaub ab, d.h. rechnerisch ‚fehlen‘ sie zum Äquivalent von 0,3 Vollzeitstellen.

Da jetzt die 2,3 Planstellen besetzt werden müssen, ergibt sich ein Stellenbedarf von 0,3 für den Resturlaub und 0,3 auf den Stellenplan = 0,6 Äquivalente. Des Weiteren sei angenommen, dass es zu einer linearen Gehaltserhöhung von 3,0 % für 2017 kommt. Die Ergebnisrechnung sieht dann wie folgt aus:

			2017
		EUR	EUR
Erlöse			125.310
- Personalaufwand:	2,6 Vollzeitstellen zu	43.896	-114.129
- Übrige Aufwendungen (Sachkosten)			-27.290
= Gewinn			-16.109

Ohne die Bildung einer Rückstellung für nicht genommenen Urlaub zum Stichtag 31. Dezember 2016 ist das Jahresergebnis für 2016 damit zu gut dargestellt. Denn eigentlich haben die Mitarbeiter im Verhältnis zu den Erlösen mehr geleistet, als sie bezahlt bekamen. Diesen ‚Nachteilsausgleich' in späteren Jahren bildet die entsprechende Urlaubsrückstellung ab.

Im Idealfall wird zum 31. Dezember 2016 genau so viel an Aufwand für die Zuführung zur Rückstellung gebucht, wie in 2017 an Aufwand ‚verbraucht' wird.

Ausblick: An dieser Stelle schlägt insbesondere bei ‚klammen' und ‚kleinen' Unternehmen die Stunde der Argumente aus der ‚betriebswirtschaftlichen Kaffeeküche'. Ja, so heißt es, wenn die Mitarbeiter in 2016 schon mehr und ohne zusätzliche Bezahlung gearbeitet haben, würden sie das auch in 2017 und 2018 tun. Oder: Es muss doch in 2017 kein zusätzliches Personal eingestellt werden (im Beispiel 0,3 Vollzeitäquivalente). Denn die Mitarbeiter würden die Mehrarbeit schon wieder irgendwie unterbringen. Eine Urlaubsrückstellung brauche es also nicht.
Es mag zwar in großer Zahl solche guten Mitarbeiter geben. Spätestens beim Ausscheiden des Mitarbeiters – manchmal kommt der Rechtsstreit um den Urlaub schon früher – müssen die Urlaubstage doch ausbezahlt oder abgefeiert werden. In den Jahren zuvor wurde diese Verpflichtung nicht (vollständig) abgebildet – und in Extremfällen hat sich das Unternehmen in diesem Punkt über seine wirkliche Vermögens-, Finanz- und Ertragslage getäuscht.
Zwar ist die Personalwirtschaft nicht das Thema dieser Publikation. Aber ein starker Anstieg der Rückstellung für Urlaub und Überstunden sollte als Alarmzeichen verstanden werden. Nicht selten sind es Krankheitsfälle, die dazu führen, dass andere mehr

arbeiten müssen. Mit deren Überlastung geht es dann in eine Spirale der Überlastung und der beständig steigenden Rückstellungsbeträge. Zugegeben: die Bilanzierung ist dann das geringste Problem. Denn irgendjemand muss ja den Umsatz machen.

4. Zusätzliche Angaben

a) Angaben als Vorstufe zur Passivierung

Aktiva zeigen die Erfolgspotenziale eines Unternehmens, auf der Passivseite stehen unter dem Fremdkapital die Belastungen. Für Investoren ist es daher wichtig, diese möglichst früh abzuschätzen. Zwar für nicht jede eingegangene Verpflichtung zu einem Zahlungsmittelabfluss, aber es besteht zumindest die Möglichkeit.

Avalkredite im Jahresabschluss von Banken

Eine besondere Form der Bürgschaften sind Avalkredite. Dabei sagt ein Kreditinstitut die Zahlung zugunsten eines Gläubigers zu. Verbreitet sind solche Avalkredite als Vertragserfüllungsbürgschaften. Dadurch vermeidet beispielsweise eine Handwerker den Einbehalt von Sicherheitsleistungen. Auch braucht ein mietendes Unternehmen dann keine Kaution zu hinterlegen. Die Bank zahlt zunächst an den Anspruchsberechtigten.

Diese Bürgschaft gibt das Kreditinstitut aber nicht umsonst ab, sondern erhält eine Vergütung, die Avalprovision.

Solange diese Bürgschaft der Bank nicht angefordert – z.B., weil Nachbesserungen fehl geschlagen sind – wird, taucht diese sonstige finanzielle Verpflichtung nur als Anhangsangabe auf. Wichtig ist diese Information bei der Analyse insoweit, als diese sonstige finanzielle Verpflichtung eines Tages zur Auszahlung gelangen könnte. Ebenfalls bei der Berechnung von Kernkapitalquoten und Stresstests bei Kreditinstituten fließen diese Eventualverbindlichkeiten mit ein.

Eine Beschäftigung für langweilige Abende: „trainspotting“ heißt in England eine Tätigkeit, die langweilig und eigentlich sinnlos ist, aber der Beschäftigung dient. In den Geschäftsberichten von Kreditinstituten stehen die zugesagten, aber noch nicht ausbezahlten

Kredite gleich neben den sonstigen finanziellen Verpflichtungen aus Avalkrediten. Die Zusage von Krediten alleine ist noch ein schwebendes Geschäft, wird daher auf Seiten der Bank (noch) nicht als Forderung aus ausgereichten Darlehen aktiviert. Da diese Kredite aber zu einem Finanzmittelabfluss bei der Bank führen, stellen diese eine interessante Information zur Abschätzung der Finanzlage von Banken dar. Auch volkswirtschaftlich können die Veränderungen bei der Zusage von Krediten ein Frühindikator sein. Je mehr Kredite nachgefragt und in der Folge auch zugesagt werden, desto mehr an Investitionen kann in einer Volkswirtschaft erwartet werden. Nicht umsonst stehen diese Informationen aber ganz weit hinten im Geschäftsbericht von Kreditinstituten. Die dadurch zur Verfügung gestellten Informationen interessieren fast ausschließlich die Spezialisten.

b) Angabe von Restlaufzeiten

Von allgemeinem Interesse sind jedoch die Restlaufzeiten von Verbindlichkeiten. Diese bilden die Fälligkeit von Verbindlichkeiten und damit die entsprechenden Zahlungszeitpunkte ab. Soweit ein Bankdarlehen erst in mehr als fünf Jahren getilgt werden muss, steht die Liquidität hieraus langfristig zur Verfügung. Das Unternehmen kann damit seine Investitionen in Anlagevermögen und seine Betriebsmittel finanzieren. Damit bleibt mehr vom erwirtschafteten Cash Flow übrig – zum Beispiel, um Gewinne auch als Dividenden ausschütten zu können.

Aus der Vielzahl von Angabepflichten in diesem Zusammenhang sei die umfangreichste für das deutsche HGB herausgegriffen: § 285 Satz 1 Nrn. 1 und 2 HGB verlangen für jeden Verbindlichkeitenposten die Aufgliederung nach Restlaufzeit bis zu einem Jahr und über fünf Jahre sowie die hierfür bestellten Sicherheiten. Dieser Teil im Anhang wird auch als Verbindlichkeitenspiegel bezeichnet.

IV. Rechnungsabgrenzungsposten und latente Steuern

1. Rechnungsabgrenzungsposten

Rechnungsabgrenzungsposten haben nach den Beobachtungen des Verfassers in Schulen und Kursen im Fach Buchführung einen hohen

Stellenwert. Diese Posten eigenen sich offensichtlich für Prüfungen besonders gut: (i) sie stellen ein abgegrenztes Themengebiet dar, (ii) der Kandidat kann zeigen, dass er das Problem der Periodenabgrenzung verstanden hat und (iii) es gibt eine eindeutige Lösung – in der Praxis werden die Rechnungsabgrenzungsposten nur bei Wesentlichkeit überhaupt noch gebucht.

Die Definition von Rechnungsabgrenzungsposten:

§

Rechnungsabgrenzungsposten – Definition

Gemäß § 250 Abs. 1 und 2 HGB sind aktive (aRAP) und passive (pRAP) Rechnungsabgrenzungsposten gekennzeichnet durch:

(1)	Einzahlung (pRAP) Auszahlung (aRAP)	vor	dem Stichtag
(2)	Ertrag (pRAP) Aufwand (aRAP)	nach	dem Stichtag
(3)	für eine bestimmte Zeit nach dem Stichtag (Zeitraum)		

Zusammengefasst: Kennzeichnend für einen Rechnungsabgrenzungsposten sind einmal eine Zahlung vor dem Stichtag, die aber erst nach dem Stichtag erfolgswirksam wird. Drittes Kriterium ist der Zeitraumbezug. Dies unterscheidet die Rechnungsabgrenzungsposten als ‚transitorische' von den sog. ‚antizipativen' Posten. Auch bei den Anzahlungen leistet bzw. erhält das Unternehmen Geld. Die damit verbundene Lieferung oder Leistung ist jedoch Zeitpunkt-bezogen.

Erklärt an einem Beispiel:

Vorausbezahlte Miete als Rechnungsabgrenzungsposten

Die Miete für den Januar des Folgejahres ist wie immer drei Tage vor dem Monatsersten zu bezahlen (200,00 EUR).

Der Mieter bucht den Abfluss der Liquidität im alten Jahr mit der aktiven Rechnungsabgrenzung als Gegenposition. Im Folgejahr wird der Aufwand aus der Miete gebucht und der aktive Rechnungsabgrenzungsposten aufgelöst.

Der Vermieter bucht bei Zahlungseingang einen passiven Rechnungsabgrenzungsposten, der im Folgejahr als Ertrag aufgelöst.

An diesem Beispiel wird die Funktion des Rechnungsabgrenzungspostens deutlich: der Zahlungseingang/-ausgang muss dann nicht erfolgswirksam verbucht werden, sondern wird im alten Jahr erfolgsneutral erfasst. Im neuen Jahr wird der Abgrenzungsposten erfolgswirksam erfasst.

In der internationalen Rechnungslegung sind die Rechnungsabgrenzungsposten gemäß § 250 HGB als solche unbekannt. Hier müssen die Sachverhalte die Kriterien des *asset*/Vermögenswert bzw. *liability*/Schuld erfüllen. Beim aktiven Rechnungsabgrenzungsposten dürfte das in der Regel erfüllt sein, wenn – wie im Beispiel – dadurch ein Anspruch auf die Miete des Raums entsteht. Passive Rechnungsabgrenzungsposten werden dagegen oft unter noch nicht realisierte Gewinn erfasst („*deferred income*" oder „*deferred earnings*").

§

Disagio als Rechnungsabgrenzungsposten

Ein besonderer Rechnungsabgrenzungsposten ist das Disagio nach § 250 Abs. 3 HGB. Danach darf der Unterschiedsbetrag zwischen dem Auszahlungs- und dem Rückzahlungsbetrag einer Verbindlichkeit aktiviert werden, z.B. ein Darlehen über nominal 1.000.000 EUR wird nur zu 95 % ausbezahlt. Durch dieses Disagio wird der Nominalzinssatz niedriger. Denn das Disagio stellt vorausbezahlten Zins dar. Bei Ausübung des Wahlrechts der Aktivierung würde sich die Bilanz wie folgt darstellen:

Aktiva	Bilanz mit Disagio		Passiva
	EUR		EUR
Flüssige Mittel	950.000	Verbindlichkeiten gegenüber Kreditinstituten	1.000.000
Aktive Rechnungsabgrenzung Disagio	50.000		
	1.000.000		1.000.000

Die Alternative zur Aktivierung wäre die sofortige erfolgswirksame Verbuchung als Zinsaufwand.

2. Latente Steuern

Fragt der Englischdozent die skeptisch dreinschauende Austauschstudierende aus Japan an: ‚Sie verstehen das Wort ‚badger' (‚Dachs') nicht, oder?' Die Studentin nickt und tippt die Vokabel in ihr elektronisches Wörterbuch ein – doch der skeptische Gesichtsausdruck wird noch skeptischer. Fragt der Dozent nach und bittet sie, doch die Übersetzung aus dem Japanischen wörtlich in Englisch vorzulesen. Dort heißt es: ‚Der Dachs ist ein Tier, das wir in Japan nicht kennen.‘ – die Geschichte wurde dem Verfasser auf einem Sprachkurs in Norwich erzählt und zeigt vor allem eines: nicht jede richtige Erklärung macht Sinn.

Das ist dann die Stelle, an der ein Ausblick in die Meisterklasse der Rechnungslegung angebracht ist. Latente Steuern sind ein Bereich, den der deutsche Buchhalter jahrzehntelang nicht kannte, welcher aber spätestens seit dem BilMoG wichtig geworden ist. Es geht um Abweichungen zwischen der handelsrechtlichen Rechnungslegung und der steuerlichen Gewinnermittlung. In der ursprünglichen Konzeption der Rechnungslegung in Deutschland galt das Prinzip der (umgekehrten) Maßgeblichkeit, d.h. es gab praktisch keine Abweichungen zwischen Handels- und Steuerrecht in der Gewinnermittlung. Mit der Aufgabe dieses Prinzips gibt es grundsätzlich keine Einheitsbilanz mehr, will heißen: Auch in ‚einfachen‘ Fällen kann es zu Ergebnisabweichungen zwischen beiden Rechnungslegungsbereichen kommen.

§

Latente Steuern

Latente Steuern haben folgende Tatbestandsmerkmale (z.B. nach § 274 HGB):

1. Unterschiedliche Wertansätze in handelsrechtlichem Jahresabschluss und steuerlicher Gewinnermittlung, die sich
2. in künftigen Perioden abbauen.

Handelt es sich dabei um eine künftige Steuerentlastung, so räumt des HGB ein Aktivierungswahlrecht ein. Für künftige Steuerbelastungen sind Steuerrückstellungen zu passivieren. Nach IFRS besteht sowohl auf der Aktiv- wie auf der Passivseite Ansatzpflicht.

Im Rahmen dieser Einführung sei das Thema ‚Latente Steuern‘ (englisch: *deferred taxes*) nur anhand eines Beispiels problematisiert. Es bleibt aber festzuhalten, dass sich allein über dieses Thema ellenlange Abhandlungen schreiben ließen. Die Lektüre sei dann aber den Fortgeschrittenen überlassen.

Drohverlustrückstellungen und latente Steuern

Ein Bauunternehmen schließt einen Festpreisvertrag mit einem Bauherrn über 1 Mio. EUR ab. Nachdem die Selbstkosten mit 750.000 EUR kalkuliert sind, bleibt voraussichtlich ein Gewinn von 250.000 EUR. Im Dezember 2016 zerstört ein Unwetter die halbfertige Baustelle. Aufgrund dessen rechnet das Unternehmen in 2017 mit zusätzlichen Kosten in Höhe von 500.000 EUR. Diese können aufgrund der Festpreisvereinbarung nicht an den Bauherrn weitergegeben werden.

Im Jahresabschluss zum 31. Dezember 2016 sind diese zusätzlichen Kosten handelsrechtlich im Rahmen einer Drohverlustrückstellung erfolgswirksam zu berücksichtigen:

	EUR
Umsatzerlöse	1.000.000
- Herstellungskosten	-1.500.000
= Drohender Verlust	-500.000

Die 250.000 EUR geplanter Gewinn stellen keinen Bestandteil des rückstellungsfähigen Verlustes dar, da insoweit keine Außenverpflichtung besteht.

Gemäß § 5 Abs. 4a Satz 1 EStG besteht in der Steuerbilanz ein Passivierungsverbot für Drohverlustrückstellungen. Es sind also zwei parallele Ergebnisrechnungen zu führen. Um den Unterschied zu verdeutlichen, seien ein Gewinn vor Steuern und Drohverlustrückstellung in Höhe von 800.000 EUR (für 2016) bzw. 750.000 EUR (2017) und eine Ertragsteuersatz von 30 % angenommen:

		Vorspalte EUR	handelsrechtlicher Jahresabschluss EUR	steuerliche Gewinnermittlung EUR
Jahr			**2016**	
Gewinn vor Steuern und Drohverlustrückstellung			800.000	
- Zuführung zur Drohverlustrückstellung			-500.000	0
= Ergebnis vor Steuern			300.000	800.000
Ertragsteuern	30%	-90.000	-240.000	
= Ergebnis nach Steuern			60.000	560.000
Jahr			**2017**	
Gewinn vor Steuern und Drohverlustrückstellung			750.000	
- Eintritt des Verlustes			0	-500.000
= Ergebnis vor Steuern			750.000	250.000
Ertragsteuern	30%	-225.000	-75.000	
= Ergebnis nach Steuern			675.000	175.000

Aufgrund der Zuführung zur Rückstellung für drohende Verluste beträgt das handelsrechtliche Jahresergebnis vor Steuern 300.000 EUR für 2016. Die Rückstellung für Steuern berechnet sich jedoch nicht auf dieser Grundlage, sondern auf Basis des Ergebnisses der steuerlichen Gewinnermittlung. Es sind daher 240.000 EUR als Aufwand für Steuern vom Einkommen und Ertrag zu buchen. Allein auf Basis des handelsrechtlichen Jahresergebnisses wären aber (theoretisch) nur 90.000 EUR Aufwand zu berücksichtigen.

Diese Differenz gleicht sich jedoch (hier angenommen) im Folgejahr aus. Denn der Verlust wird ja in 2017 realisiert. Da in der Handelsbilanz eine Rückstellung gebildet wurde, verändert sich dadurch das Jahresergebnis vor Steuern nicht. In der steuerlichen Gewinnermittlung wurde jedoch keine Vorsorge getroffen, so dass der Aufwand in voller Höhe die steuerliche Bemessungsgrundlage mindert.

Aus Sicht der handelsrechtlichen Gewinnermittlung ist der Steueraufwand daher in 2016 zu hoch, während er in 2017 zu niedrig ist. Diese Verschiebung zwischen den Jahren wird im Jahresabschluss durch eine aktive latente Steuer ausgeglichen. Die (aus Sicht des Jahresabschlusses) zu hohe Steuerrückstellung wird auf der Aktivseite ausgeglichen. In der Position Steuern vom Einkommen und Ertrag in der Gewinn- und Verlustrechnung wird der Steueraufwand (auf Grundlage der steuerlichen Gewinnermittlung) in Höhe von –240.000 EUR durch einen Ertrag aus der Bildung der latenten Steuer in Höhe von 150.000 EUR kompensiert. In der Gewinn- und Verlustrechnung bleiben damit nur 90.000 EUR Steueraufwand als Saldo. Diese Kompensation wird im Anhang erläutert.

Betriebswirtschaftlich könnte dieser Aktivposten als eine Art Erstattungsanspruch für Ertragsteuern betrachtet werden. Wie sich an der Zusammenschau der beiden Perioden zeigt, hat das Unternehmen für 2016 ‚zu viel' an Steuern bezahlt, was sich in der Folgeperiode wieder ausgleicht. Konsequenterweise behandeln die IFRS die aktiven latenten Steuern als *asset*/Vermögenswert. Nach internationalen Rechnungslegungsstandards besteht daher eine Aktivierungspflicht. Nach deutschem HGB besteht dagegen ein Aktivierungswahlrecht.

Bei den passiven latenten Steuern hingegen besteht in allen Rechnungslegungssystemen Passivierungspflicht.

V. Erfolgswirksamkeit: Gewinnrealisation – Erträge/Aufwendungen – Betriebseinnahmen/ Betriebsausgaben

1. Erfolgswirksamkeit

Erfolgswirksamkeit, gezeigt am Beispiel des Maschinenbaus

Ein deutsches Maschinenbauunternehmen hat für einen chinesischen Kunden eine Fertigungsstraße gebaut. Das Auftragsvolumen beträgt 1,5 Mio. EUR, der Verkaufspreis sei 2,5 Mio. EUR.

Die Teile der Fertigungsstraße werden in Deutschland produziert, zusammengepackt und nach China verschifft. Dort werden diese dann zusammengebaut und nach einem Probelauf vom Kunden abgenommen.

Die entscheidende Frage aus Sicht des deutschen Unternehmens ist: Wann dürfen die Forderung und korrespondierend die Umsatzerlöse in Höhe von 2,5 Mio. EUR eingebucht werden? Denn diese erfolgswirksame Buchung zieht automatisch die Aufwandsbuchung für die Herstellungskosten (im Beispiel: 1,5 Mio. EUR) nach sich. Unter dem Strich ändert sich dadurch das Jahresergebnis um +1,0 Mio. EUR.

Spontan ist man versucht, diese Frage als leicht zu beantworten abzutun. Bei nochmaligem Nachdenken sind mehrere Antworten möglich, es kommt – wie immer bei solchen Fragen – „darauf an"!

- Allein die Fertigstellung in den deutschen Fabrikhallen führt in den wenigsten Fällen zu einer Gewinnrealisation – es sei denn, es handelt sich um eine Holschuld, in der Sprache der INCOTERMS, „ex works" (EXW), also der vertraglichen Vereinbarung, dass der Hersteller (lediglich) die Teile fertig stellen und den Abnehmer über die Abholbereitschaft informieren muss. Im Maschinenbau ist das aber in den wenigsten Fällen üblich.
- Für die Gewinnrealisation während des Transports kommt es darauf an, wer die Gefahr des zufälligen Untergangs übernehmen muss. Bei der Montage vor Ort ist das in der Regel der Hersteller. Beim reinen Handel jedoch sind auch Zwischenlösungen denkbar. Da kann es durchaus sein, dass die Gefahr bereits mit der Verladung auf das Schiff auf den Abnehmer übergeht. Es kann

aber auch vertraglich vereinbart sein, dass es auf die Lieferung ins Lager des Abnehmers ankommt. Der Zeitpunkt des Gefahrenübergangs ist der Zeitpunkt, zu denen der Buchhalter die Forderung und korrespondierenden Aufwand eingebucht.

- Bei einem typischen Werkvertrag – wie hier – ist die Abnahme der übliche Zeitpunkt der Gewinnrealisation. Das ist einer der Gründe, warum Bauunternehmen noch auf eine Abnahme vor dem Stichtag drängen, selbst wenn dann noch Mängel beseitigt werden müssen. Denn durch die Abnahme geht nicht nur die Gefahr des zufälligen Untergangs zivilrechtlich auf den Abnehmer über, gleichzeitig wird auch der Gewinn aus dem Bauwerk realisiert.
- Im hier dargestellten Beispiel wurde mit dem Probelauf eine zusätzliche Komplikation eingeführt. Da kommt es dann auf die vertragliche Vereinbarung im Einzelfall an. Manchmal ist der erfolgreiche Probelauf Voraussetzung für die Abnahme, in anderen Fällen wiederum erfolgt dieser nach der Abnahme. Je nach vertraglicher Gestaltung erfolgt auch die Gewinnsrealisation vorher oder nachher.

Bei der Übertragung von Sachen (körperlichen Gegenständen) lässt sich der Zeitpunkt der Gewinnrealisation relativ eindeutig bestimmen. Denn bei Sachen lässt sich die Übergabe anhand von Warenbegleitpapieren oder Lieferscheinen gut nachvollziehen. Auch gibt es mit den im internationalen Geschäft meist verwendeten INCOTERMS allgemein anerkannte Regeln über die Gefahrtragung.

Bei Dienstleistungen ist dieser Zeitpunkt regelmäßig schwieriger zu beurteilen. Hat beispielsweise ein Steuerberater Anspruch auf das Honorar, wenn die Steuererklärung fertig gestellt ist? Oder – was § 9 Abs. 1 Steuerberatervergütungsverordnung (StBVV) nahelegt –, wenn dem Auftraggeber die Abrechnung vorliegt?
Noch eine Stufe schwieriger wird es, wenn es sich um Dauerschuldverhältnisse handelt.

Beispiele: Muss ein Fitnessstudio die Erträge aus dem Jahresvertrag gleich zu Beginn der Laufzeit vereinnahmen oder in einzelnen Zeitabschnitten? Da ist wohl herrschende Meinung, dass der Umsatz mit Beginn der Laufzeit realisiert ist. Denn der Kunde bezahlt nur für die Möglichkeit der Nutzung – nicht dafür, was er tatsächlich an Leistungen in Anspruch nimmt. Bei Telekommunikationsanbietern muss unterschieden werden: Die monatlich abgerechnete Grundgebühr ist bereits zu Beginn der Periode realisiert. Auch hier gilt wieder: Wenn der Kunde das Mobiltelefon nicht nutzt, bekommt er auch keine Grundgebühr zurückerstattet. Bei den leistungsabhängigen Telefongebühren gilt aber die Abrechnung nach tatsächlicher Inanspruchnahme. Das ist der Grund, warum Grundgebühren in der Regel im Voraus entrichtet werden müssen, der Rest im Nachhinein abgerechnet wird.

Die Standardformel für die Gewinnrealisation lautet: das leistende Unternehmen muss das seinerseits Erforderliche im Wesentlichen getan haben. Dieser Leistungsumfang bestimmt sich nach den vertraglichen Vereinbarungen. Beim Kaufvertrag ist das zumindest die Besitzverschaffung, beim Werkvertrag die Abnahme und beim Dienstvertrag die Erbringung der vereinbarten Dienste.

Gerade bei Dienstleistungen kommt es jedoch, wie die Gerichte zu gerne formulieren, „auf die Umstände des Einzelfalls" an. Weil es schwierig für die Buchhalter ist, den Realisationszeitpunkt zu bestimmen, das gleichzeitig aber auch wesentliche Auswirkungen hat, haben es die Standardsetter schwer, einheitliche verbindliche Standards zu schaffen. Der für die internationale Rechnungslegung einschlägige IFRS 15 wurde mehrmals überarbeitet und hat erst nach Jahren der Entwicklung den Status der Verbindlichkeit geschafft.

2. Ausweis

a) Begrifflichkeiten

Die Herausforderung der Bestimmung der erfolgswirksamen Gewinnrealisation haben alle Rechnungslegungssysteme gleich. Die unterschiedlichen Begrifflichkeiten zeigen aber doch, dass sie in Einzelfällen zu unterschiedlichen Ergebnissen kommen können.

Insbesondere für das deutsche Steuerrecht liegen einige Entscheidungen der Finanzgerichte zum Realisationszeitpunkt von Betriebseinnahmen vor. Bei den Betriebsausgaben definiert § 4 Abs. 4 EStG, dass es sich bei diesen zum einen um Aufwendungen, zum anderen um Ausgaben handeln muss, die durch den Betrieb veranlasst sind. Das eröffnet im Einzelfall Diskussionsbedarf mit den Finanzbehörden. Der Klassiker ist das von Zahnärzten zuweilen gekaufte Gold. Wenn es sich um Zahngold handelt, sind die Aufwendungen dafür Betriebsausgaben und mindern die steuerliche Bemessungsgrundlage. Gold für Investitionszwecke dagegen ist ertragsteuerlich Privatangelegenheit. Mancher Zahnarzt mag da versucht sein, Verluste aus solchen privaten Spekulationsgeschäften betrieblich unterzubringen, die Gewinne aber als steuerfreie Privateinnahmen zu realisieren.

b) Gesamtkostenverfahren vs. Umsatzkostenverfahren

Für die systematische Darstellung der Erträge und Aufwendungen gibt es zwei Gliederungsschemata. Besonders übersichtlich sind diese in § 275 HGB dargestellt:

Beim in Deutschland üblichen Gesamtkostenverfahren (§ 275 Abs. 2 HGB) erfolgt die Darstellung nach Kostenarten, etwa Materialaufwand – Personalaufwand – Abschreibungen – sonstige betriebliche Aufwendungen. Beim international weiter verbreiteten Umsatzkostenverfahren (§ 275 Abs. 3 HGB) erfolgt die Gliederung jedoch nach Kostenstellen. Da die Kostenstellen in der Regel nach betrieblichen Funktionen gegliedert sind, lässt sich auch sagen, dass das Umsatzkostenverfahren nach diesen gegliedert.

i **UKV vs. GKV**

Gesamtkostenverfahren (GKV) und Umsatzkostenverfahren (UKV) führen zum gleichen Ergebnis. Die unterschiedlichen Schemata ordnen die Aufwendungen und Erträge nur unterschiedlich an. Es handelt sich also um einen reinen Unterschied im Ausweis.

Bei beiden Verfahren sind die Umsatzerlöse gleich.

Andersherum formuliert: Die erste Zeile (Umsatzerlöse – in beiden Fällen die Nr. 1) enthält den gleichen Betrag und die letzte Zeile, das Jahresergebnis (Jahresüberschuss/Jahresfehlbetrag), ist auch der gleiche Betrag. Mathematisch bedeutet das: die positiven und negativen Erfolgskomponenten werden nur unterschiedlich angeordnet.

Es lässt sich somit aus der gleichen Datengrundlage der Buchhaltung entweder eine Gewinn- und Verlustrechnung nach dem Gesamtkostenverfahren oder dem Umsatzkostenverfahren ableiten. Für das Umsatzkostenverfahren benötigt der Buchhalter jedoch eine Aufteilung der gesamten Kosten nach Kostenstellen/betrieblichen Funktionen.

A Theory of Justice – oder: Die Idee der Rechnungslegung

„Iustitia est constans et perpetua voluntas ius suum cuique tribuendi“ – Die Gerechtigkeit ist der beständige und wiederholte Wille, jedem sein Recht zuteil werden zu lassen, beginnen die *Institutiones* der Gesetzessammlung *Corpus Iuris Civilis* mit einer auf den römischen Juristen Ulpian zurückgehenden programmatischen Aussage. Wenn es aber ein Gebiet gibt, das Juristen und Philosophen meiden, dann ist es die Buchführung und die Rechnungslegung. Wenn es aber Normen gibt, die Verteilungsgerechtigkeit schaffen, dann das „Soll“ und das „Haben“.

Nehmen wir an, Sie suchten ein ganz spezielles Kleidungsstück, zum Beispiel Schuhe, nein, besser noch: Regenmäntel für das Fahrrad. Nach langem Suchen finden Sie endlich Ihr Lieblingsstück, wunderbar farbig und warm – dieses Stück gibt es aber nicht in Europa, sondern nur in einem Laden in den Anden. Sie denken sich: Wenn ich schon so lange gesucht habe, suchen andere sicher auch genau einen solchen Regenmantel. Zweite Überlegung: Einen einzelnen Mantel aus Südamerika nach Ostfriesland zu schaffen lohnt nicht wirklich. Also eröffnen Sie einen Laden oder einen Webshop für diese Regenmäntel. Das dafür nötige Kapital bekommen Sie von einem zahlungskräftigen Bekannten. Bereits nach kurzer Zeit brauchen Sie noch viel mehr Kapital und möchten an die Börse gehen. Doch dafür reichen ein paar verkaufte Regenmäntel in Ostfriesland nicht aus. Also machen Sie einen Deal mit einer deutschlandweit tätigen Einzelhandelskette: Sie importieren in großem Stil die Ponchos, verkaufen diese an die Läden. Bezahlt werden müssen aber nur die tatsächlich verkauften Stück, alle anderen können wieder zurückgegeben werden. Vielleicht nehmen Sie auch noch einen Kredit auf, der aus dem Börsengang zurückgezahlt werden soll.

Das Beispiel klingt bewusst abstrus, damit das zugrunde liegende Beispiel aus der Wirklichkeit nicht erkennbar ist. Entscheidend ist aber: Der Buchungssatz „Per Forderungen aus Lieferungen und Leistungen an Umsatzerlöse und Umsatzsteuer" ist schnell gemacht und wenn die Ponchos auch tatsächlich ausgeliefert werden, vollkommen in Ordnung. Aber so macht man das: Vor dem Börsengang das „Unternehmen aufhübschen", das heißt: Umsatzerlöse steigern, vielleicht noch den Gewinn erhöhen, dann gibt es noch eine gute Gewinnausschüttungen für die Alteigentümer – und bezahlt wird es zunächst von den neuen Anteilseignern. Deren Analysten sahen die Forderungen, die Umsatzerlöse und/oder den Kunden mit gutem Ruf. Wenn dann – in unserem Beispiel – die Läden die Forderungen auch bezahlen und die nicht verkaufte Ware nicht massenweise zurückschicken, dann bekommen auch die neuen Eigentümer ihren Anteil. Was aber, wenn nicht? Dann wurde Vermögen umverteilt: von den neuen auf die alten Eigentümer.

Weiteres Beispiel mit viel Gold und großer Politik gewünscht? Bitte sehr:

Die Deutsche Bundesbank hatte in ihrer Bilanz zum 31. Dezember 2014 ihre Goldreserven mit rund 107 Millionen Euro bewertet. Ausweislich der aktuellen Bewertungsregeln wird diese mit den Marktpreisen zum Bilanzstichtag bewertet.

Das war aber nicht immer so: Wie im HGB so vorgesehen, wurden diese mit den historischen Anschaffungskosten, ggfs. dem niedrigeren beizulegenden Wert bewertet. Dann aber kamen die Maastricht-Kriterien. Die damalige Bundesregierung unter Bundeskanzler Helmut Kohl und Bundesfinanzminister Theo Waigel befürchteten, dass sich „Haushaltslöcher" nicht gut machen würden. Also wurden die Rechnungslegungsvorschriften für die Bundesbank geändert: Anstatt der zugegebenermaßen damals extrem niedrigen Anschaffungskosten, die vielleicht noch aus Reichsmark-Zeiten stammten, sollte es 1997 der aktuelle Goldpreis als Maßstab sein. Es kursieren folgende Zahlen im Internet:

	Mrd. DM
Buchwert des Goldes nach Neubewertung	56
Buchwert des Goldes vor Neubewertung	14
Buchgewinn	42

Übersetzt für den Leser von heute: Es ist keine einzige Unze Gold dazu oder weg gekommen, allein durch eine Änderung der Bewertungsnorm hatte die Deutsche Bundesbank auf einen Schlag 21 Milliarden Euro mehr Gewinn – und dieser stand dem Alleineigentümer, der Bundesrepublik Deutschland, zu. Was macht aber ein Eigentümer gerne: Er lässt sich den Gewinn ausschütten! Welcher Finanzminister vereinnahmt nicht lieber Beteiligungsgewinne, als Steuern zu erhöhen. Das Problem an solchen Neubewertung ist nur: Es geht nur einmal, manchmal geht auch der Zeitwert nach unten. Konkret: Für alle nachfolgenden Finanzminister war das Füllhorn damit geleert.

Verglichen mit dieser Neubewertung ist die Frage, wo das Gold gelagert wird, eher zweitrangig. Der Aufschrei war aber bei der Bestimmung des Lagerorts größer – wahrscheinlich realisier(t)en die wenigsten, was der Buchhalter sieht: wenn Buchgewinn, dann Ausschüttung grundsätzlich möglich; wenn Geld da, dann Geld bald weg, weil Ausschüttung ausgezahlt wird.

Das sehr lesenswerte Buch „1001 Ideen, die unser Denken beeinflussen“ erhebt den Anspruch, insbesondere den Wert des Geistes- und Naturwissenschaft für die Entwicklung der Menschheit darzustellen. Ohne solche Stichworte wie „Robin Hood“, die „Fünf Gottesbeweise“ oder „Kontaktlinsen“ gering schätzen zu wollen, hat der Verfasser die Stichworte „Buchführung“, „Rechnungslegung“ oder „Bilanzierung“ noch nicht gefunden.

Demgegenüber zeigt der Soziologe Max Weber in seinem grundlegenden Werk „Die protestantische Ethik und der Geist des Kapitalismus“, wie nicht das Kapital, sondern die Einstellung (er nennt das „Geist des modernen Kapitalismus“) den wirtschaftlichen Fortschritt befördert hat. Einer der Meilensteine im Heranwachsen des Kapitalismus ist nach Einschätzung des Soziologen neben der rationalen Betriebsorganisation – der Trennung von Haushalt und Betrieb – die rationale Buchführung. Die Bedeutung der Buchführung leuchtet dem Rechnungslegungsspezialisten auch ein: Erst, wenn wirtschaftliche Erfolge messbar sind, können sie auch gesteuert werden.

Damit tröstet sich der Nachfolger von Matthäus Schwarz, wenn er wieder einmal belächelt wird, weil er angeblich die Ärmelschoner nicht ablegt, oder die alljährlichen Nobelpreise für Wirtschaftswissenschaften verliehen werden. Denn Mathematiker, Psychologen und vor allem Volkswirte haben einen Preis bekommen. Arbeiten zur Rechnungslegung und Buchführung waren noch nie preiswürdig.

Matthäus Schwarz war im Übrigen der Hauptbuchhalter der Augsburger Fugger. Dieser entwickelte bereits im 16. Jahrhundert Bilanzen aus Haupt- und „Geheimbüchern", unterschied bereits Personen- und Sachkonten. Aber bekannt geworden ist nur sein Chef.

Auf der einen Seite ist die fehlende Aufmerksamkeit gut. Der Buchhalter kann seine Arbeit dann ungestört machen. Auf der anderen Seite täte etwas mehr Aufmerksamkeit manchmal gut. Denn die Daten sind bekannt, es kommt darauf an, sie zu nutzen. Der Verfasser hofft, mit diesem Buch seinen Beitrag dazu geleistet zu haben.

Stichwortverzeichnis